아이스크림 더 실전

차례

왜, 더 실전일까요?

AI 데이터로 구성한 교재입니다.

『더 실전』은 누적 체험자 수 130만 명의 선택을 받은
아이스크림 홈런의 **학습 데이터를 기반**으로 만들었습니다.
AI가 추천한 문제들을 난이도별로 배열한 **단원 평가를 총 4회 구성**하여
실전 시험에 충분히 대비할 수 있도록 하였습니다.
또한 AI를 활용하여 정답률 낮은 문제를 선별하였으며 **'틀린 유형 다시 보기'**를 통해
정답률 낮은 문제를 이해하는 기초를 제공하고 반복하여 복습할 수 있도록 하여
빈틈없이 **실전을 준비**할 수 있도록 하였습니다.

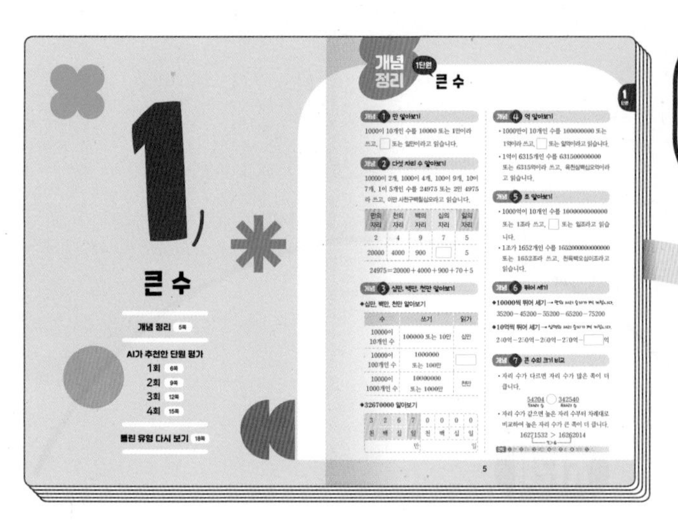

개념을 먼저 정리해요.

단원 평가 1회~4회로 실전 감각을 길러요.

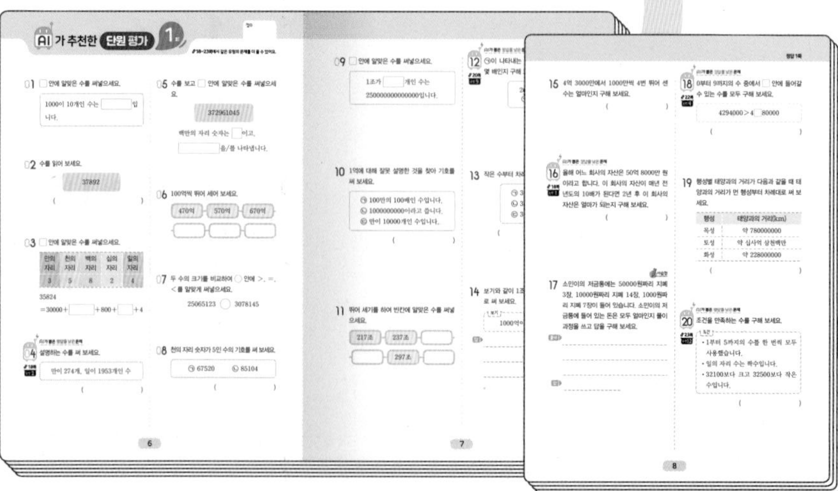

더 실전은 아래와 같은 상황에 더 필요하고 유용한 교재입니다.

- 내 실력을 알고 싶을 때
- 단원 평가에 대비할 때
- 학기를 마무리하는 시험에 대비할 때
- 시험에서 자주 틀리는 문제를 대비하고 싶을 때

『더 실전』이 적합합니다.

틀린 유형 다시 보기로
집중 학습을 해요.

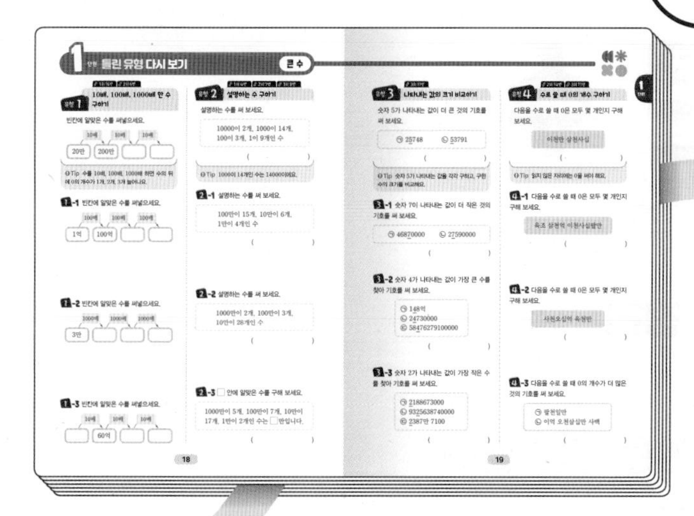

정답 및 풀이로
확인하고 점검해요.

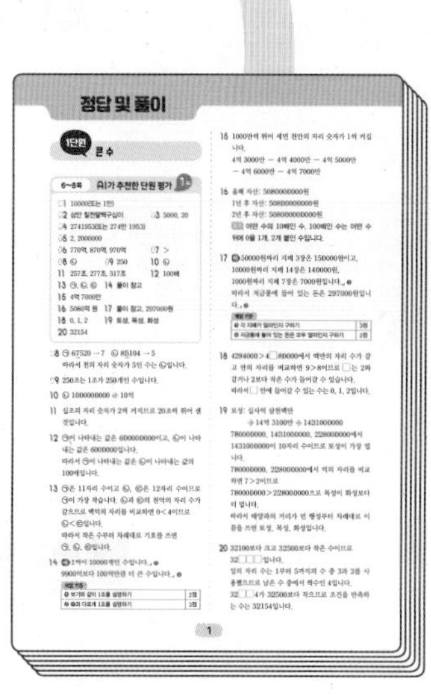

큰 수

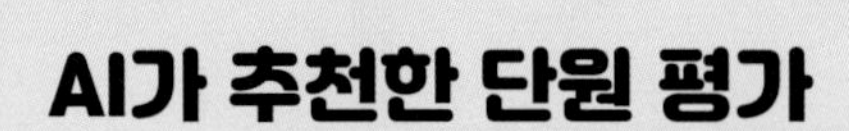

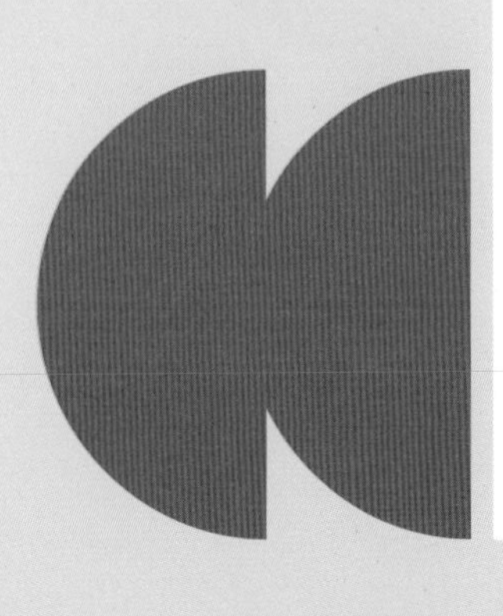

개념 정리 1단원

큰 수

1 단원

개념 1 만 알아보기

1000이 10개인 수를 **10000** 또는 **1만**이라 쓰고, [ ] 또는 일만이라고 읽습니다.

개념 2 다섯 자리 수 알아보기

10000이 2개, 1000이 4개, 100이 9개, 10이 7개, 1이 5개인 수를 **24975** 또는 **2만 4975**라 쓰고, 이만 사천구백칠십오라고 읽습니다.

만의 자리	천의 자리	백의 자리	십의 자리	일의 자리
2	4	9	7	5
20000	4000	900	[ ]	5

24975＝20000＋4000＋900＋70＋5

개념 3 십만, 백만, 천만 알아보기

◆ **십만, 백만, 천만 알아보기**

수	쓰기	읽기
10000이 10개인 수	**100000** 또는 **10만**	십만
10000이 100개인 수	**1000000** 또는 **100만**	[ ]
10000이 1000개인 수	**10000000** 또는 **1000만**	천만

◆ **32670000 알아보기**

3	2	6	7	0	0	0	0
천	백	십	일	천	백	십	일
			만				일

개념 4 억 알아보기

- 1000만이 10개인 수를 **100000000** 또는 **1억**이라 쓰고, [ ] 또는 일억이라고 읽습니다.
- 1억이 6315개인 수를 **631500000000** 또는 **6315억**이라 쓰고, 육천삼백십오억이라고 읽습니다.

개념 5 조 알아보기

- 1000억이 10개인 수를 **1000000000000** 또는 **1조**라 쓰고, [ ] 또는 일조라고 읽습니다.
- 1조가 1652개인 수를 **1652000000000000** 또는 **1652조**라 쓰고, 천육백오십이조라고 읽습니다.

개념 6 뛰어 세기

◆ **10000씩 뛰어 세기** → 만의 자리 숫자가 1씩 커집니다.

35200－45200－55200－65200－75200

◆ **10억씩 뛰어 세기** → 십억의 자리 숫자가 1씩 커집니다.

240억－250억－260억－270억－[ ]억

개념 7 큰 수의 크기 비교

- 자리 수가 다르면 자리 수가 많은 쪽이 더 큽니다.

54204 (5자리 수) ○ 342540 (6자리 수)

- 자리 수가 같으면 높은 자리 수부터 차례대로 비교하여 높은 자리 수가 큰 쪽이 더 큽니다.

16271532 ＞ 16262014 (7＞6)

정답 ❶ 만 ❷ 70 ❸ 백만 ❹ 억 ❺ 조 ❻ 280 ❼ <

점수

18~23쪽에서 같은 유형의 문제를 더 풀 수 있어요.

01 □ 안에 알맞은 수를 써넣으세요.

1000이 10개인 수는 □입니다.

02 수를 읽어 보세요.

37892

(　　　　　　　　)

03 □ 안에 알맞은 수를 써넣으세요.

만의 자리	천의 자리	백의 자리	십의 자리	일의 자리
3	5	8	2	4

35824
$=30000+\square+800+\square+4$

AI가 뽑은 정답률 낮은 문제

04 설명하는 수를 써 보세요.

18쪽 유형 2

만이 274개, 일이 1953개인 수

(　　　　　　　　)

05 수를 보고 □ 안에 알맞은 수를 써넣으세요.

372961045

백만의 자리 숫자는 □이고,
□을/를 나타냅니다.

06 100억씩 뛰어 세어 보세요.

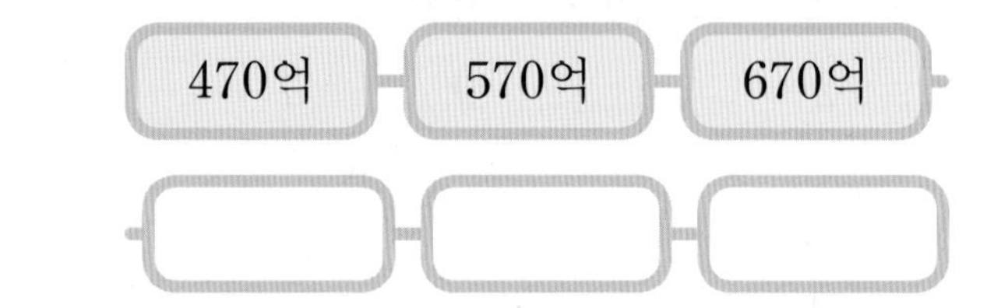

07 두 수의 크기를 비교하여 ○ 안에 >, =, <를 알맞게 써넣으세요.

25065123 ○ 3078145

08 천의 자리 숫자가 5인 수의 기호를 써 보세요.

㉠ 67520　　㉡ 85104

(　　　　　　　　)

09 □ 안에 알맞은 수를 써넣으세요.

1조가 □ 개인 수는

25000000000000입니다.

10 1억에 대해 잘못 설명한 것을 찾아 기호를 써 보세요.

㉠ 100만의 100배인 수입니다.
㉡ 1000000000이라고 씁니다.
㉢ 만이 10000개인 수입니다.

( )

11 뛰어 세기를 하여 빈칸에 알맞은 수를 써넣으세요.

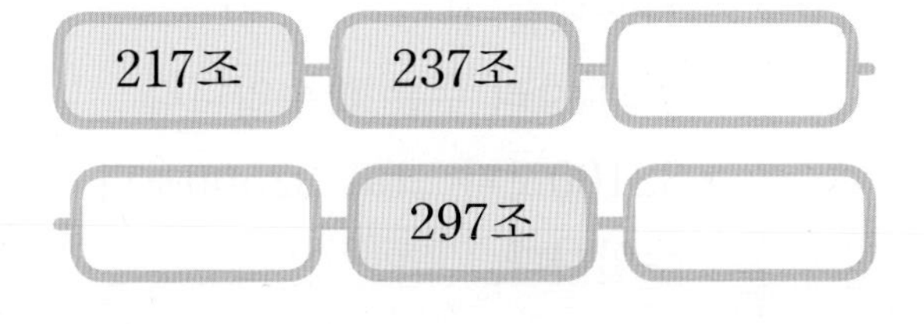

AI가 뽑은 정답률 낮은 문제

12 ㉠이 나타내는 값은 ㉡이 나타내는 값의 몇 배인지 구해 보세요.

20쪽 유형 5

2696342500
㉠㉡

( )

13 작은 수부터 차례대로 기호를 써 보세요.

㉠ 34560924500
㉡ 300514062000
㉢ 345608460200

( )

서술형

14 **보기**와 같이 1조를 설명하는 말을 두 가지로 써 보세요.

보기
1000억이 10개인 수입니다.

답

15 4억 3000만에서 1000만씩 4번 뛰어 센 수는 얼마인지 구해 보세요.

(　　　　　　　　　　)

AI가 뽑은 정답률 낮은 문제

16 올해 어느 회사의 자산은 50억 8000만 원이라고 합니다. 이 회사의 자산이 매년 전년도의 10배가 된다면 2년 후 이 회사의 자산은 얼마가 되는지 구해 보세요.

18쪽 유형 1

(　　　　　　　　　　)

서술형

17 소민이의 저금통에는 50000원짜리 지폐 3장, 10000원짜리 지폐 14장, 1000원짜리 지폐 7장이 들어 있습니다. 소민이의 저금통에 들어 있는 돈은 모두 얼마인지 풀이 과정을 쓰고 답을 구해 보세요.

풀이 ________________

____

____

답 ________________

AI가 뽑은 정답률 낮은 문제

18 0부터 9까지의 수 중에서 □ 안에 들어갈 수 있는 수를 모두 구해 보세요.

22쪽 유형 9

4294000 ＞ 4□80000

(　　　　　　　　　　)

19 행성별 태양과의 거리가 다음과 같을 때 태양과의 거리가 먼 행성부터 차례대로 써 보세요.

행성	태양과의 거리(km)
목성	약 780000000
토성	약 십사억 삼천백만
화성	약 228000000

(　　　　　　　　　　)

AI가 뽑은 정답률 낮은 문제

20 조건을 만족하는 수를 구해 보세요.

23쪽 유형12

조건
- 1부터 5까지의 수를 한 번씩 모두 사용했습니다.
- 일의 자리 수는 짝수입니다.
- 32100보다 크고 32500보다 작은 수입니다.

(　　　　　　　　　　)

점수

18~23쪽에서 같은 유형의 문제를 더 풀 수 있어요.

01 □ 안에 알맞은 수를 써넣으세요.

10000은 9000보다 □ 만큼 더 큰 수입니다.

02 보기와 같이 나타내어 보세요.

보기
57439724
→ 5743만 9724
→ 오천칠백사십삼만 구천칠백이십사

68042167
→ ________
→ ________

03 □ 안에 알맞은 수를 써넣으세요.

1조는
9990억보다 □ 만큼 더 큰 수,
9900억보다 □ 만큼 더 큰 수
입니다.

04 □ 안에 알맞은 수를 써넣으세요.

1420657200000000은
1조가 □ 개,
1억이 □ 개인 수입니다.

05 10000씩 뛰어 세어 보세요.

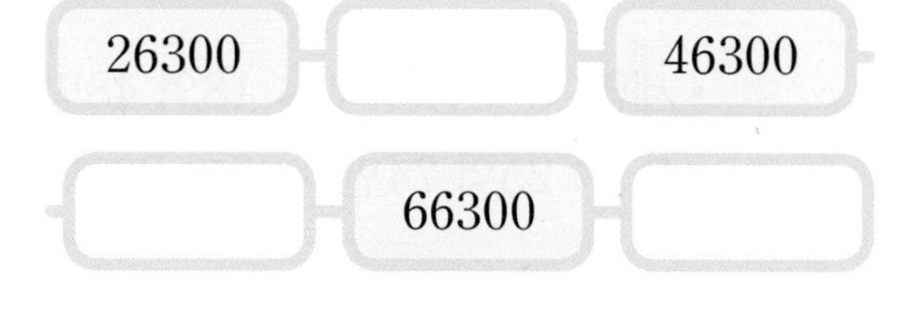

AI가 뽑은 정답률 낮은 문제

06 빈칸에 알맞은 수를 써넣으세요.

18쪽 유형 1

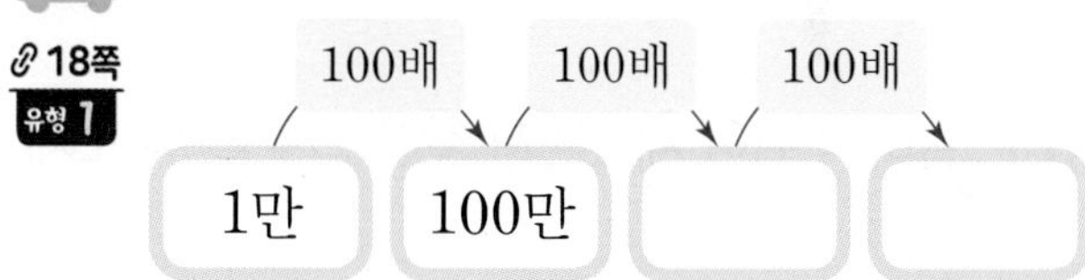

AI가 뽑은 정답률 낮은 문제

07 설명하는 수를 써 보세요.

18쪽 유형 2

10000이 4개, 1000이 7개,
10이 3개, 1이 8개인 수

(　　　　　　　　)

08 숫자 8이 80000을 나타내는 수는 어느 것인가요? (　　　)

① 37862　② 48191
③ 52684　④ 82375
⑤ 29768

09 세영이와 도윤이가 두 수의 크기를 비교한 것입니다. 바르게 비교한 사람은 누구인지 이름을 써 보세요.

- 세영: 8억 7200만 < 18억 48만
- 도윤: 25억 74만 > 25억 201만

(　　　　　　)

10 얼마씩 뛰어 세었는지 찾아 기호를 써 보세요.

3728억 - 3828억 - 3928억 - 4028억 - 4128억 - 4228억

㉠ 10억　㉡ 100억　㉢ 1000억

(　　　　　　)

11 ㉠과 ㉡에서 숫자 4가 나타내는 값을 각각 써 보세요.

㉠ 8437536015　㉡ 12945382570

	나타내는 값
㉠	
㉡	

12 두 수의 크기를 비교하여 ◯ 안에 >, =, <를 알맞게 써넣으세요.

240조 38억 ◯ 213조 590억

13 설명하는 수에서 숫자 9는 어느 자리 숫자인지 구해 보세요.

억이 2409개, 만이 1600개인 수

(　　　　　　)

AI가 뽑은 정답률 낮은 문제

14 다음을 수로 쓸 때 0은 모두 몇 개인지 구해 보세요.

19쪽 유형4

이천칠만

(　　　　　　)

15 어느 회사의 작년 수출액은 7000억 원이었습니다. 이 회사의 올해 목표 수출액은 1조 원입니다. 작년보다 얼마를 더 수출해야 하는지 구해 보세요.

(　　　　　　　　)

AI가 뽑은 정답률 낮은 문제 　서술형

16 수직선에서 ㉠이 나타내는 수는 얼마인지 풀이 과정을 쓰고 답을 구해 보세요.

21쪽 유형 8

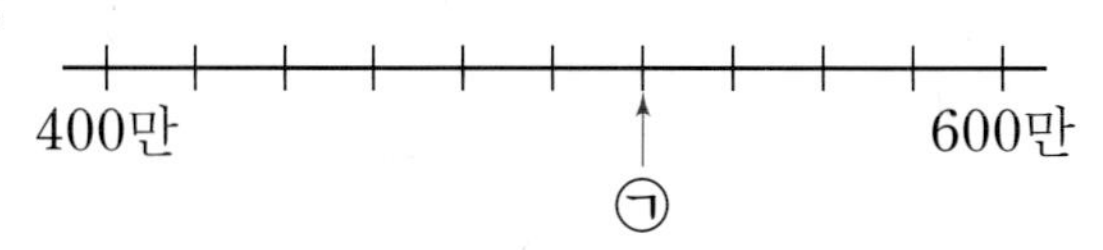

풀이

답

AI가 뽑은 정답률 낮은 문제

17 4월에 지유의 통장에 있는 돈을 확인해 보니 325000원이었습니다. 5월부터 매월 4만 원씩 계속 저금한다면 10월에 지유의 통장에 있는 돈은 얼마가 되는지 구해 보세요.

22쪽 유형 10

(　　　　　　　　)

서술형

18 백만의 자리 숫자가 가장 큰 수를 찾아 기호를 쓰려고 합니다. 풀이 과정을 쓰고 답을 구해 보세요.

㉠ 38043687	㉡ 71560078
㉢ 65289105	㉣ 42186340

풀이

답

19 세 수에서 각각 한 개의 숫자가 지워져 보이지 않습니다. 세 수 중에서 가장 큰 수를 찾아 기호를 써 보세요.

㉠ 548021▒8410
㉡ 53▒02486483
㉢ 548▒2486483

(　　　　　　　　)

AI가 뽑은 정답률 낮은 문제

20 수 카드 5장을 모두 사용하여 다섯 자리 수를 만들려고 합니다. 만들 수 있는 가장 작은 수를 구해 보세요.

23쪽 유형 11

2 　4 　5 　9 　7

(　　　　　　　　)

18~23쪽에서 같은 유형의 문제를 더 풀 수 있어요.

01 수로 써 보세요.

삼천오백육십이억

(   )

02 ☐ 안에 알맞은 수를 써넣으세요.

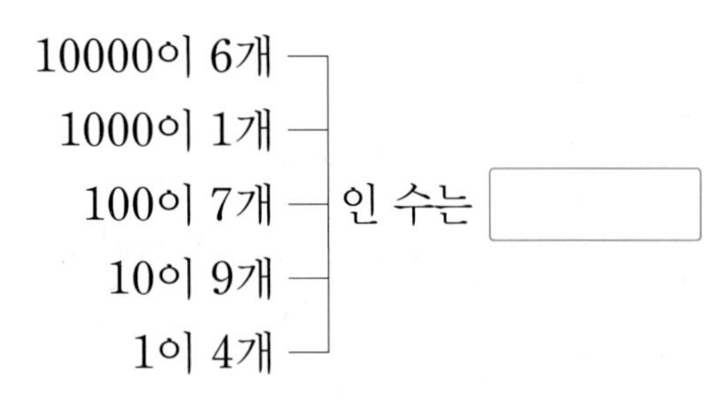

03 다음을 보고 ☐ 안에 알맞은 수를 써넣으세요.

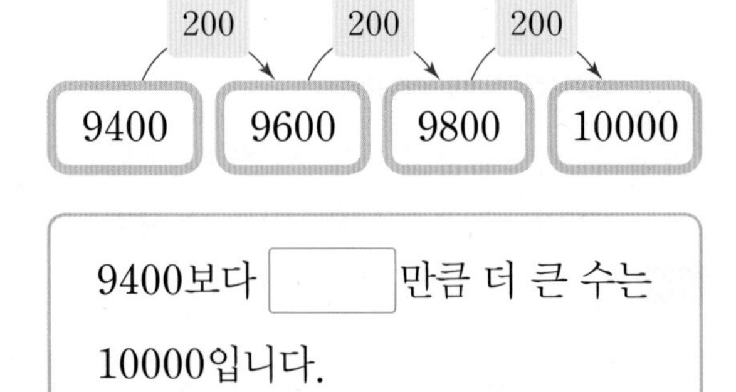

9400보다 ☐ 만큼 더 큰 수는 10000입니다.

04 ☐ 안에 공통으로 들어갈 말을 써 보세요.

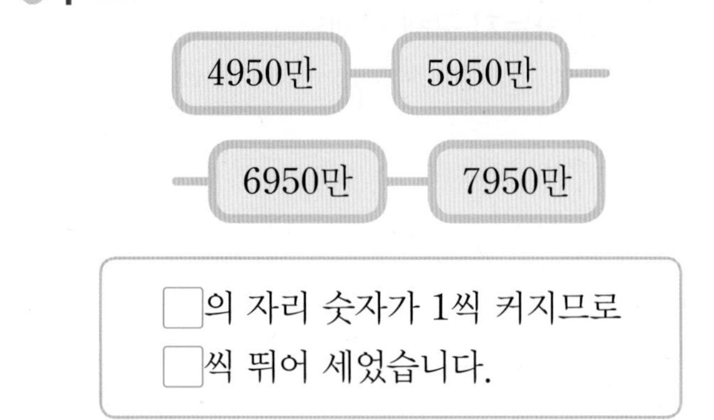

☐의 자리 숫자가 1씩 커지므로 ☐씩 뛰어 세었습니다.

(   )

05 관계있는 것끼리 선으로 이어 보세요.

10000이 10개인 수	1000만
10000이 100개인 수	100만
10000이 1000개인 수	10만

06 3482000000000000를 각 자리의 숫자가 나타내는 값의 합으로 나타내어 보세요.

3482000000000000
=3000000000000000
+ ☐
+80000000000000
+ ☐

07 수직선을 보고 두 수의 크기를 비교하여 ◯ 안에 >, =, <를 알맞게 써넣으세요.

21억 5500만 ——— 21억 7500만

21억 5500만 ◯ 21억 7500만

AI가 뽑은 정답률 낮은 문제

08 설명하는 수를 써 보세요.

18쪽 유형 2

조가 179개, 억이 350개인 수

(　　　　　　　　)

09 십만의 자리 숫자가 7인 수에 ○표 해 보세요.

59371624	(　　)
31750986	(　　)

10 1조에 대해 잘못 설명한 것을 찾아 기호를 쓰고 바르게 고쳐 보세요.

㉠ 1조는 100억의 100배인 수입니다.
㉡ 9990억보다 10억만큼 더 작은 수입니다.
㉢ 1억이 10000개인 수입니다.

답

AI가 뽑은 정답률 낮은 문제

11 숫자 2가 나타내는 값이 더 큰 것의 기호를 써 보세요.

19쪽 유형 3

㉠ 812604000　㉡ 326497000

(　　　　　　　　)

12 뛰어 세기를 하여 빈칸에 알맞게 써넣으세요.

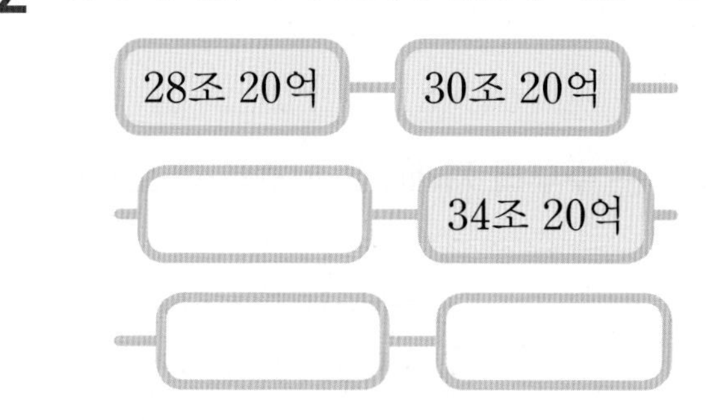

13 10000원이 되려면 100원짜리 동전이 몇 개 필요한지 구해 보세요.

(　　　　　　　　)

서술형

14 가장 비싼 가전제품은 무엇인지 풀이 과정을 쓰고 답을 구해 보세요.

가전제품	가격
게임기	453000원
청소기	472000원
선풍기	204000원

풀이

답

AI가 뽑은 정답률 낮은 문제

15 어머니께서 은행에 저금한 돈 34100000원을 모두 10만 원짜리 수표로 찾으려고 합니다. 10만 원짜리 수표 몇 장으로 찾을 수 있는지 구해 보세요.

21쪽 유형 7

(　　　　　　　　　　)

16 큰 수부터 차례대로 기호를 써 보세요.

㉠ 4003161270000
㉡ 48760730000
㉢ 48760427000

(　　　　　　　　　　)

AI가 뽑은 정답률 낮은 문제

17 다음을 수로 쓸 때 0의 개수가 더 적은 것의 기호를 써 보세요.

19쪽 유형 4

㉠ 오천만 칠백
㉡ 이십육만 사천사십

(　　　　　　　　　　)

18 10000이 4개, 1000이 8개, 100이 ★개, 10이 3개, 1이 6개이면 48536입니다. ★에 알맞은 수를 구해 보세요.

(　　　　　　　　　　)

AI가 뽑은 정답률 낮은 문제

19 어떤 수에서 4000만씩 5번 뛰어 세기를 했더니 5억 3000만이 되었습니다. 어떤 수를 구해 보세요.

20쪽 유형 6

(　　　　　　　　　　)

AI가 뽑은 정답률 낮은 문제

20 수 카드 8장을 모두 사용하여 만들 수 있는 여덟 자리 수 중에서 백만의 자리 숫자가 6인 가장 작은 수를 구해 보세요.

23쪽 유형 11

2　3　0　8
6　4　9　5

(　　　　　　　　　　)

18~23쪽에서 같은 유형의 문제를 더 풀 수 있어요.

01 □ 안에 알맞은 수를 써넣으세요.

1억은 100만이 □ 개인 수입니다.

02 **보기**와 같이 수를 각 자리의 숫자가 나타내는 값의 합으로 나타내어 보세요.

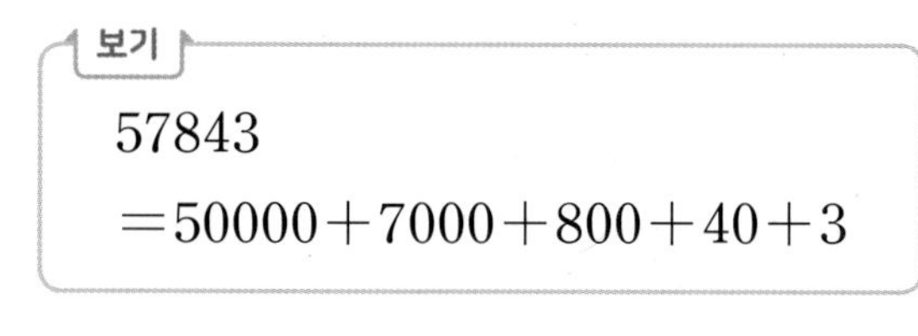
보기

57843
=50000+7000+800+40+3

16207
=□+□+□
+□

03 □ 안에 알맞은 수를 써넣으세요.

94023576은 만이 □ 개,
일이 □ 개인 수입니다.

04 표를 완성해 보세요.

쓰기	읽기
72460	
	이만 삼천오백십육

05 100만씩 뛰어 세어 보세요.

3745만 – 3845만 – □ – □ – 4145만 – □

06 숫자 3이 나타내는 값이 다른 하나를 찾아 ○표 해 보세요.

41319 23870 93528 53609

07 어느 지역의 인구는 육백사십만 이백팔십 명입니다. 이 지역의 인구를 수로 바르게 나타낸 사람은 누구인지 이름을 써 보세요.

은하	현우
60402800명	6400280명

( )

08 두 수의 크기를 비교하여 ○ 안에 >, =, <를 알맞게 써넣으세요.

62900000 ○ 6784500

09 돈은 모두 얼마인지 구해 보세요.

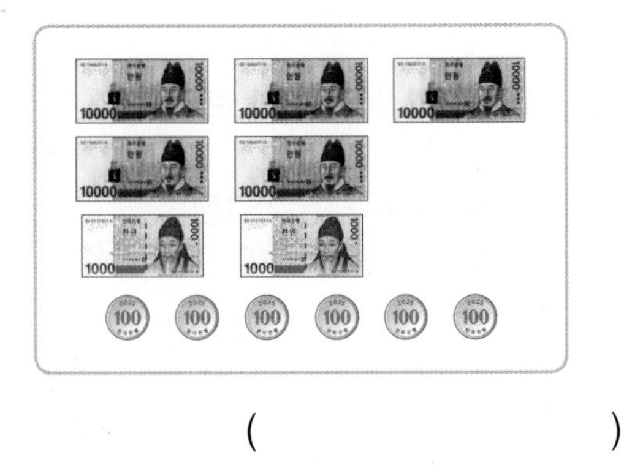

( )

10 나타내는 수가 다른 하나를 찾아 기호를 써 보세요.

> ㉠ 1000만이 610개인 수
> ㉡ 100억이 61개인 수
> ㉢ 6100000000

( )

11 1조를 나타내는 것을 모두 찾아 기호를 써 보세요.

> ㉠ 1000000000000라고 씁니다.
> ㉡ 9990억보다 1억만큼 더 큰 수입니다.
> ㉢ 1000억이 10개인 수입니다.

( )

서술형

12 재원이는 10000원짜리 물감을 사려고 합니다. 재원이가 1000원짜리 지폐 8장을 가지고 있다면 얼마가 더 있어야 하는지 풀이 과정을 쓰고 답을 구해 보세요.

풀이

답

13 215763024960000을 10배 한 수에서 백조의 자리 숫자를 구해 보세요.

( )

AI가 뽑은 정답률 낮은 문제

14 ㉠이 나타내는 값은 ㉡이 나타내는 값의 몇 배인지 구해 보세요.

20쪽 유형 5

> 1376427813528402
> (㉠: 7 in 1376…, ㉡: 7 in …427…)

( )

AI가 뽑은 정답률 낮은 문제

15 다희네 가족이 여행에 필요한 돈 280만 원을 모으려고 합니다. 1개월에 70만 원씩 모을 때 여행을 가기 위해 필요한 돈을 모으려면 몇 개월이 걸릴지 구해 보세요.

22쪽 유형10

(　　　　　　　　　　)

16 큰 수부터 차례대로 기호를 써 보세요.

㉠ 23억 1478만 9500
㉡ 189300000
㉢ 십이억 오천사백만

(　　　　　　　　　　)

서술형

17 어느 휴대 전화 공장에서 휴대 전화 196만 개를 만들어 옮기려고 합니다. 한 번에 1000개씩 포장해서 옮긴다면 몇 번 옮겨야 하는지 풀이 과정을 쓰고 답을 구해 보세요.

풀이 ▶ ______________________

____

____

답 ▶ ______________

18 다음과 같은 규칙으로 2480억에서 3번 뛰어 센 수를 구해 보세요.

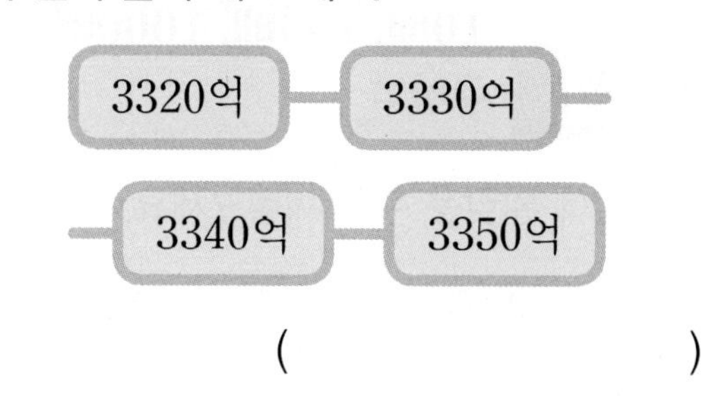

(　　　　　　　　　　)

AI가 뽑은 정답률 낮은 문제

19 0부터 9까지의 수 중에서 □ 안에 들어갈 수 있는 수는 모두 몇 개인지 구해 보세요.

22쪽 유형 9

79385167 > 79□49261

(　　　　　　　　　　)

AI가 뽑은 정답률 낮은 문제

20 **조건**을 만족하는 가장 큰 수를 구해 보세요.

23쪽 유형12

조건
- 다섯 자리 수입니다.
- 2부터 6까지의 수를 한 번씩 모두 사용했습니다.
- 만의 자리 숫자는 3입니다.
- 일의 자리 숫자는 5입니다.

(　　　　　　　　　　)

1회 16번 2회 6번

유형 1 10배, 100배, 1000배 한 수 구하기

빈칸에 알맞은 수를 써넣으세요.

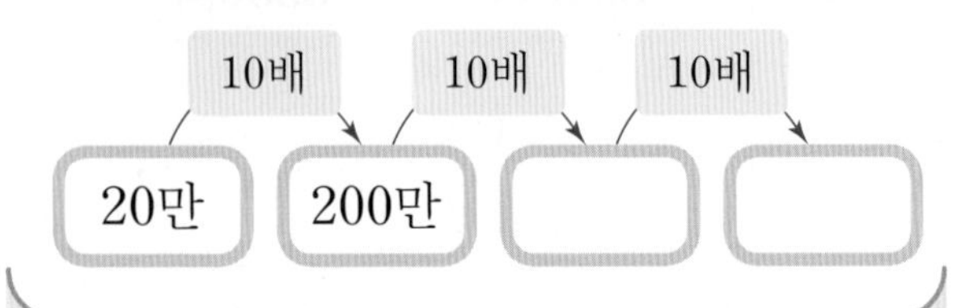

Tip 수를 10배, 100배, 1000배 하면 수의 뒤에 0의 개수가 1개, 2개, 3개 늘어나요.

1-1 빈칸에 알맞은 수를 써넣으세요.

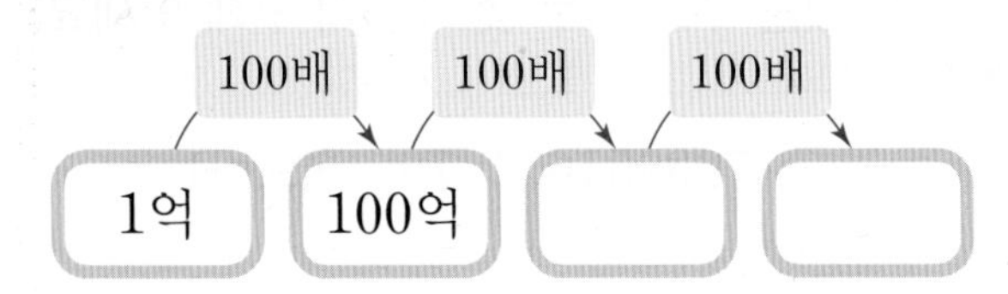

1-2 빈칸에 알맞은 수를 써넣으세요.

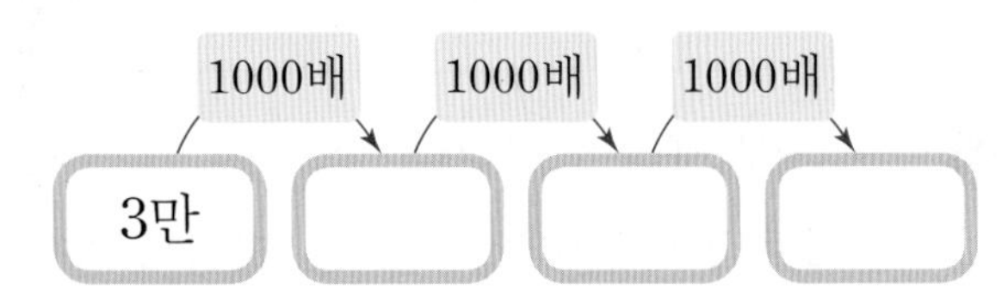

1-3 빈칸에 알맞은 수를 써넣으세요.

10배 10배 10배

| | 60억 | | |

1회 4번 2회 7번 3회 8번

유형 2 설명하는 수 구하기

설명하는 수를 써 보세요.

10000이 2개, 1000이 14개,
100이 3개, 1이 9개인 수

( )

Tip 1000이 14개인 수는 14000이에요.

2-1 설명하는 수를 써 보세요.

100만이 15개, 10만이 6개,
1만이 4개인 수

( )

2-2 설명하는 수를 써 보세요.

1000만이 2개, 100만이 3개,
10만이 28개인 수

( )

2-3 □ 안에 알맞은 수를 구해 보세요.

1000만이 5개, 100만이 7개, 10만이 17개, 1만이 2개인 수는 □만입니다.

( )

3회 11번

유형 3 나타내는 값의 크기 비교하기

숫자 5가 나타내는 값이 더 큰 것의 기호를 써 보세요.

㉠ 25748　　㉡ 53791

(　　　　　　　)

Tip 숫자 5가 나타내는 값을 각각 구하고, 구한 수의 크기를 비교해요.

3-1 숫자 7이 나타내는 값이 더 작은 것의 기호를 써 보세요.

㉠ 46870000　　㉡ 27590000

(　　　　　　　)

3-2 숫자 4가 나타내는 값이 가장 큰 수를 찾아 기호를 써 보세요.

㉠ 148억
㉡ 24730000
㉢ 58476279100000

(　　　　　　　)

3-3 숫자 2가 나타내는 값이 가장 작은 수를 찾아 기호를 써 보세요.

㉠ 2188673000
㉡ 9325638740000
㉢ 2387만 7100

(　　　　　　　)

2회 14번　3회 17번

유형 4 수로 쓸 때 0의 개수 구하기

다음을 수로 쓸 때 0은 모두 몇 개인지 구해 보세요.

이천만 삼천사십

(　　　　　　　)

Tip 읽지 않은 자리에는 0을 써야 해요.

4-1 다음을 수로 쓸 때 0은 모두 몇 개인지 구해 보세요.

육조 삼천억 이천사십팔만

(　　　　　　　)

4-2 다음을 수로 쓸 때 0은 모두 몇 개인지 구해 보세요.

사천오십억 육천만

(　　　　　　　)

4-3 다음을 수로 쓸 때 0의 개수가 더 많은 것의 기호를 써 보세요.

㉠ 팔천일만
㉡ 이억 오천삼십만 사백

(　　　　　　　)

1회 12번 4회 14번

유형 5 나타내는 값이 몇 배인지 구하기

㉠이 나타내는 값은 ㉡이 나타내는 값의 몇 배인지 구해 보세요.

3 2 7 8 2 5 1 4 9 (㉠: 2, ㉡: 2)

(　　　　　　　　)

Tip 1　10　100　1000 (10배, 100배, 1000배)

나타내는 값의 0이 1개, 2개, 3개 늘어나면 10배, 100배, 1000배예요.

5-1 ㉠이 나타내는 값은 ㉡이 나타내는 값의 몇 배인지 구해 보세요.

1 0 3 4 5 2 8 4 0 0 (㉠: 4, ㉡: 4)

(　　　　　　　　)

5-2 두 수에서 ㉠이 나타내는 값은 ㉡이 나타내는 값의 몇 배인지 구해 보세요.

• 74936500 (㉠: 9)　　• 53489170 (㉡: 9)

(　　　　　　　　)

5-3 ㉠을 수로 나타냈을 때 숫자 3이 나타내는 값은 ㉡을 수로 나타냈을 때 숫자 3이 나타내는 값의 몇 배인지 구해 보세요.

㉠ 억이 62개, 만이 8375개인 수
㉡ 만이 8941개, 일이 376개인 수

(　　　　　　　　)

3회 19번

유형 6 뛰어 세기 전의 수 구하기

어떤 수에서 200만씩 4번 뛰어 세기를 했더니 다음과 같았습니다. 어떤 수를 구해 보세요.

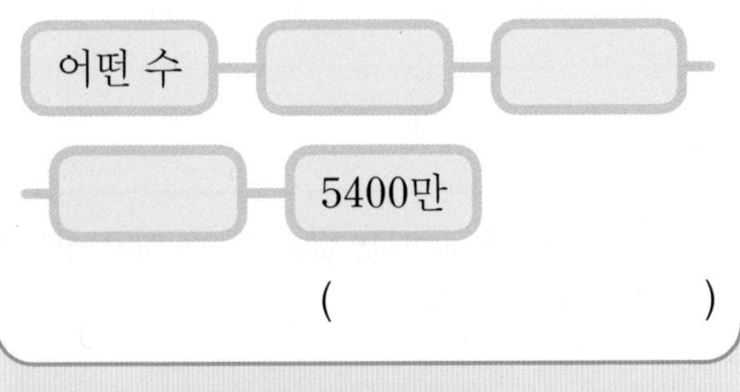

(　　　　　　　　)

Tip 어떤 수는 뛰어 센 결과에서 200만씩 거꾸로 4번 뛰어 세어 구해요.

6-1 어떤 수에서 30억씩 4번 뛰어 세기를 했더니 다음과 같았습니다. 어떤 수를 구해 보세요.

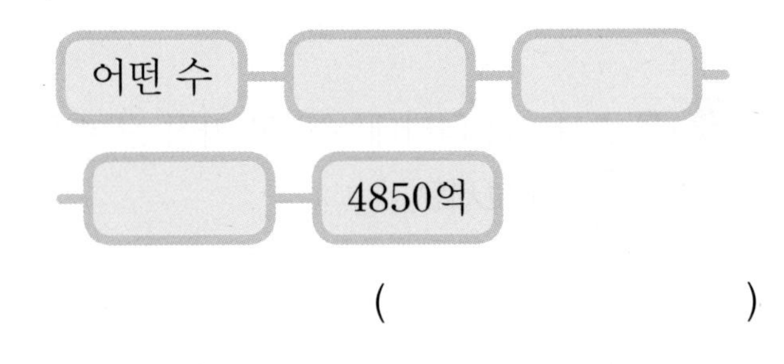

(　　　　　　　　)

6-2 어떤 수에서 10조씩 6번 뛰어 세기를 했더니 247조가 되었습니다. 어떤 수를 구해 보세요.

(　　　　　　　　)

6-3 어떤 수에서 500억씩 5번 뛰어 세기를 했더니 3조 1000억이 되었습니다. 어떤 수를 구해 보세요.

(　　　　　　　　)

3회 15번

유형 7 돈을 지폐(수표)로 바꾸기

은행에 저금한 돈 2760000원을 모두 만 원짜리 지폐로 찾으려고 합니다. 만 원짜리 지폐 몇 장으로 찾을 수 있는지 구해 보세요.

(　　　　　　　)

Tip 2760000은 만이 몇 개인 수인지 구해요.

7-1 은행에 저금한 돈 3800만 원을 모두 10만 원짜리 수표로 찾으려고 합니다. 10만 원짜리 수표 몇 장으로 찾을 수 있는지 구해 보세요.

(　　　　　　　)

7-2 통장에 453000원이 있습니다. 이 돈을 만 원짜리 지폐로 찾으면 몇 장까지 찾을 수 있는지 구해 보세요.

(　　　　　　　)

7-3 10만 원짜리 수표 25장, 5만 원짜리 지폐 8장이 있습니다. 이 돈을 100만 원짜리 수표로 바꾼다면 몇 장까지 바꿀 수 있는지 구해 보세요.

(　　　　　　　)

2회 16번

유형 8 수직선에서 나타내는 수 구하기

수직선에서 ㉠이 나타내는 수를 구해 보세요.

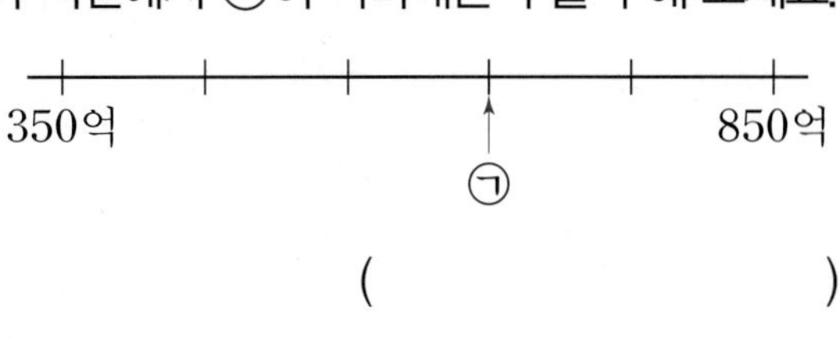

(　　　　　　　)

Tip 수직선에서 눈금 한 칸의 크기를 구하고, 350억에서 구한 수만큼씩 3번 뛰어 세어 ㉠을 구해요.

8-1 수직선에서 ㉠이 나타내는 수를 구해 보세요.

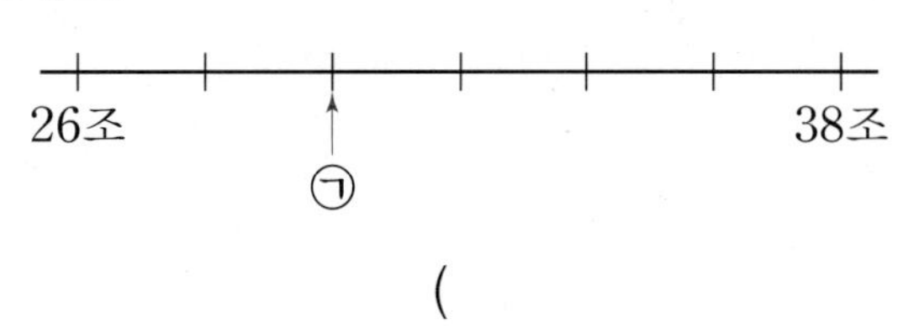

(　　　　　　　)

8-2 수직선에서 ㉠이 나타내는 수를 구해 보세요.

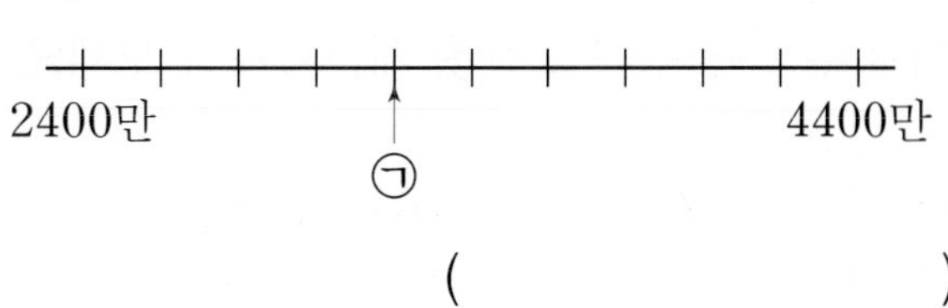

(　　　　　　　)

8-3 수직선에서 ㉠과 ㉡이 나타내는 수를 각각 구해 보세요.

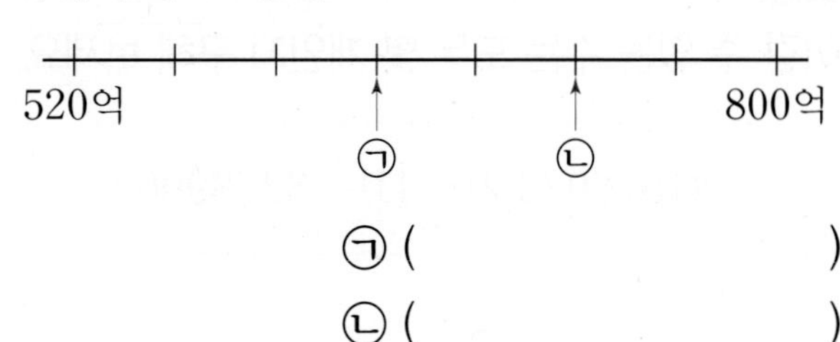

㉠ (　　　　　　　)

㉡ (　　　　　　　)

1회 18번 / 4회 19번

유형 9 □ 안에 알맞은 수 구하기

0부터 9까지의 수 중에서 □ 안에 들어갈 수 있는 수를 모두 구해 보세요.

57□61<57437

(　　　　　　　　)

Tip 자리 수가 같은 경우에는 높은 자리 수부터 차례대로 비교하고 □ 다음에 놓인 수의 크기를 비교해요.

9-1 0부터 9까지의 수 중에서 □ 안에 들어갈 수 있는 수를 모두 구해 보세요.

35160317<351□2869

(　　　　　　　　)

9-2 0부터 9까지의 수 중에서 □ 안에 들어갈 수 있는 수는 모두 몇 개인지 구해 보세요.

62□425000<623302800

(　　　　　　　　)

9-3 0부터 9까지의 수 중에서 □ 안에 들어갈 수 있는 수는 모두 몇 개인지 구해 보세요.

4157602350<41□8258900

(　　　　　　　　)

2회 17번 / 4회 15번

유형 10 뛰어 세기를 활용하여 문제 해결하기

어느 단체에서 학생들에게 매월 3000만 원을 후원하고 있습니다. 1월부터 4월까지 후원한 금액은 모두 얼마인지 구해 보세요.

(　　　　　　　　)

Tip 0원에서 시작하여 3000만 원씩 후원한 개월 수만큼 뛰어 세어야 해요.

10-1 민호는 매월 40000원씩 저금하기로 했습니다. 민호가 4월부터 10월까지 저금한 금액은 모두 얼마인지 구해 보세요.

(　　　　　　　　)

10-2 어느 회사의 올해 매출액은 6850억 원입니다. 매년 매출액이 600억 원씩 늘어난다면 3년 후에 이 회사의 매출액은 얼마인지 구해 보세요.

(　　　　　　　　)

10-3 올해 4월에 은하의 통장에는 215000원이 있었습니다. 5월부터 9월까지 매월 똑같은 금액을 저금하여 통장에 있는 돈이 365000원이 되었다면 은하가 매월 저금한 돈은 얼마인지 구해 보세요.

(　　　　　　　　)

2회 20번 3회 20번

유형 11 수 카드로 가장 큰(작은) 수 만들기

수 카드 5장을 모두 사용하여 다섯 자리 수를 만들려고 합니다. 만들 수 있는 가장 큰 수를 구해 보세요.

1 6 3 9 5

(　　　　　　　　)

Tip 가장 큰 수를 만들려면 수 카드의 수의 크기를 비교하여 만의 자리부터 차례대로 큰 수를 놓아야 해요.

11-1 수 카드 8장을 모두 사용하여 여덟 자리 수를 만들려고 합니다. 만들 수 있는 가장 작은 수를 구해 보세요.

1 3 0 8
6 4 9 7

(　　　　　　　　)

11-2 수 카드 6장을 사용하여 만들 수 있는 여섯 자리 수 중에서 천의 자리 숫자가 2인 가장 큰 수를 구해 보세요.

1 2 5 8 7 0

(　　　　　　　　)

11-3 0부터 9까지의 수 카드 10장을 모두 사용하여 만들 수 있는 열 자리 수 중에서 십만의 자리 숫자가 5인 가장 작은 수를 구해 보세요.

(　　　　　　　　)

1회 20번 4회 20번

유형 12 조건을 만족하는 수 구하기

조건을 만족하는 수를 구해 보세요.

조건
- 1부터 5까지의 수를 한 번씩 모두 사용했습니다.
- 일의 자리 수는 짝수입니다.
- 43100보다 크고 43500보다 작은 수입니다.

(　　　　　　　　)

Tip 주어진 자리 수만큼 □로 나타내고 조건을 만족하는 각 자리 숫자를 구해요.

12-1 조건을 만족하는 수를 구해 보세요.

조건
- 5부터 9까지의 수를 한 번씩 모두 사용했습니다.
- 일의 자리 수는 홀수입니다.
- 76500보다 크고 76600보다 작은 수입니다.

(　　　　　　　　)

12-2 조건을 만족하는 수를 구해 보세요.

조건
- 1부터 6까지의 수를 한 번씩 모두 사용했습니다.
- 일의 자리 수는 짝수입니다.
- 214400보다 크고 214600보다 작은 수입니다.

(　　　　　　　　)

각도

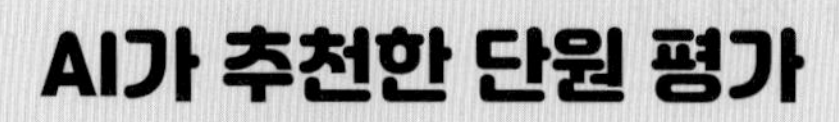

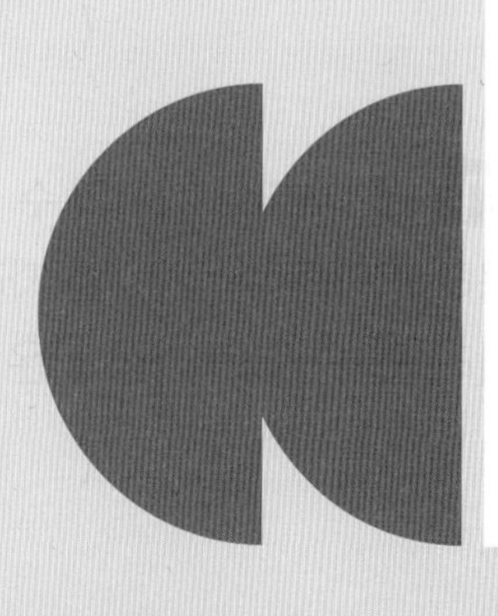

개념정리 2단원 각도

개념 1 각의 크기 비교하기

각의 두 변이 벌어진 정도가 클수록 (큰 , 작은) 각입니다.

개념 2 각의 크기 재기

◆각의 크기

- 각의 크기를 각도라고 합니다.
- 직각의 크기를 똑같이 90으로 나눈 것 중 하나를 [ ]도라 하고, 1°라고 씁니다.
- 직각의 크기는 90°입니다.

◆각도기를 이용하여 각의 크기 재기

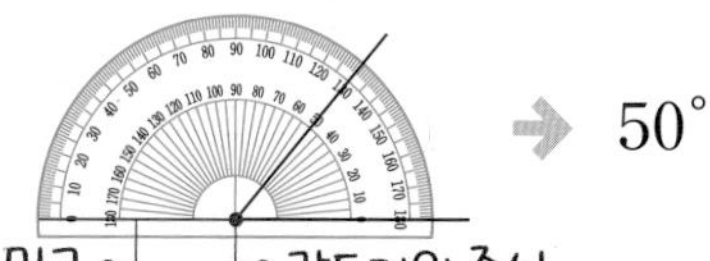

→ 50°

① 각도기의 중심을 각의 꼭짓점에 맞춥니다.
② 각도기의 밑금을 각의 한 변에 맞춥니다.
③ 각의 한 변에 맞춘 밑금의 눈금이 0인 쪽에서 다른 한 변과 만나는 눈금을 읽습니다.

개념 3 직각보다 작은 각, 직각보다 큰 각

- 각도가 0°보다 크고 직각보다 작은 각을 예각이라고 합니다.
- 각도가 직각보다 크고 180°보다 작은 각을 [ ](이)라고 합니다.

개념 4 각도 어림하기

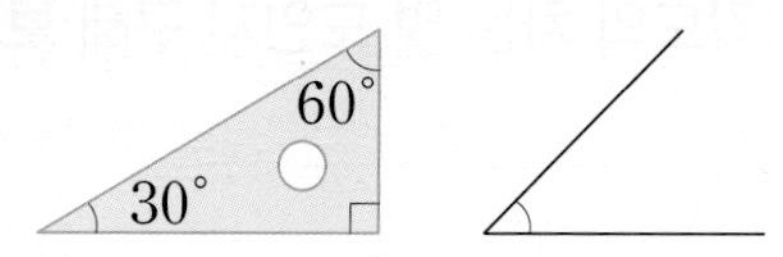

오른쪽 각은 30°보다 크고 60°보다 작아 보이므로 약 [ ]°로 어림할 수 있습니다.

개념 5 각도의 합과 차

◆각도의 합 → 자연수의 덧셈과 같은 방법으로 계산

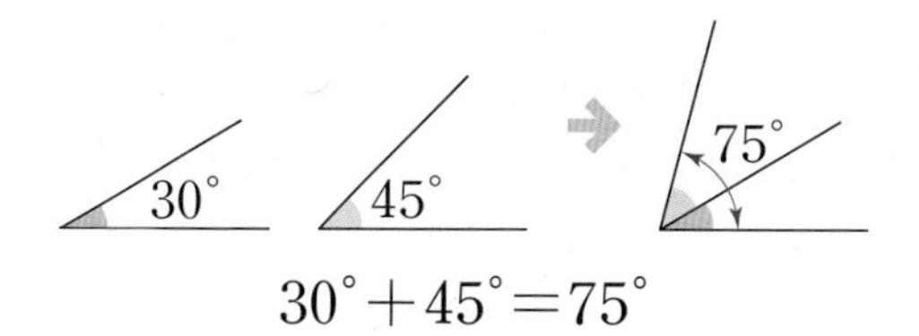

$30° + 45° = 75°$

◆각도의 차 → 자연수의 뺄셈과 같은 방법으로 계산

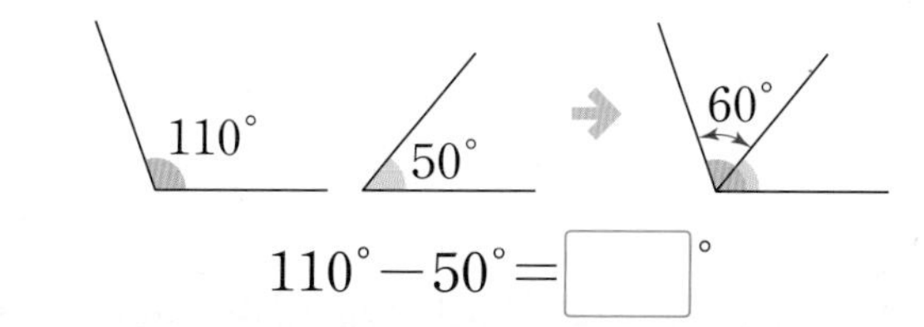

$110° - 50° =$ [ ]°

개념 6 삼각형의 세 각의 크기의 합

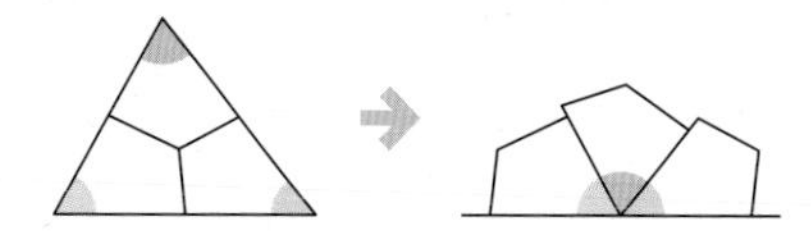

삼각형을 세 조각으로 자른 후 세 꼭짓점이 한 점에 모이도록 이어 붙이면 한 직선 위에 맞추어집니다.

→ 삼각형의 세 각의 크기의 합은 [ ]°입니다.

개념 7 사각형의 네 각의 크기의 합

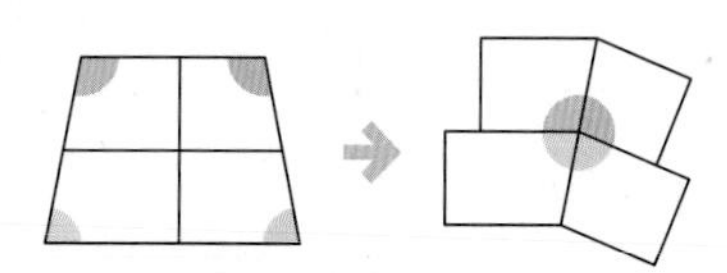

사각형을 네 조각으로 자른 후 네 꼭짓점이 한 점에 모이도록 이어 붙이면 바닥을 채웁니다.

→ 사각형의 네 각의 크기의 합은 [ ]°입니다.

정답 ❶큰 ❷1 ❸둔각 ❹예 45 ❺60 ❻180 ❼360

38~43쪽에서 같은 유형의 문제를 더 풀 수 있어요.

01 펼쳐진 부채가 이루는 각의 크기가 더 큰 것의 기호를 써 보세요.

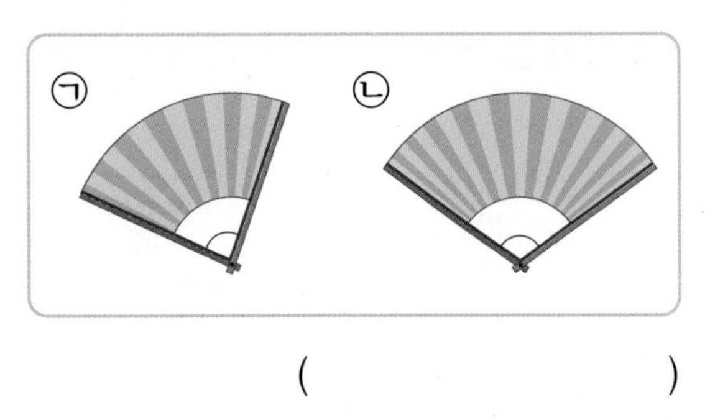

(　　　　　　　　)

02 각도기의 밑금을 바르게 맞춘 것에 ○표 해 보세요.

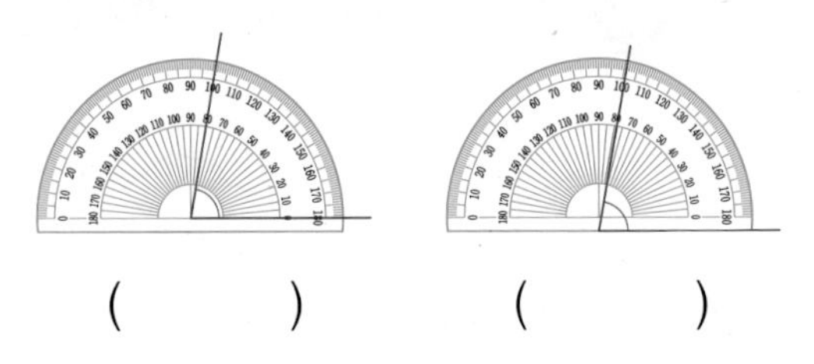

(　　　)　　(　　　)

03 각을 보고 예각과 둔각 중 어느 것인지 써 보세요.

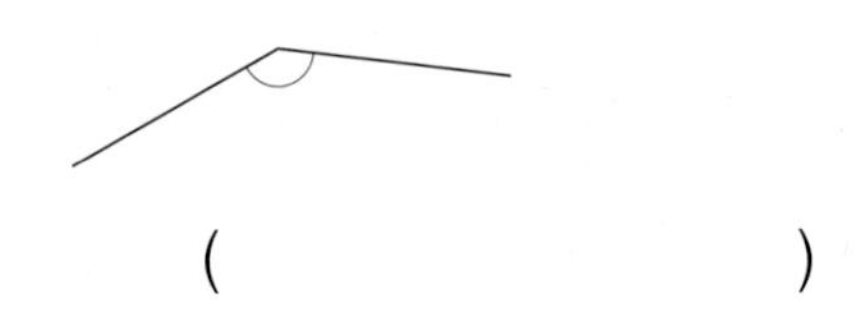

(　　　　　　　　)

04 각도기를 이용하여 각도를 재어 보세요.

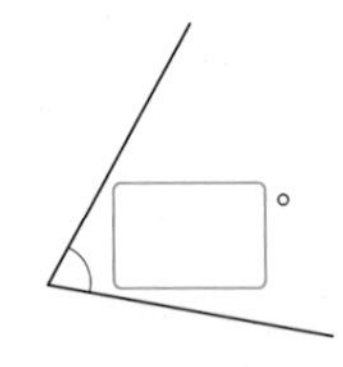

05 알맞은 것끼리 선으로 이어 보세요.

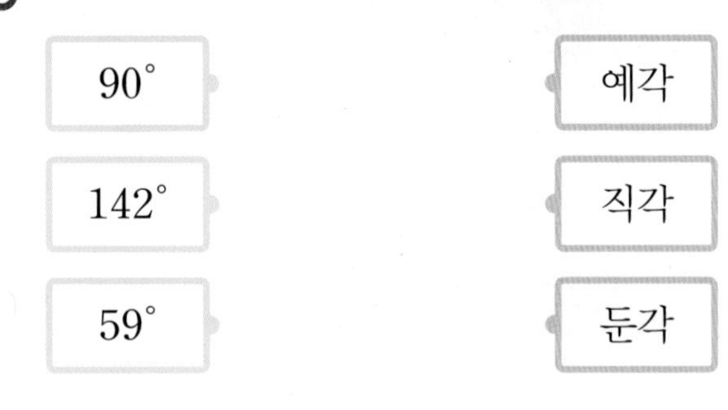

06 삼각자의 각의 크기와 비교하여 주어진 각도를 어림해 보고, 각도기로 재어 확인해 보세요.

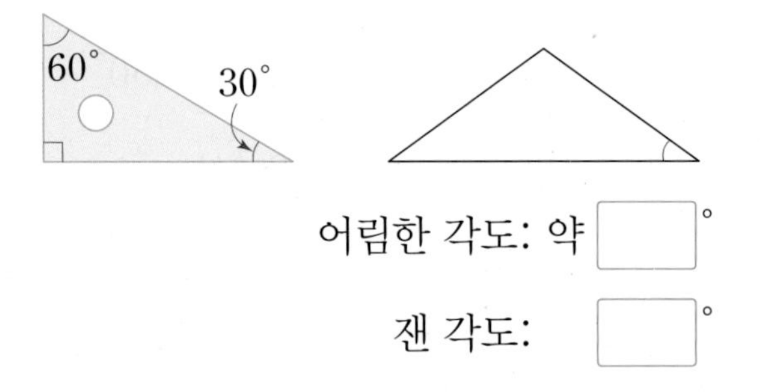

07 각도의 합을 구해 보세요.

$55° + 80° = \square°$

08 두 각도의 차는 몇 도인지 구해 보세요.

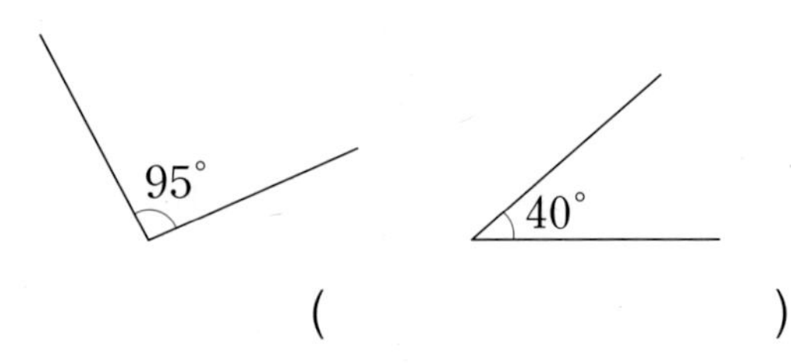

(　　　　　　　　)

09 주어진 선분을 각의 한 변으로 하는 예각을 그려 보세요.

10 시계의 긴바늘과 짧은바늘이 이루는 작은 쪽의 각의 크기가 큰 것부터 차례대로 기호를 써 보세요.

( )

11 각도를 비교하여 ◯ 안에 >, =, <를 알맞게 써넣으세요.

$85^\circ + 50^\circ$ ◯ $170^\circ - 40^\circ$

12 □ 안에 알맞은 수를 구해 보세요.

$150^\circ - \square^\circ = 106^\circ$

( )

13 각도를 어림한 것입니다. 각도기로 재어 보고, 어림을 더 잘한 것의 기호를 써 보세요.

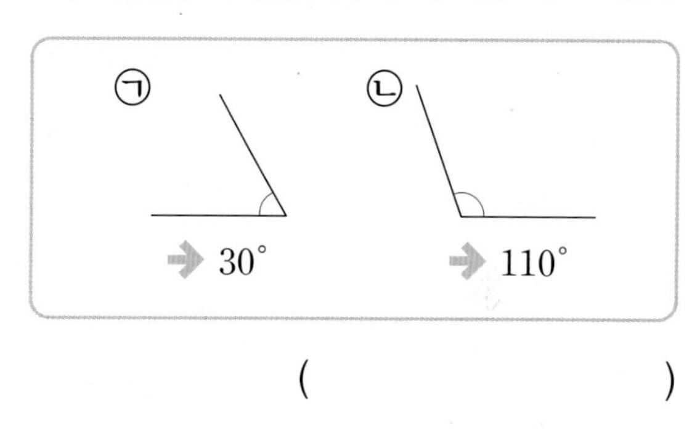

( )

14 우산에 초록색으로 표시된 각도를 어림해 보고, 각도기로 재어 확인해 보세요.

어림한 각도: 약 □°

잰 각도: □°

AI가 뽑은 정답률 낮은 문제

15 □ 안에 알맞은 수를 써넣으세요.

39쪽 유형 3

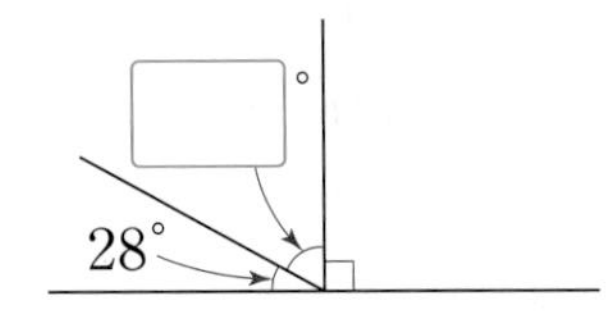

서술형

16 지영이가 사각형의 네 각의 크기를 각도기로 재었습니다. 지영이가 각을 바르게 재었는지 알맞은 말에 ○표 하고, 그 이유를 써 보세요.

55°	120°	90°	85°

네 각의 크기를 (옳게 , 잘못) 재었습니다.

이유

AI가 뽑은 정답률 낮은 문제

17 □ 안에 알맞은 수를 써넣으세요.

39쪽 유형 4

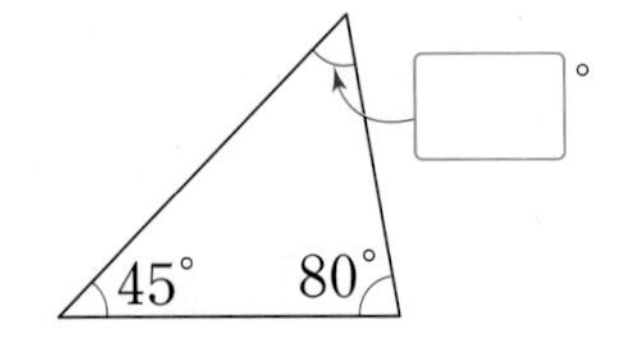

AI가 뽑은 정답률 낮은 문제

18 ㉠과 ㉡ 중에서 더 큰 각의 기호를 써 보세요.

40쪽 유형 5

100° ㉠ 55° 60° ㉡ 75° 85°

( )

AI가 뽑은 정답률 낮은 문제

서술형

19 도형에서 찾을 수 있는 예각은 모두 몇 개인지 풀이 과정을 쓰고 답을 구해 보세요.

42쪽 유형 9

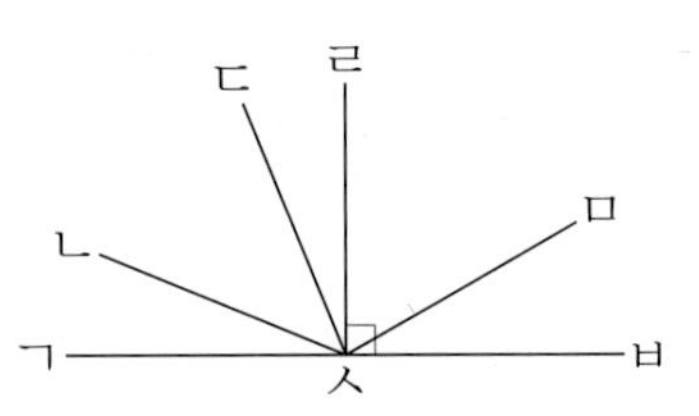

풀이

답

AI가 뽑은 정답률 낮은 문제

20 ㉠의 각도는 몇 도인지 구해 보세요.

43쪽 유형 11

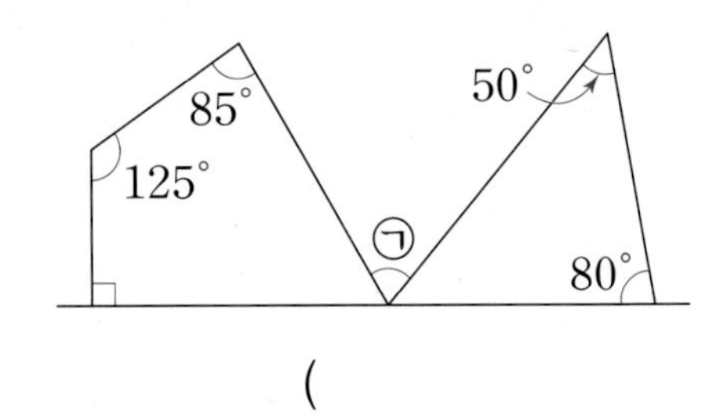

( )

점수

38~43쪽에서 같은 유형의 문제를 더 풀 수 있어요.

01 더 작은 각에 ○표 해 보세요.

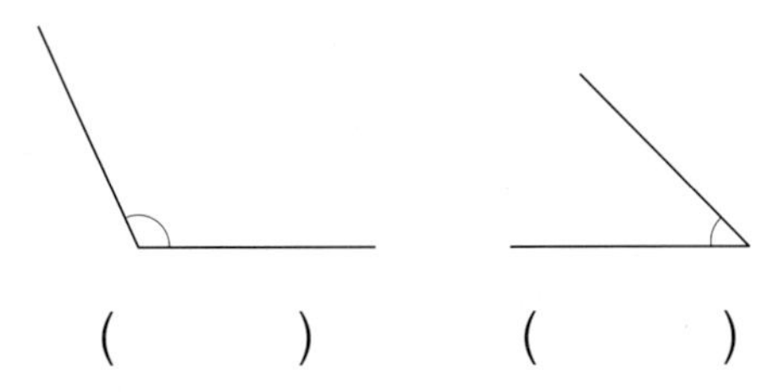

(　　) (　　)

02 각도를 재어 보세요.

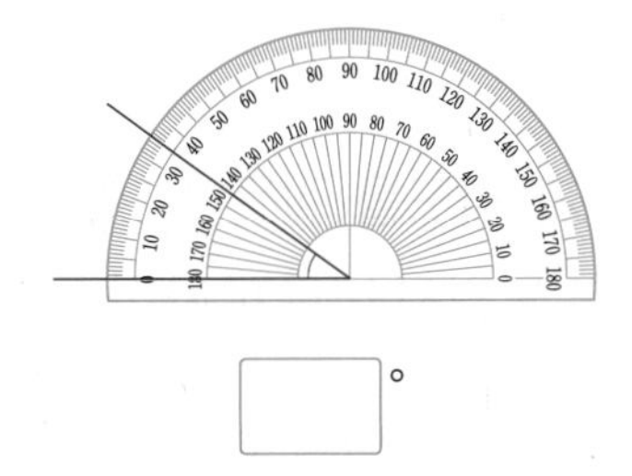

□°

03 예각을 찾아 써 보세요.

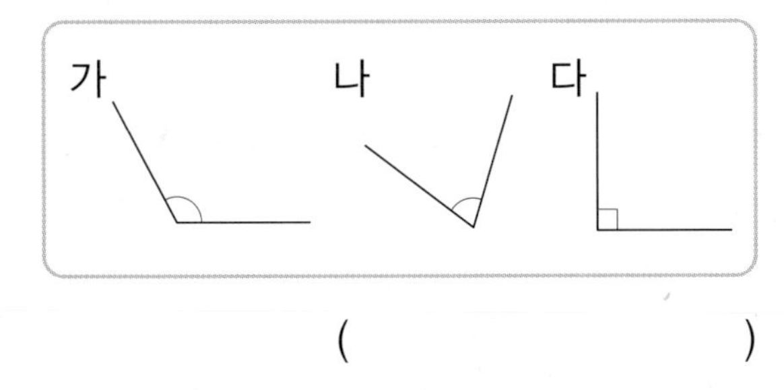

(　　　　)

04 각도기를 이용하여 각의 크기는 몇 도인지 재어 보세요.

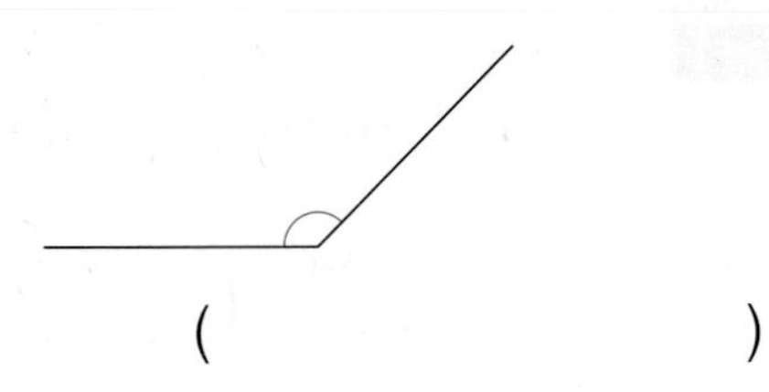

(　　　　)

05 그림을 보고 ㉠의 각도는 몇 도인지 구해 보세요.

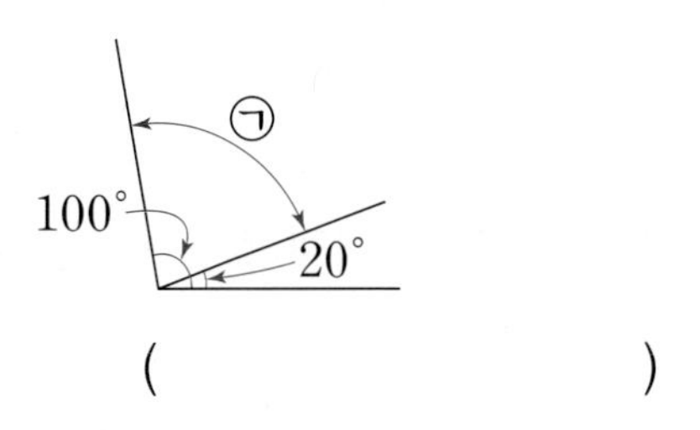

(　　　　)

06 독서대에 표시된 각도를 어림해 보고, 각도기로 재어 확인해 보세요.

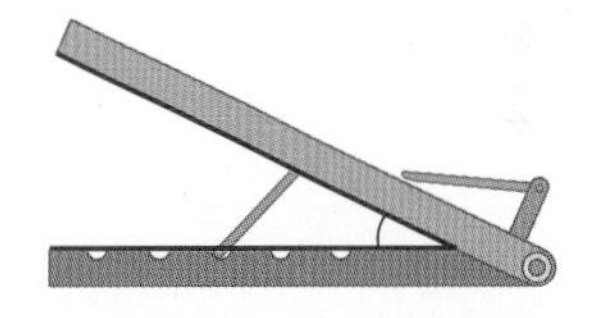

어림한 각도	잰 각도
약 □°	□°

07 각의 크기를 바르게 비교한 사람은 누구인지 이름을 써 보세요.

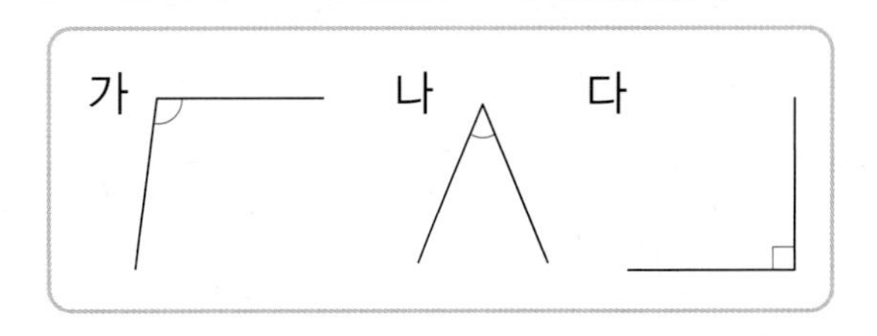

- 재민: 각의 크기가 가장 작은 것은 다야.
- 윤하: 각의 크기가 두 번째로 큰 것은 나야.
- 시우: 가의 각의 크기가 가장 커.

(　　　　)

08 □ 안에 예각은 '예', 둔각은 '둔'이라고 써넣으세요.

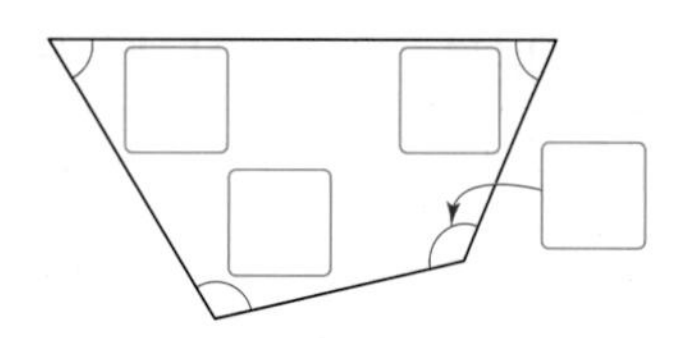

09 각도에 대해 잘못 설명한 것의 기호를 써 보세요.

㉠ 각의 크기를 각도라고 합니다.
㉡ 직각의 크기를 똑같이 180으로 나눈 것 중의 하나를 1도라고 합니다.

(　　　　　　　　)

10 0°보다 크고 180°보다 작은 각도 중 하나를 생각해 보세요. 자만 이용하여 생각한 각도를 어림하여 그리고, 각도기로 재어 확인해 보세요.

생각한 각의 크기	□°
어림하여 그리기	
잰 각도	□°

11 두 각도의 합과 차는 각각 몇 도인지 구해 보세요.

100°　　35°

합 (　　　　　　　　)
차 (　　　　　　　　)

12 각도기로 재어 사각형의 네 각의 크기의 합을 구하려고 합니다. □ 안에 알맞은 수를 써넣으세요.

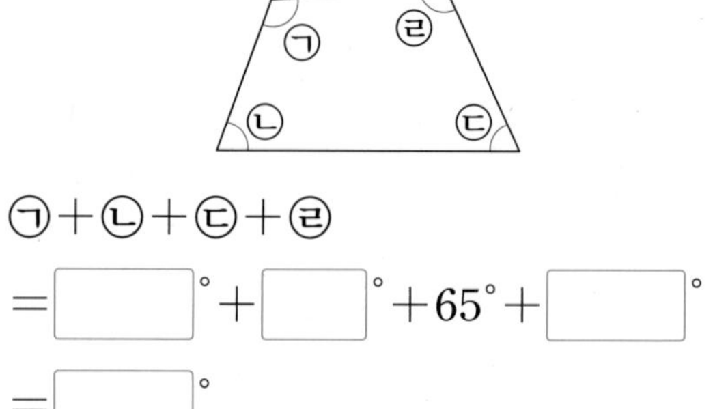

㉠+㉡+㉢+㉣

$=\square^\circ+\square^\circ+65^\circ+\square^\circ$

$=\square^\circ$

서술형

13 현우가 각도를 잘못 잰 이유를 쓰고, 각도는 몇 도인지 바르게 재어 보세요.

답

AI가 뽑은 정답률 낮은 문제

14 시계의 긴바늘과 짧은바늘이 이루는 작은 쪽의 각이 둔각인 것의 기호를 써 보세요.

38쪽 유형 1

㉠ 10시　　㉡ 4시

(　　　　　　　　)

AI가 뽑은 정답률 낮은 문제

15 ☐ 안에 알맞은 수를 써넣으세요.

40쪽 유형 5

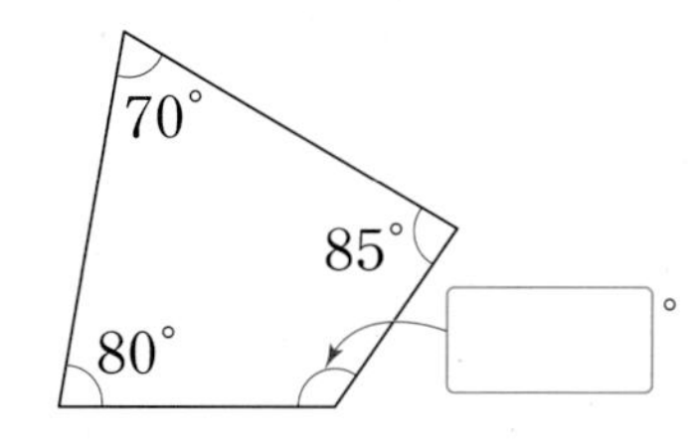

서술형

16 가장 큰 각도와 가장 작은 각도의 합은 몇 도인지 풀이 과정을 쓰고 답을 구해 보세요.

95°	125°	110°

풀이

답

AI가 뽑은 정답률 낮은 문제

17 가장 작은 각들은 크기가 모두 같습니다. 각 ㄴㅇㄹ의 크기는 몇 도인지 구해 보세요.

40쪽 유형 6

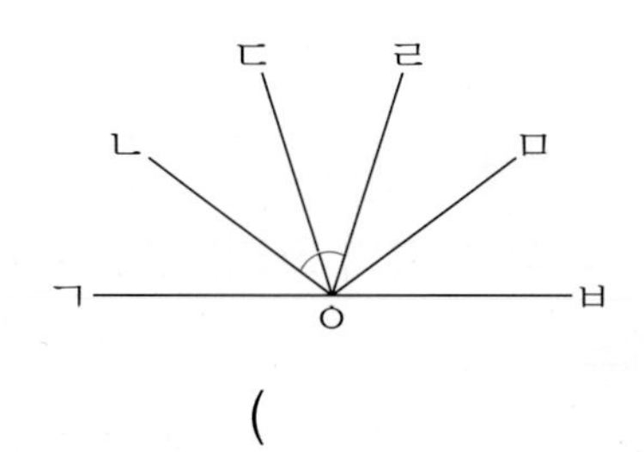

(　　　　　　　　)

AI가 뽑은 정답률 낮은 문제

18 도형에 표시한 각의 크기의 합은 몇 도인지 구해 보세요.

41쪽 유형 8

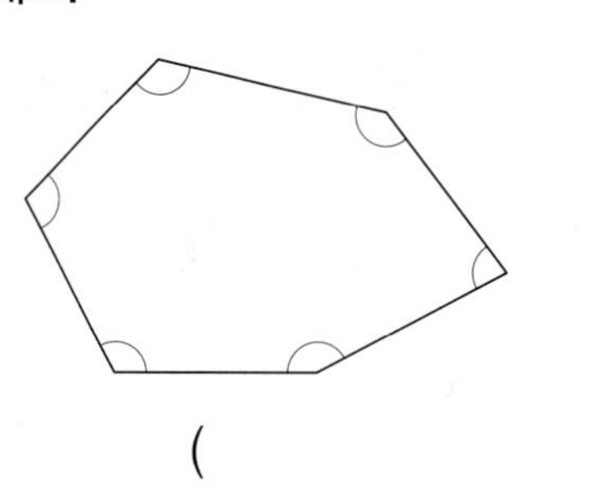

(　　　　　　　　)

19 각 ㄱㄷㄴ은 각 ㄴㄱㄷ보다 30°만큼 더 큽니다. ☐ 안에 알맞은 수를 써넣으세요.

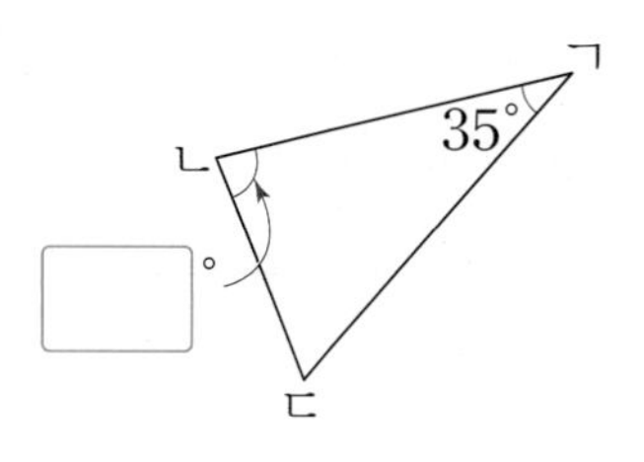

AI가 뽑은 정답률 낮은 문제

20 직사각형 모양의 종이를 다음과 같이 접었습니다. 각 ㄴㅂㅅ의 크기는 몇 도인지 구해 보세요.

43쪽 유형 12

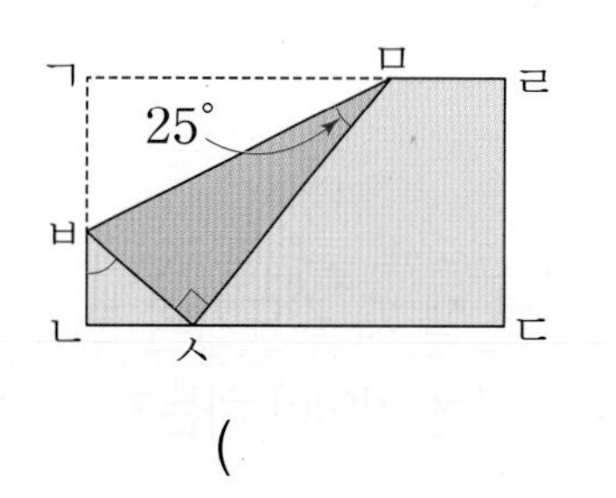

(　　　　　　　　)

점수

38~43쪽에서 같은 유형의 문제를 더 풀 수 있어요.

01 □ 안에 알맞은 수를 써넣으세요.

직각의 크기를 똑같이 □(으)로 나눈 것 중 하나를 1도라 하고, □° 라고 씁니다.

02 **보기**는 직각을 똑같은 크기로 나눈 눈금입니다. **보기**의 눈금을 이용하여 가와 나의 크기를 비교하려고 합니다. □ 안에 알맞은 수를 써넣으세요.

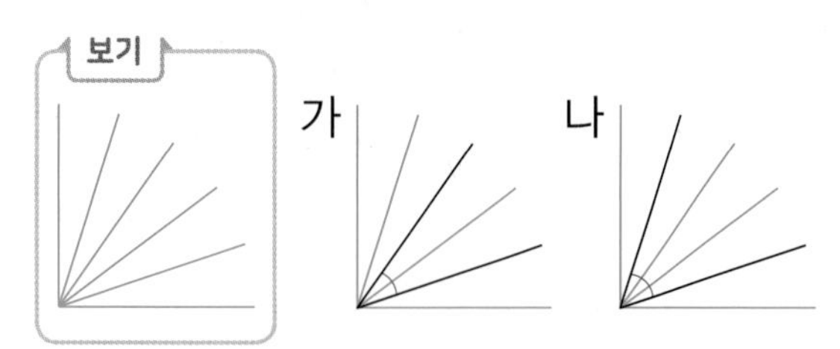

가는 나보다 각의 크기가 눈금 □칸만큼 더 작습니다.

03 각도를 잴 때 각도기의 눈금 80과 100 중 어느 것을 읽어야 하는지 ○표 해 보세요.

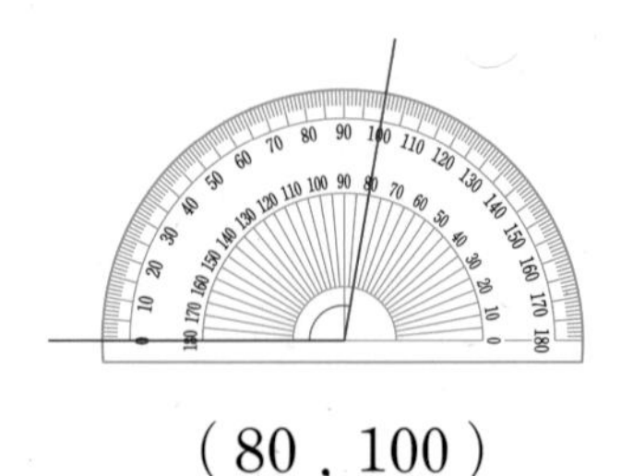

(80 , 100)

04 **보기**의 각보다 큰 각을 찾아 써 보세요.

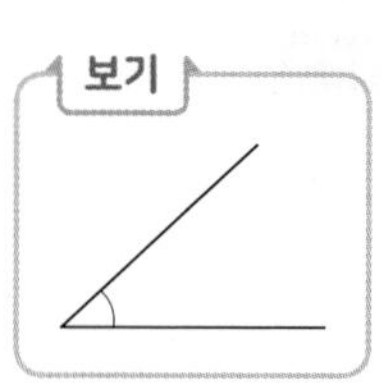

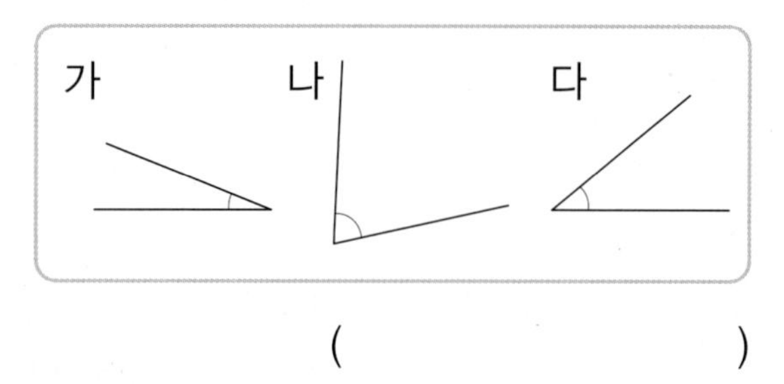

(　　　　　　)

05 예각을 모두 찾아 써 보세요.

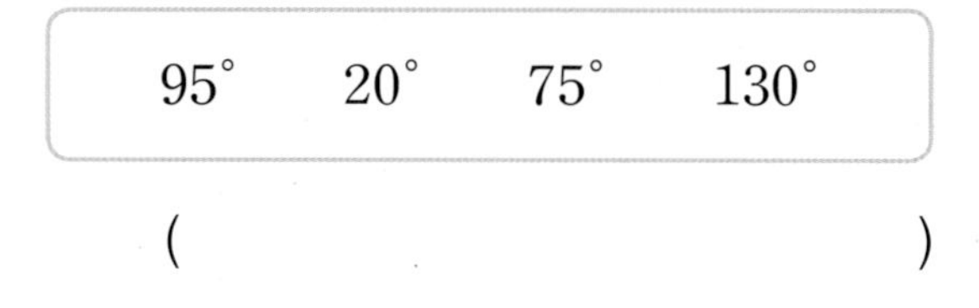

(　　　　　　)

06 삼각자를 보고 □ 안에 알맞은 수를 써넣으세요.

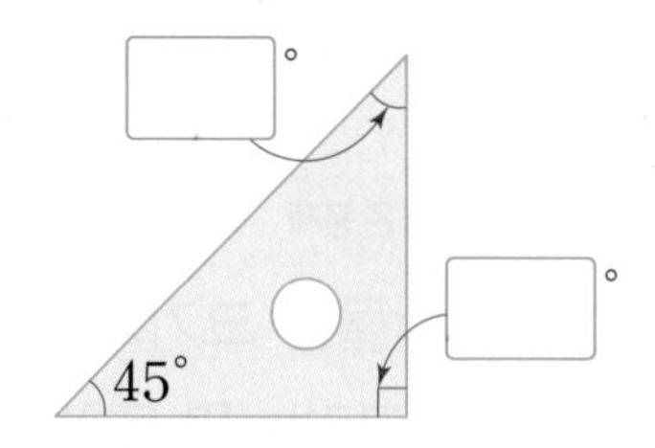

07 각도기를 이용하여 사각형의 네 각 중에서 가장 작은 각의 크기는 몇 도인지 재어 보세요.

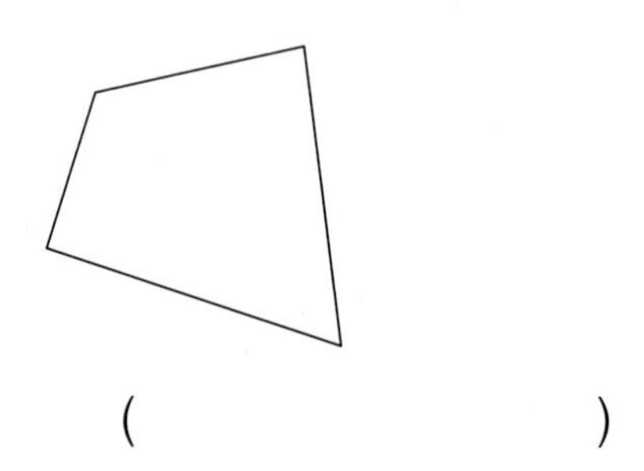

(　　　　　　)

08 각 ㄴㄱㄷ이 둔각이 되도록 그리려면 점 ㄱ과 어느 점을 이어야 하나요? (　　　　)

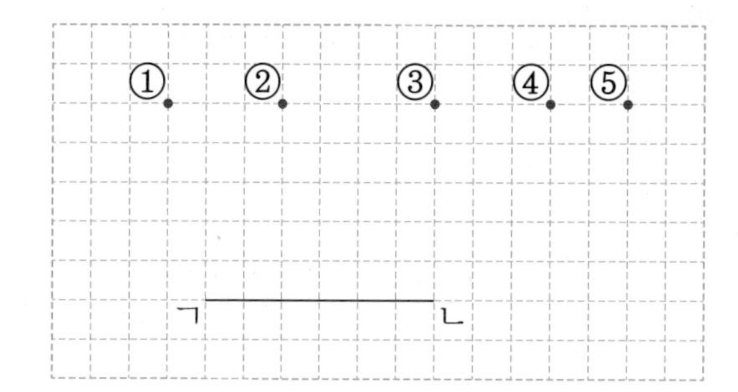

09 두 각도의 합은 몇 도인지 구해 보세요.

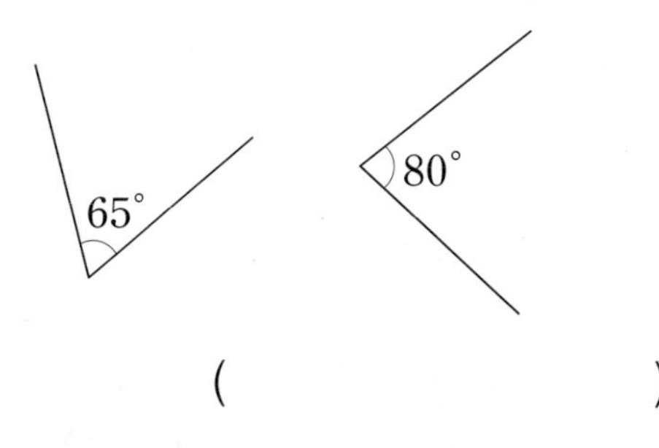

(　　　　　　　　)

10 자만 이용하여 주어진 각도를 어림하여 그리고, 각도기로 재어 확인해 보세요.

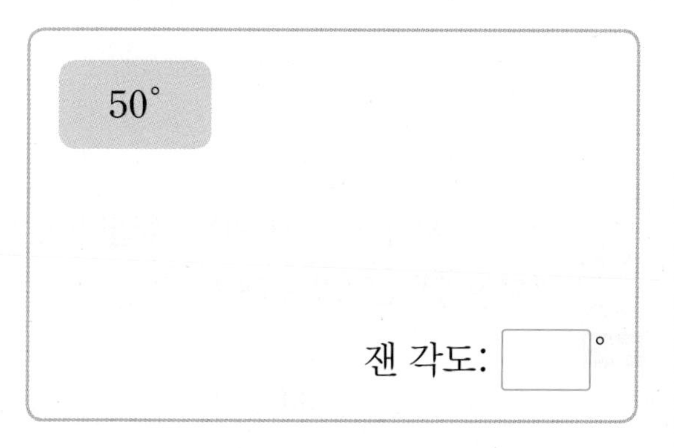

11 지호와 나은이가 가위를 각각 벌렸습니다. 누가 벌린 가위의 각도가 몇 도 더 큰지 써 보세요.

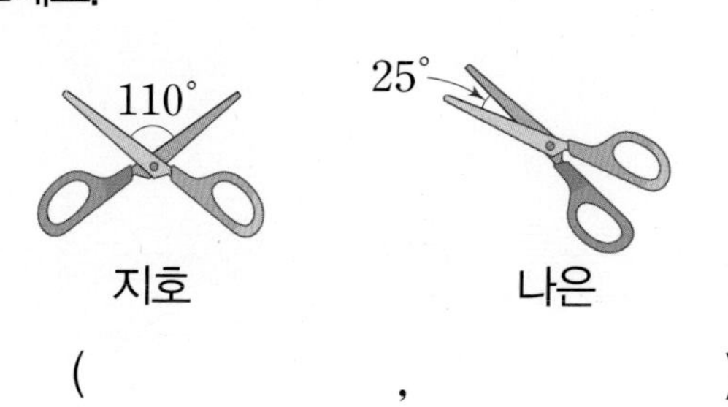

(　　　　　　,　　　　　　)

12 미연이와 정우가 삼각형의 세 각의 크기를 잰 것입니다. 잘못 잰 사람은 누구인지 이름을 써 보세요.

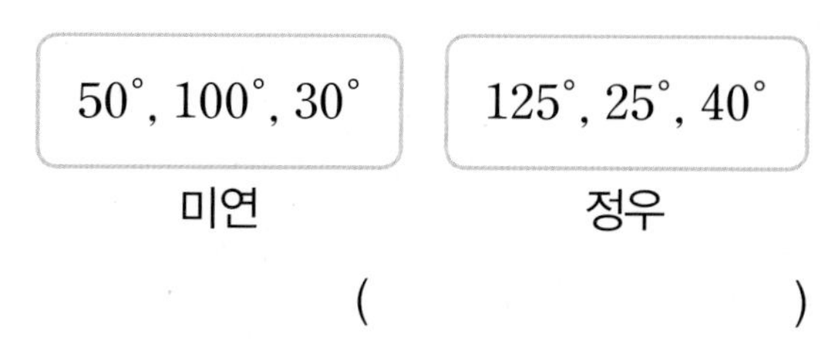

(　　　　　　　　)

AI가 뽑은 정답률 낮은 문제

13 각도기로 각도를 각각 재어 두 각도의 차는 몇 도인지 구해 보세요.

38쪽 유형 2

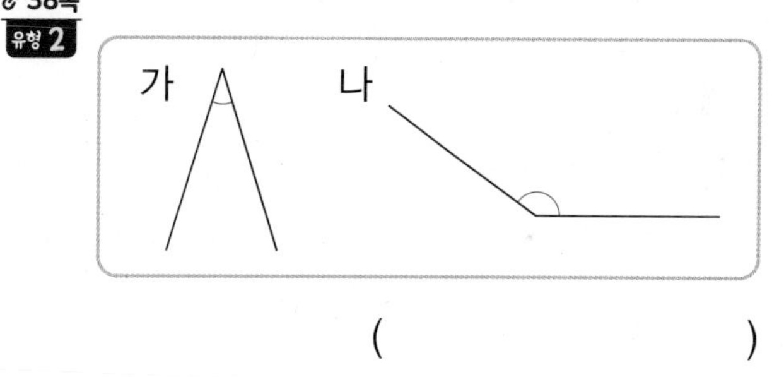

(　　　　　　　　)

서술형

14 하윤이와 다은이가 오른쪽 각을 보고 각각 각도를 어림한 것입니다. 각도기로 재어 보고, 어림을 더 잘한 사람은 누구인지 풀이 과정을 쓰고 답을 구해 보세요.

하윤	다은
80°	60°

풀이

답

서술형

15 삼각형에서 ㉠과 ㉡의 각도의 합은 몇 도인지 풀이 과정을 쓰고 답을 구해 보세요.

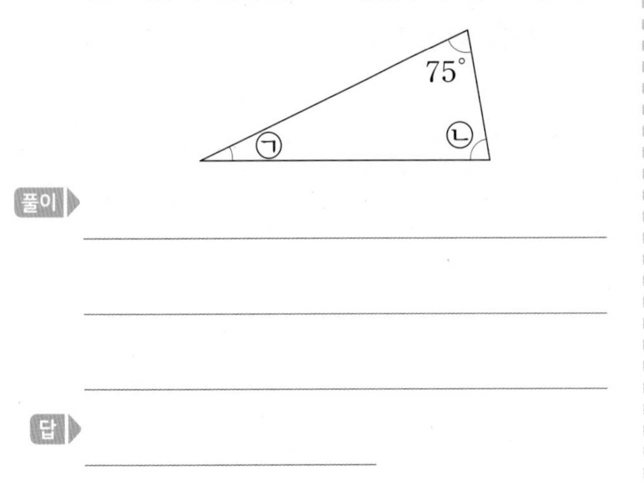

풀이

답

16 다음 식에서 ▲°가 예각입니다. □ 안에 들어갈 수 있는 가장 큰 수를 구해 보세요. (단, ▲는 자연수입니다.)

□° + 22° = ▲°

(　　　　　)

AI가 뽑은 정답률 낮은 문제

17 □ 안에 알맞은 수를 써넣으세요.

41쪽 유형 7

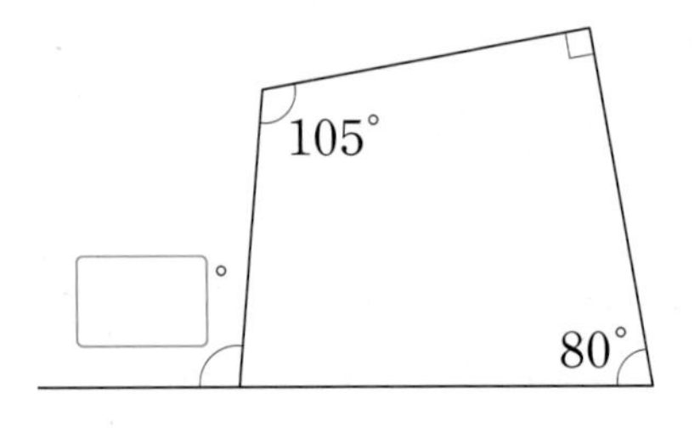

AI가 뽑은 정답률 낮은 문제

18 ㉠과 ㉡의 각도는 각각 몇 도인지 구해 보세요. (단, 점 ㄱ과 점 ㄴ, 점 ㄷ과 점 ㄹ을 이은 선은 각각 직선입니다.)

39쪽 유형 3

41° ㄱ ㄹ ㉠ ㉡ 46° 82° ㄷ ㄴ

㉠ (　　　　　)

㉡ (　　　　　)

19 5시에 시계의 긴바늘과 짧은바늘이 이루는 작은 쪽의 각도는 몇 도인지 구해 보세요.

(　　　　　)

AI가 뽑은 정답률 낮은 문제

20 두 삼각자를 겹쳐서 만든 것입니다. ㉠의 각도는 몇 도인지 구해 보세요.

42쪽 유형 10

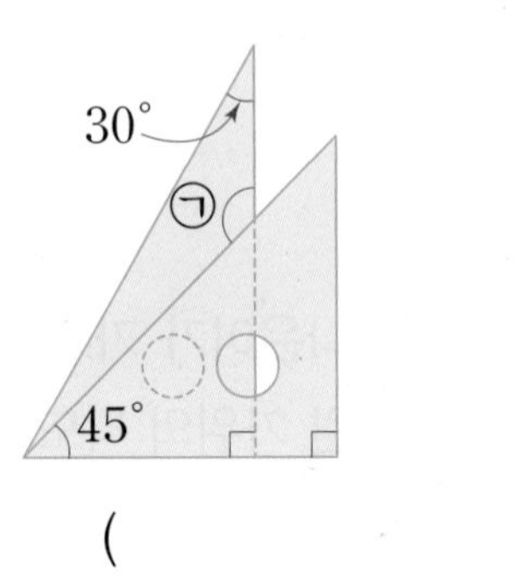

(　　　　　)

AI가 추천한 단원 평가 4회

점수

38~43쪽에서 같은 유형의 문제를 더 풀 수 있어요.

2 단원

01 각도기에서 작은 눈금 한 칸은 몇 도를 나타내는지 써 보세요.

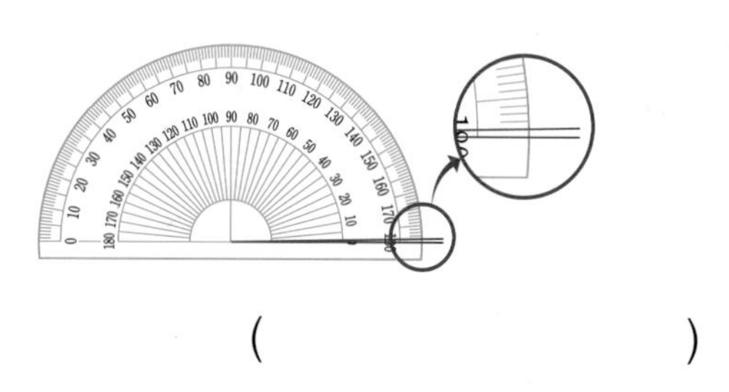

(　　　　　　　　)

02 수박 조각에 표시한 각 중에서 더 작은 각에 ○표 해 보세요.

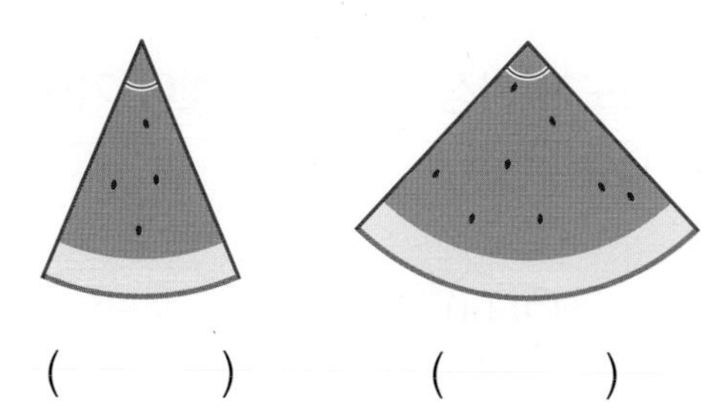

(　　　)　(　　　)

03 알맞은 각도에 ○표 해 보세요.

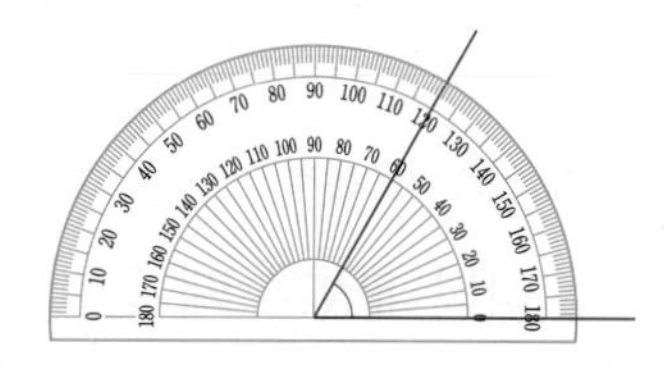

각도는 (60°, 120°)입니다.

04 표시한 각도를 각도기로 재어 보세요.

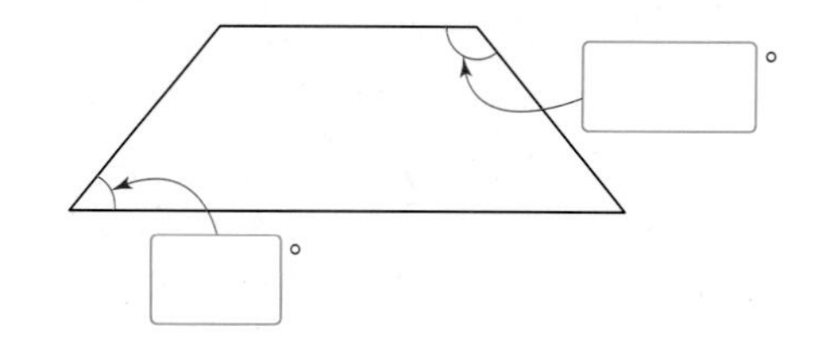

05 각도를 어림하고, 각도기로 재어 보세요.

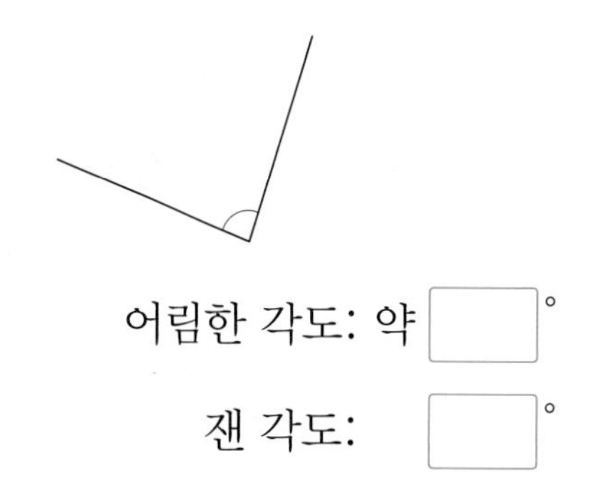

어림한 각도: 약 □°

잰 각도: □°

06 주어진 선분을 각의 한 변으로 하는 둔각을 그려 보세요.

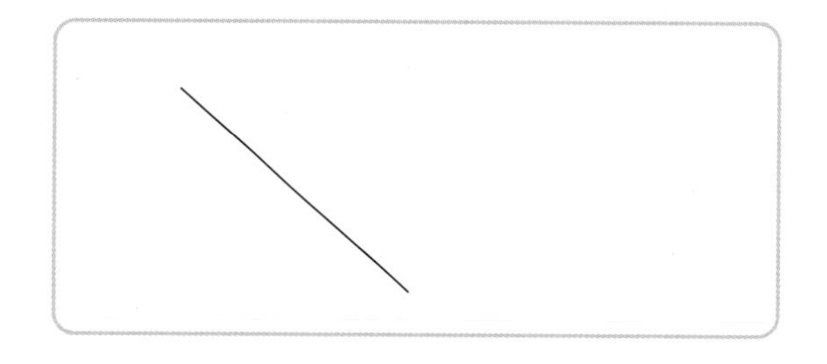

07 바르게 계산한 것에 ○표 해 보세요.

$85° + 35° = 110°$　(　　　)

$140° - 65° = 75°$　(　　　)

08 각 ㄱㄴㄷ의 크기는 몇 도인지 구해 보세요.

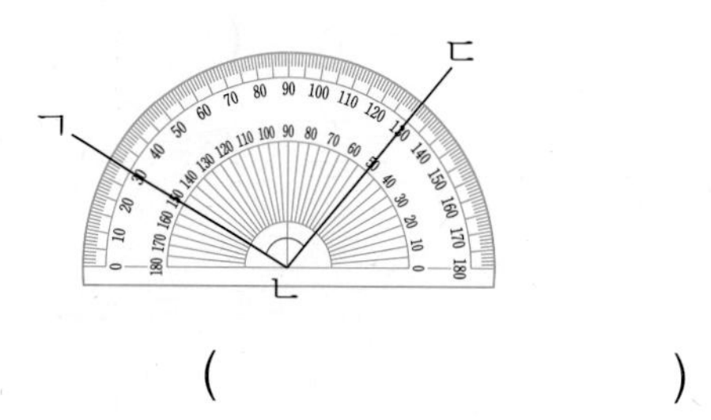

(　　　　　　　　)

서술형

09 각도기로 각을 재는 방법에 대해 잘못 설명한 사람은 누구인지 이름을 써 보세요.

- 민우: 각도기의 밑금과 각의 한 변을 잘 맞추어야 해.
- 주연: 각의 중심과 각도기의 꼭짓점을 잘 맞추어야 해.

(　　　　　　　　　)

10 도형에서 찾을 수 있는 예각과 둔각은 각각 몇 개인지 구해 보세요.

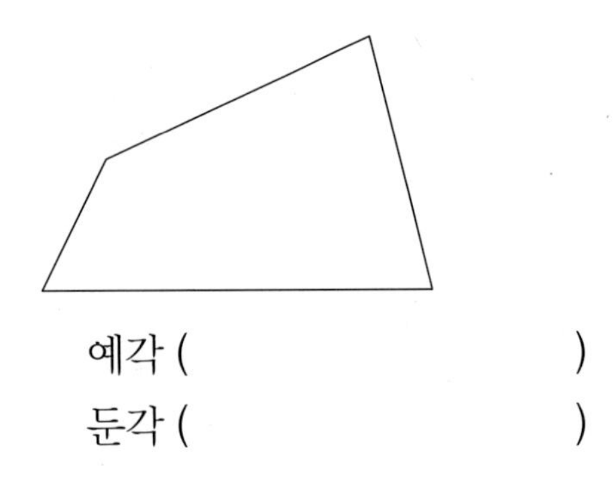

예각 (　　　　　　　　　)
둔각 (　　　　　　　　　)

11 각 ㄱㅇㄴ과 크기가 같은 각은 어느 각인지 어림하여 써 보세요.

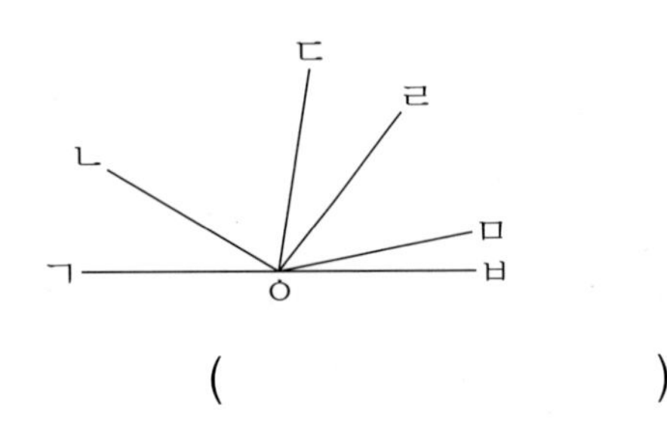

(　　　　　　　　　)

12 가와 나 중에서 더 큰 각을 찾아 쓰려고 합니다. 풀이 과정을 쓰고 답을 구해 보세요.

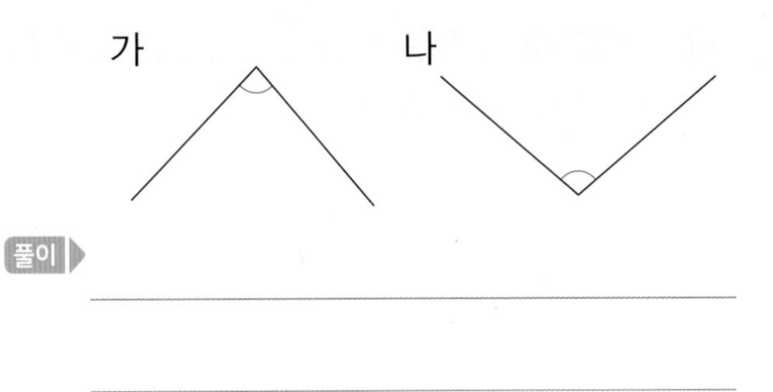

풀이 ▶ ______________________

____

____

답 ▶ ______________

13 각도가 가장 작은 것을 찾아 기호를 써 보세요.

㉠ $50^\circ + 65^\circ$
㉡ $170^\circ - 40^\circ$
㉢ 직각보다 35°만큼 더 큰 각

(　　　　　　　　　)

AI가 뽑은 정답률 낮은 문제

38쪽 유형 1

14 시계에 나타내었을 때 긴바늘과 짧은바늘이 이루는 작은 쪽의 각이 예각인 시각의 기호를 써 보세요.

㉠ 9시 10분　　㉡ 7시 25분

(　　　　　　　　　)

15 사각형의 네 각의 크기를 바르게 잰 사람은 누구인지 이름을 써 보세요.

- 우성: 45°, 105°, 90°, 110°
- 지희: 60°, 85°, 100°, 115°

( )

AI가 뽑은 정답률 낮은 문제 

16 피자 2판 중에서 한 판은 똑같이 8조각으로 나누고, 다른 한 판은 똑같이 6조각으로 나누었습니다. ㉠과 ㉡의 각도의 차는 몇 도인지 풀이 과정을 쓰고 답을 구해 보세요.

40쪽 유형 6

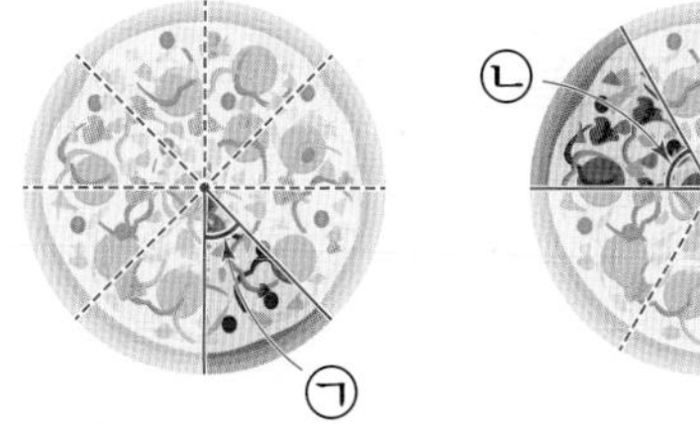

풀이

답

17 □ 안에 알맞은 수를 써넣으세요.

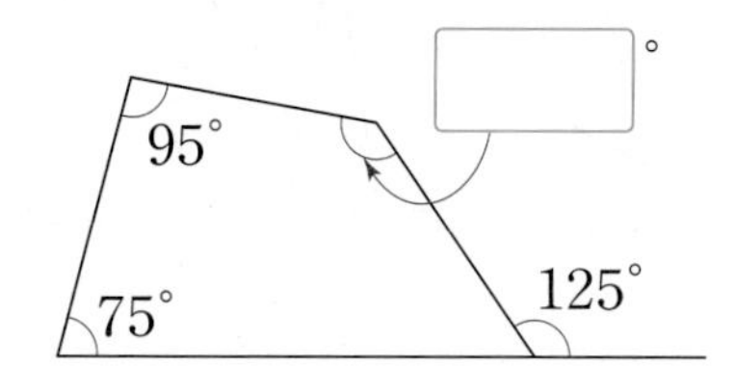

AI가 뽑은 정답률 낮은 문제

18 직사각형 ㄱㄴㄷㄹ 안에 삼각형 ㅁㄴㄷ을 그렸습니다. ㉠의 각도는 몇 도인지 구해 보세요.

43쪽 유형 11

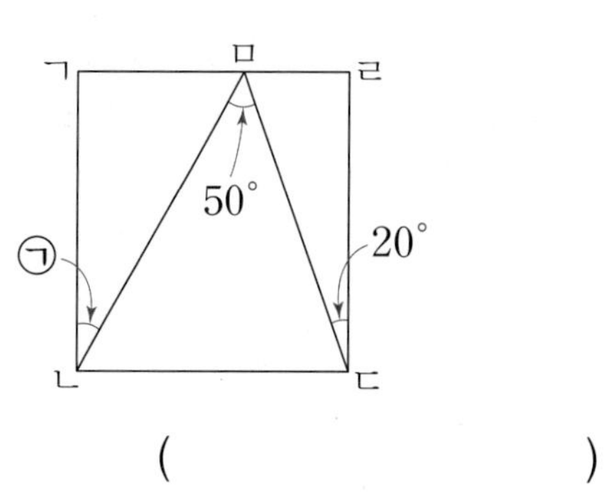

( )

19 다음과 같은 두 삼각자를 사용하여 만들 수 없는 각도를 찾아 기호를 써 보세요.

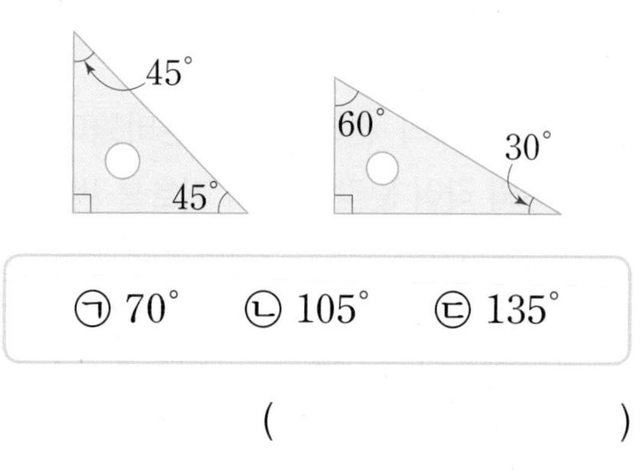

㉠ 70° ㉡ 105° ㉢ 135°

( )

AI가 뽑은 정답률 낮은 문제

20 직사각형 모양의 종이를 다음 그림과 같이 접었습니다. 각 ㅁㅇㄷ의 크기는 몇 도인지 구해 보세요.

43쪽 유형 12

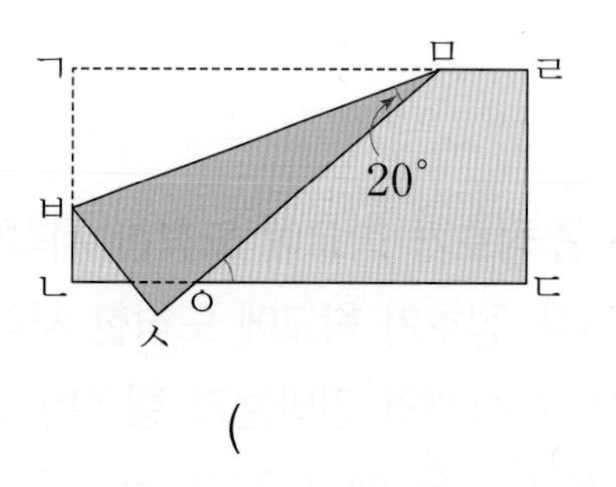

( )

2회 14번 4회 14번

유형 1 시계에서 예각, 둔각 알아보기

시계의 긴바늘과 짧은바늘이 이루는 작은 쪽의 각이 예각인 것의 기호를 써 보세요.

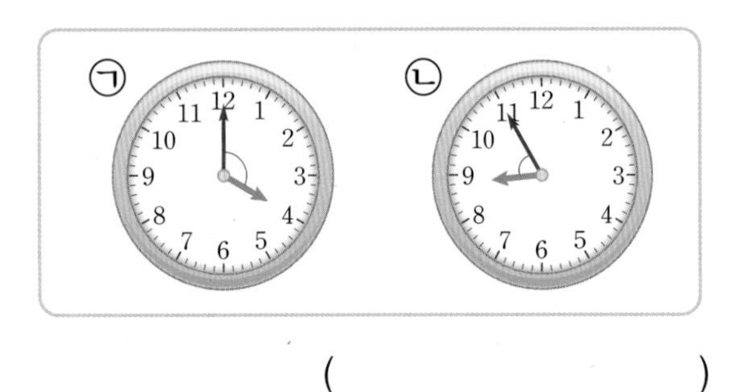

(   )

Tip 각도가 0°보다 크고 직각보다 작은 각은 예각, 각도가 직각보다 크고 180°보다 작은 각은 둔각이에요.

1-1 시계의 긴바늘과 짧은바늘이 이루는 작은 쪽의 각이 둔각인 것의 기호를 써 보세요.

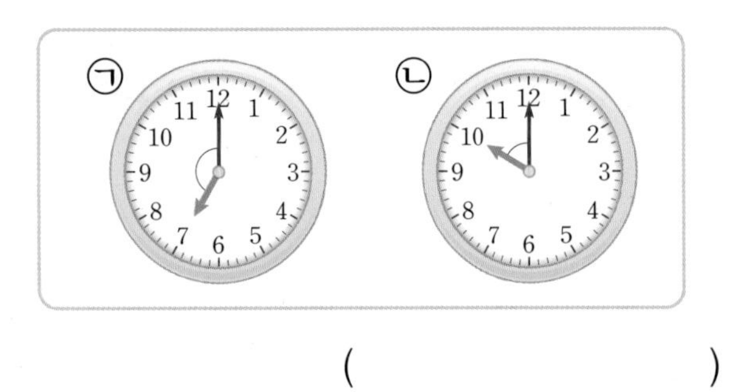

(   )

1-2 정호가 학교에 도착한 시각이 8시 30분입니다. 정호가 학교에 도착한 시각을 시계에 나타내면 시계의 긴바늘과 짧은바늘이 이루는 작은 쪽의 각은 예각, 직각, 둔각 중 어느 것인지 써 보세요.

(   )

3회 13번

유형 2 각도를 재어 두 각도의 합 또는 차 구하기

각도기로 각도를 각각 재어 두 각도의 차는 몇 도인지 구해 보세요.

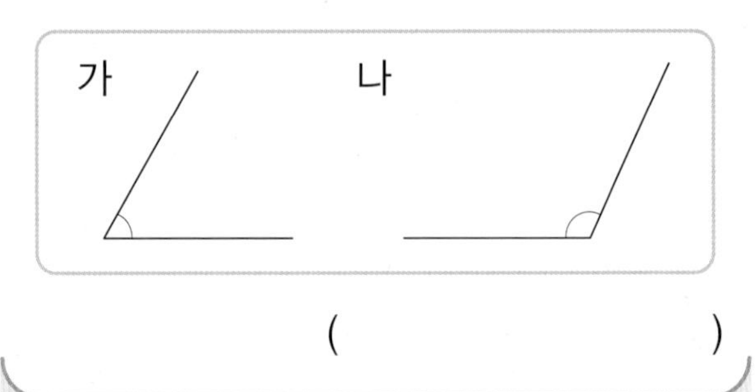

(   )

Tip 먼저 두 각도를 각각 구하고, 큰 각도에서 작은 각도를 빼요.

2-1 각도기로 각도를 각각 재어 가장 큰 각과 가장 작은 각을 찾아 두 각도의 차는 몇 도인지 구해 보세요.

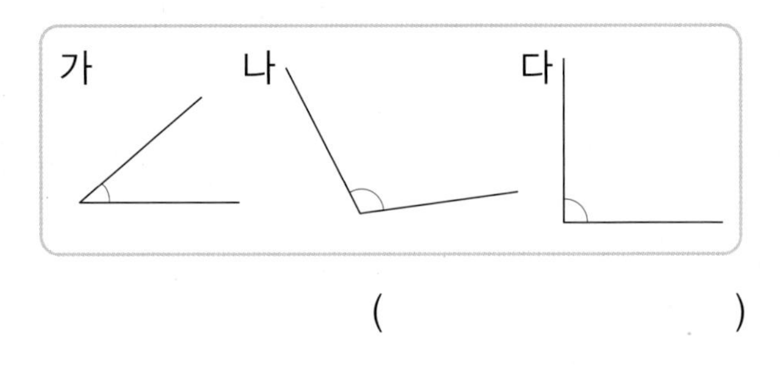

(   )

2-2 각도기로 각도를 각각 재어 가장 큰 각과 가장 작은 각을 찾아 두 각도의 합은 몇 도인지 구해 보세요.

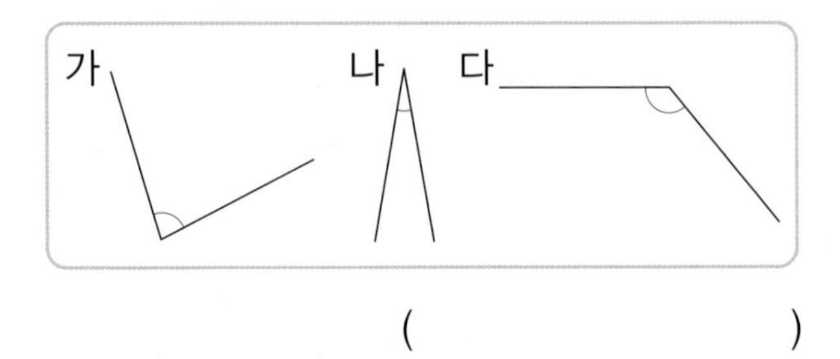

(   )

🔗 1회 15번 🔗 3회 18번

유형 3 직선을 이용하여 각의 크기 구하기

㉠의 각도는 몇 도인지 구해 보세요.

115° ㉠

(　　　　　　　　　　)

Tip 직선이 이루는 각의 크기는 180°예요.

3-1 ㉠의 각도는 몇 도인지 구해 보세요.

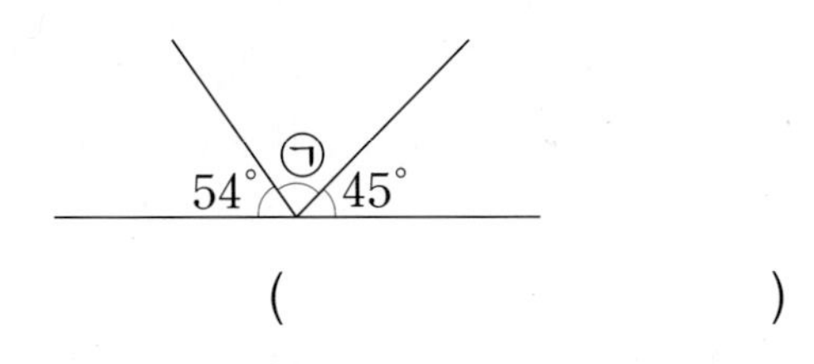

(　　　　　　　　　　)

3-2 ㉠과 ㉡의 각도는 몇 도인지 각각 구해 보세요. (단, 점 ㄱ과 점 ㄴ, 점 ㄷ과 점 ㄹ을 이은 선은 각각 직선입니다.)

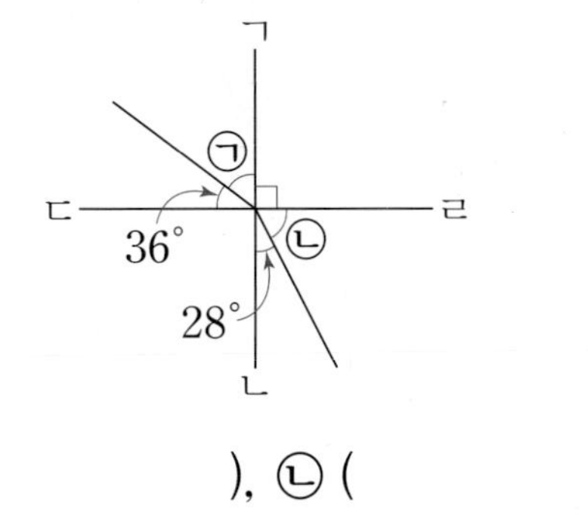

㉠ (　　　　　　), ㉡ (　　　　　　)

3-3 ㉠과 ㉡의 각도의 차는 몇 도인지 구해 보세요. (단, 점 ㄱ과 점 ㄴ, 점 ㄷ과 점 ㄹ을 이은 선은 각각 직선입니다.)

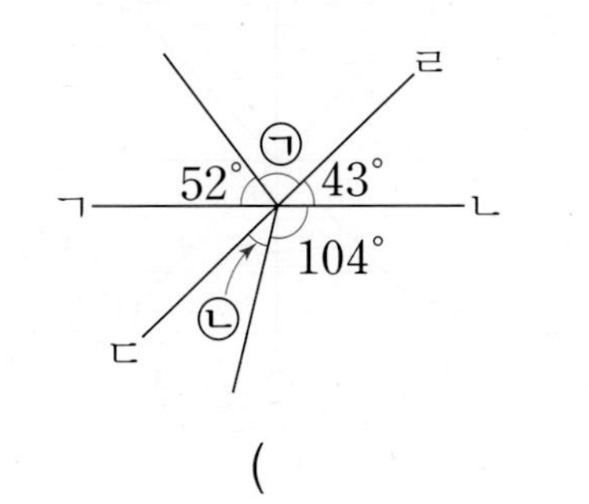

(　　　　　　　　　　)

🔗 1회 17번

유형 4 삼각형에서 모르는 각의 크기 구하기

㉠의 각도는 몇 도인지 구해 보세요.

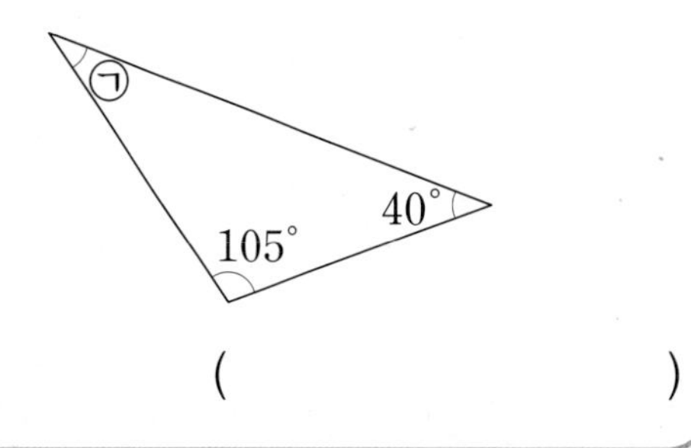

(　　　　　　　　　　)

Tip 삼각형의 세 각의 크기의 합은 180°예요.
→ ㉠$+105°+40°=180°$

4-1 ㉠의 각도는 몇 도인지 구해 보세요.

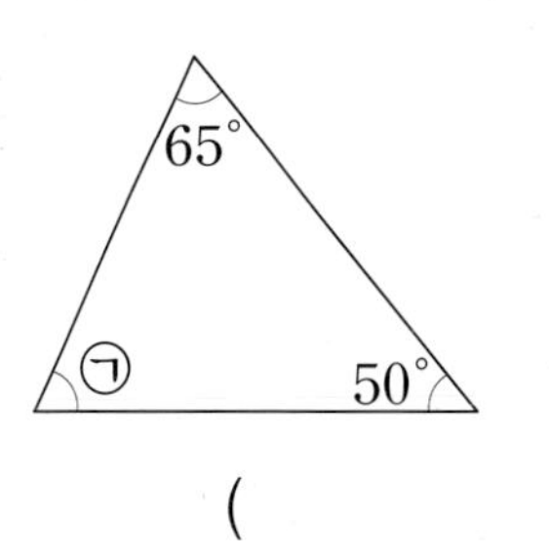

(　　　　　　　　　　)

4-2 ㉠의 각도는 몇 도인지 구해 보세요.

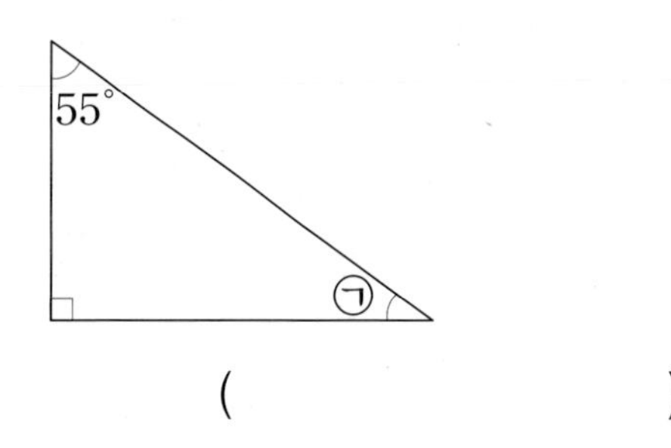

(　　　　　　　　　　)

4-3 삼각형의 두 각의 크기가 다음과 같을 때 나머지 한 각의 크기는 몇 도인지 구해 보세요.

(　　　　　　　　　　)

2 단원

1회 18번 2회 15번

유형 5 사각형에서 모르는 각의 크기 구하기

□ 안에 알맞은 수를 써넣으세요.

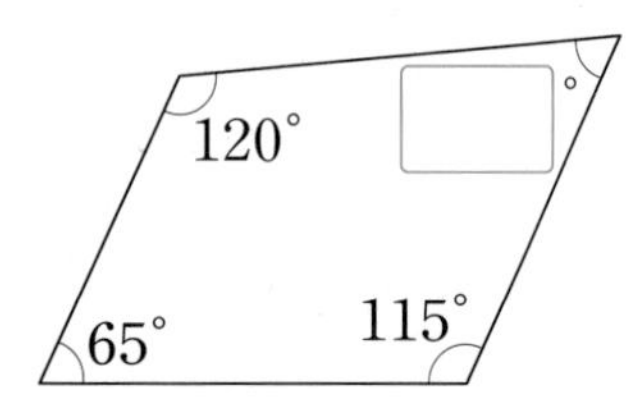

Tip 사각형의 네 각의 크기의 합은 360°예요.
→ $120° + 65° + 115° + □° = 360°$

5-1 □ 안에 알맞은 수를 써넣으세요.

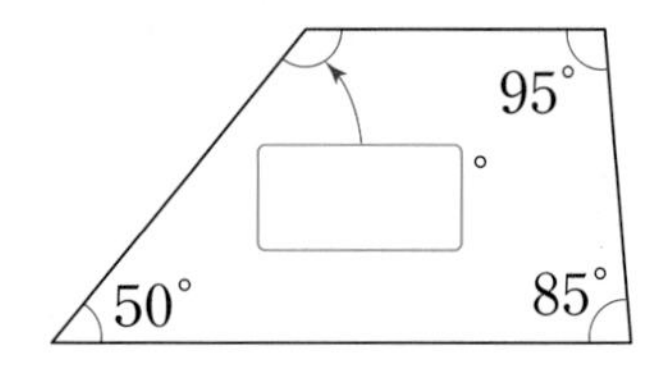

5-2 □ 안에 알맞은 수를 써넣으세요.

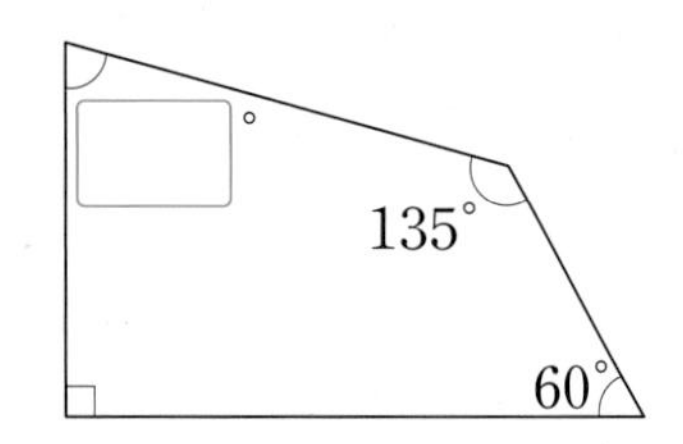

5-3 사각형의 세 각의 크기가 다음과 같을 때 나머지 한 각의 크기는 몇 도인지 구해 보세요.

95°	35°	80°

(　　　　　　　　)

2회 17번 4회 16번

유형 6 똑같이 나누어진 각에서 각도 구하기

가장 작은 각들은 크기가 모두 같습니다. 각 ㄱㅇㄹ의 크기는 몇 도인지 구해 보세요.

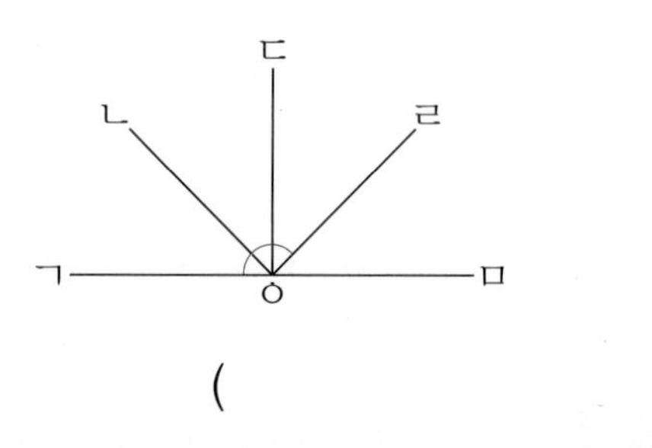

(　　　　　　　　)

Tip 가장 작은 각들의 크기가 모두 같을 때, 가장 작은 한 각의 크기는 180°를 각의 개수로 나누어 구해요.

6-1 가장 작은 각들은 크기가 모두 같습니다. 각 ㄴㅇㅂ의 크기는 몇 도인지 구해 보세요.

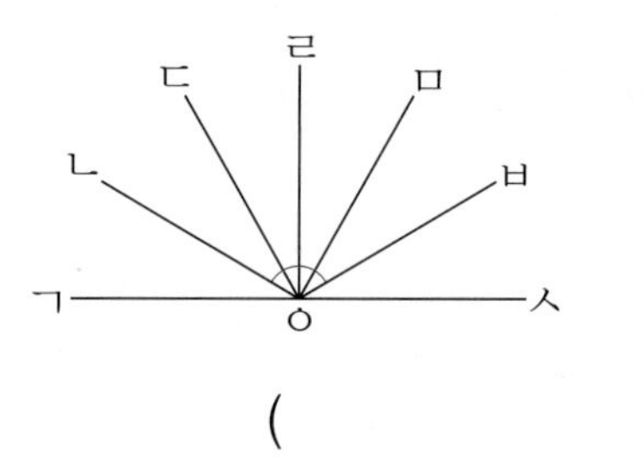

(　　　　　　　　)

6-2 가장 작은 각들은 크기가 모두 같습니다. 각 ㄴㅇㄹ의 크기는 몇 도인지 구해 보세요.

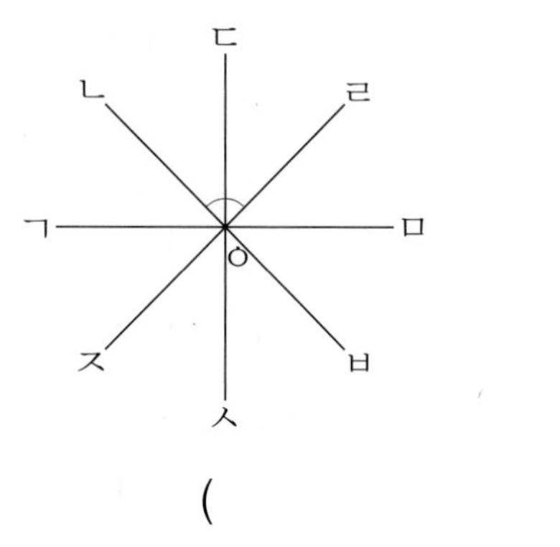

(　　　　　　　　)

3회 17번

유형 7 도형 밖에 있는 각도 구하기

☐ 안에 알맞은 수를 써넣으세요.

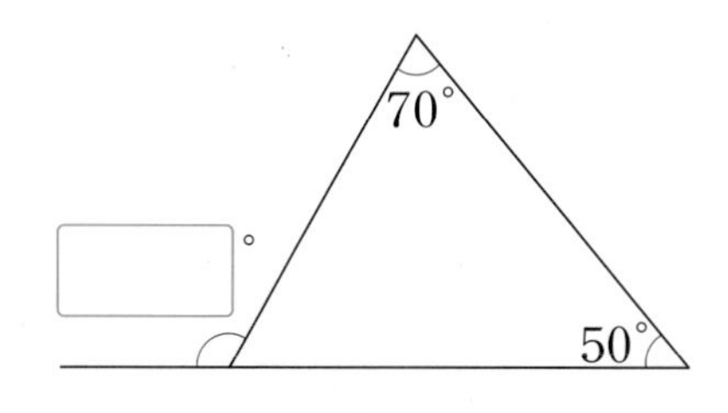

Tip 먼저 삼각형에서 나머지 한 각의 크기를 구한 다음, 직선이 이루는 각이 180°임을 이용하여 ☐ 안에 알맞은 수를 구해요.

7-1 ●의 각도는 몇 도인지 구해 보세요.

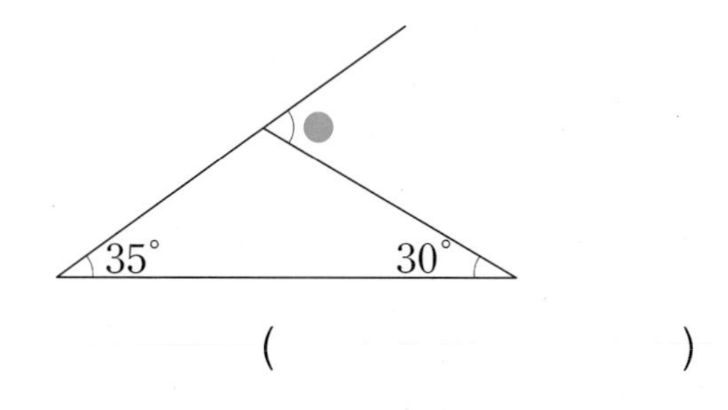

(　　　　　　　　)

7-2 ☐ 안에 알맞은 수를 써넣으세요.

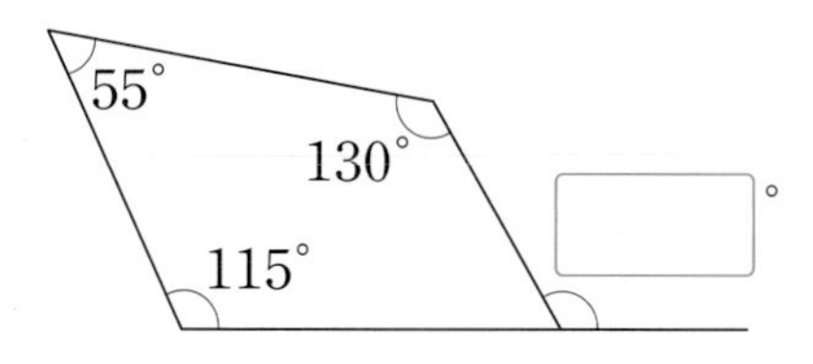

7-3 사각형에서 ■와 ▲의 각도의 차는 몇 도인지 구해 보세요.

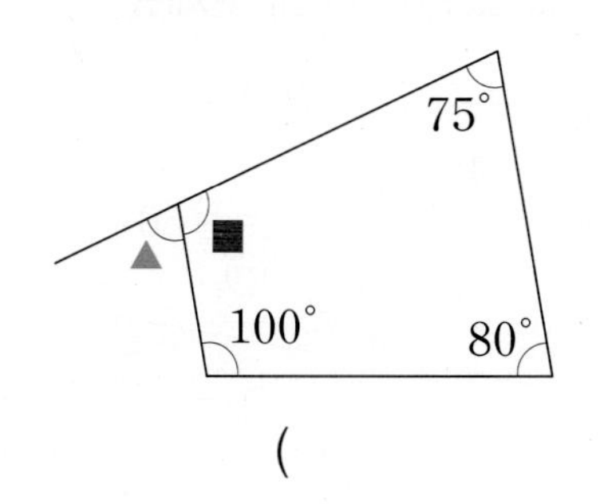

(　　　　　　　　)

2회 18번

유형 8 도형의 모든 각도의 합 구하기

도형에 표시한 각의 크기의 합은 몇 도인지 구해 보세요.

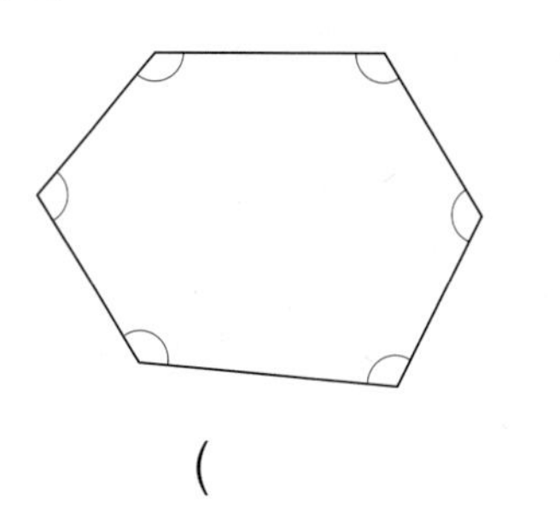

(　　　　　　　　)

Tip 삼각형 또는 사각형으로 나누어 도형 안에 있는 모든 각도의 합을 구해요.

예 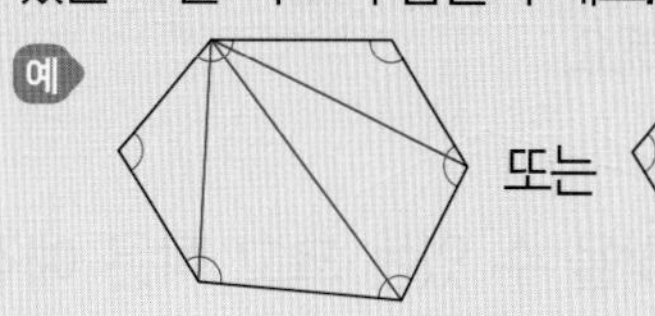 또는 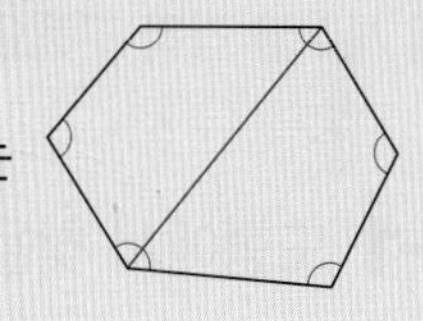

8-1 도형에 표시한 각의 크기의 합은 몇 도인지 구해 보세요.

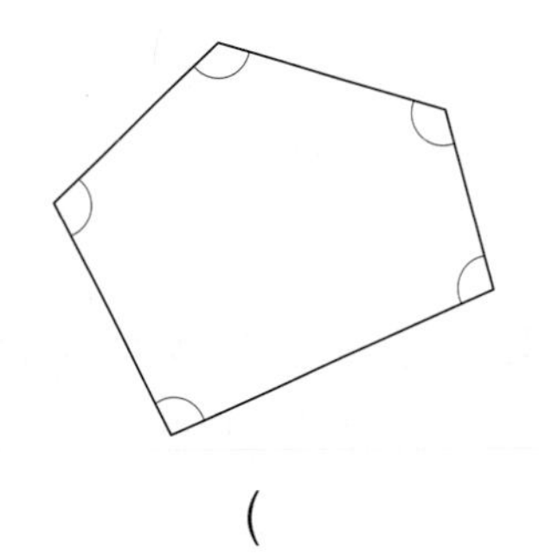

(　　　　　　　　)

8-2 도형에 표시한 각의 크기의 합은 몇 도인지 구해 보세요.

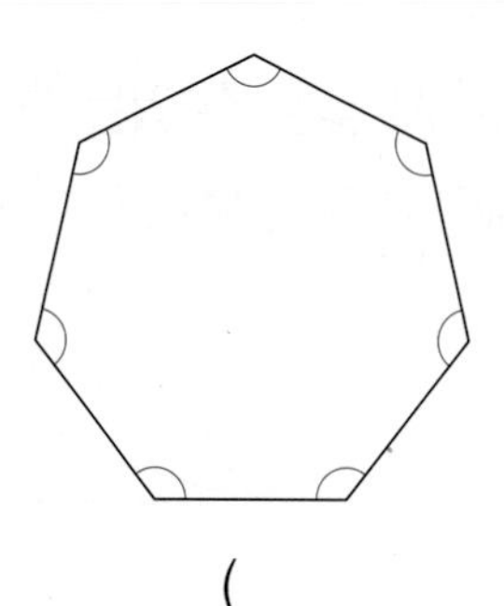

(　　　　　　　　)

1회 19번

유형 9 찾을 수 있는 크고 작은 둔각(예각)의 수 구하기

도형에서 찾을 수 있는 크고 작은 둔각은 모두 몇 개인지 구해 보세요.

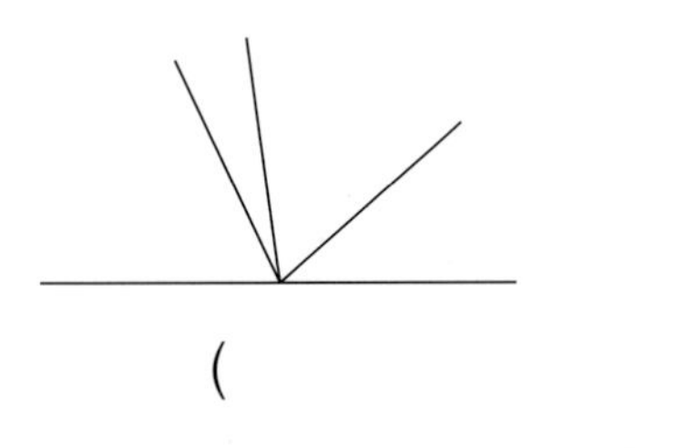

( )

Tip 작은 각 1개짜리, 작은 각 2개짜리, 작은 각 3개짜리, 작은 각 4개짜리로 이루어진 각 중 둔각의 개수를 각각 구해요.

9-1 도형에서 찾을 수 있는 크고 작은 예각은 모두 몇 개인지 구해 보세요.

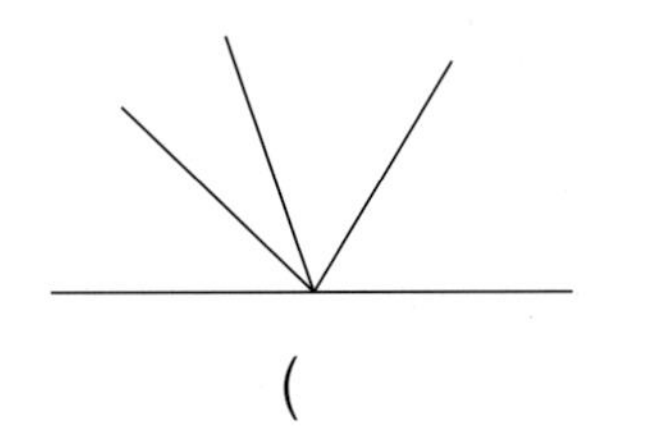

( )

9-2 도형에서 찾을 수 있는 크고 작은 예각은 모두 몇 개인지 구해 보세요.

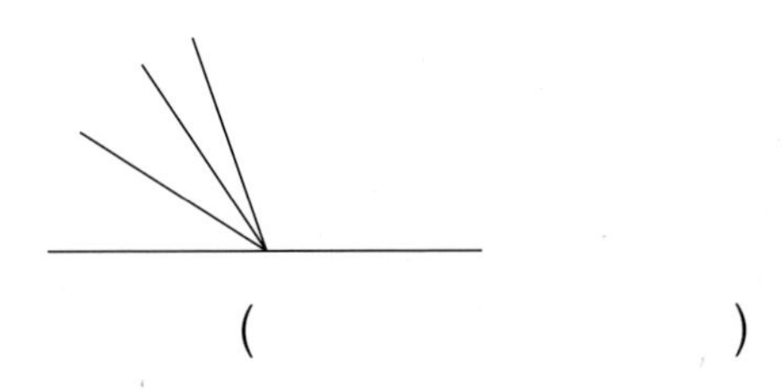

( )

9-3 도형에서 찾을 수 있는 크고 작은 둔각은 모두 몇 개인지 구해 보세요.

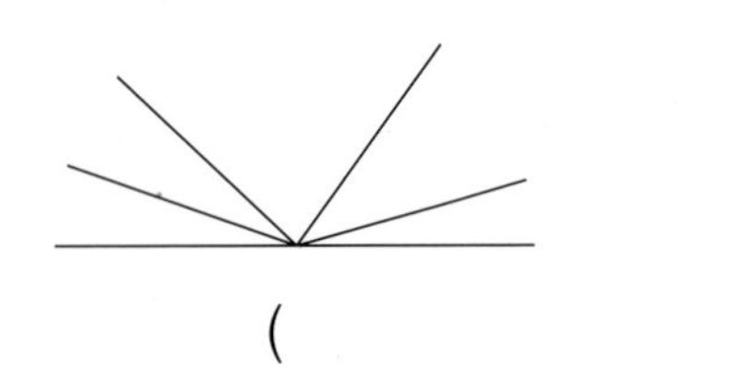

( )

3회 20번

유형 10 삼각자로 만들어지는 각도 구하기

두 삼각자를 겹쳐서 만든 것입니다. ㉠의 각도는 몇 도인지 구해 보세요.

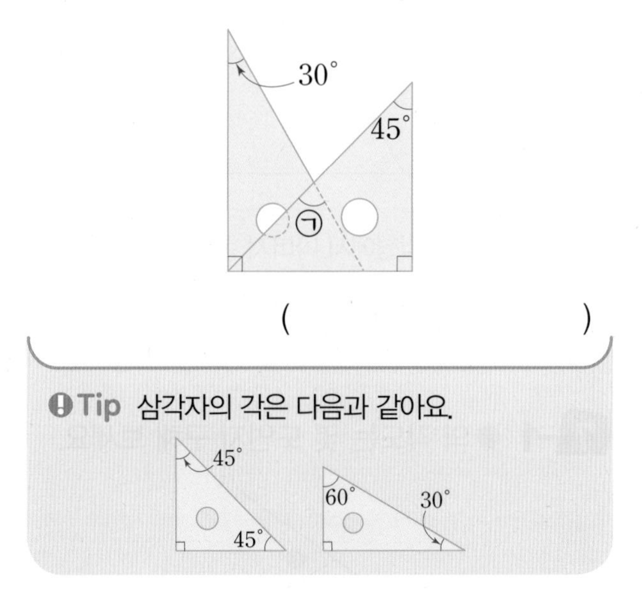

( )

Tip 삼각자의 각은 다음과 같아요.

45° 45° 60° 30°

10-1 두 삼각자를 겹치지 않게 이어 붙여서 만든 것입니다. ㉠의 각도는 몇 도인지 구해 보세요.

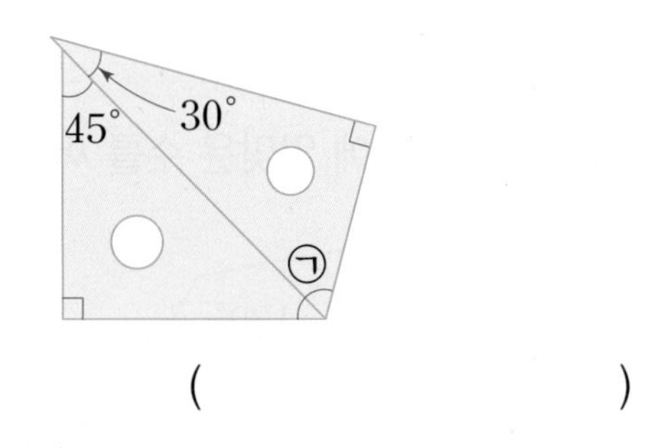

( )

10-2 두 삼각자를 겹쳐서 만든 것입니다. ㉠의 각도는 몇 도인지 구해 보세요.

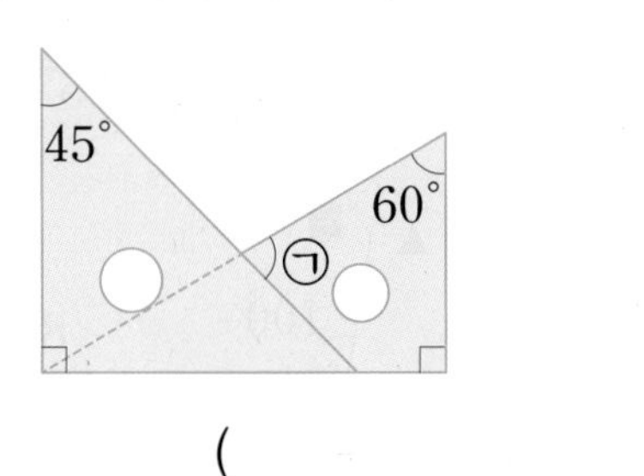

( )

1회 20번 4회 18번

유형 11 여러 가지 도형에서 각도 구하기

도형에서 각 ㄱㅁㄹ의 크기는 몇 도인지 구해 보세요.

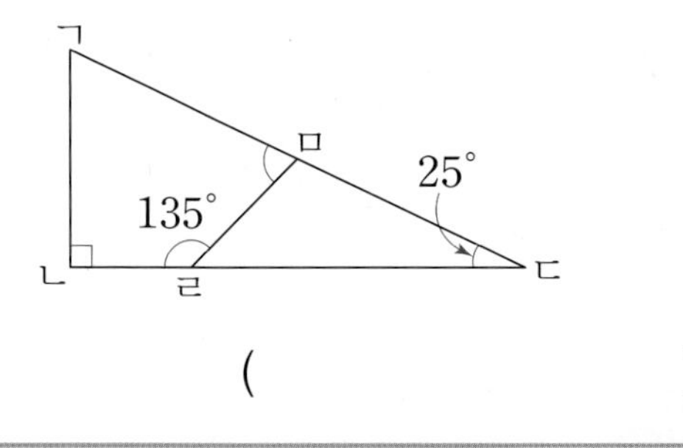

( )

Tip 삼각형 ㄱㄴㄷ에서 각 ㄴㄱㄷ의 크기를 구한 다음, 사각형 ㄱㄴㄹㅁ에서 각 ㄱㅁㄹ의 크기를 구해요.

11-1 도형에서 각 ㄱㄹㅁ의 크기는 몇 도인지 구해 보세요.

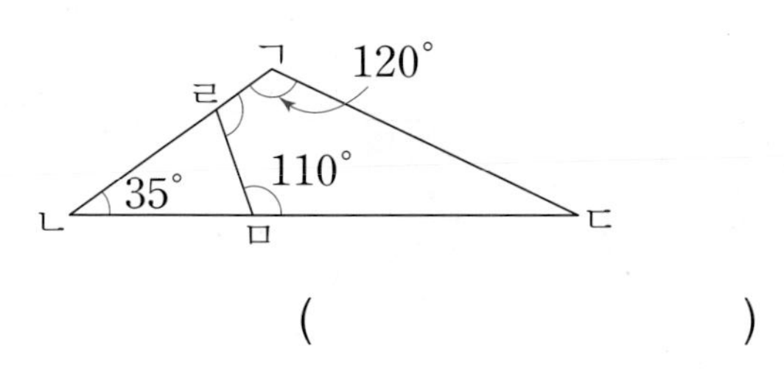

( )

11-2 도형에서 ㉠의 각도는 몇 도인지 구해 보세요.

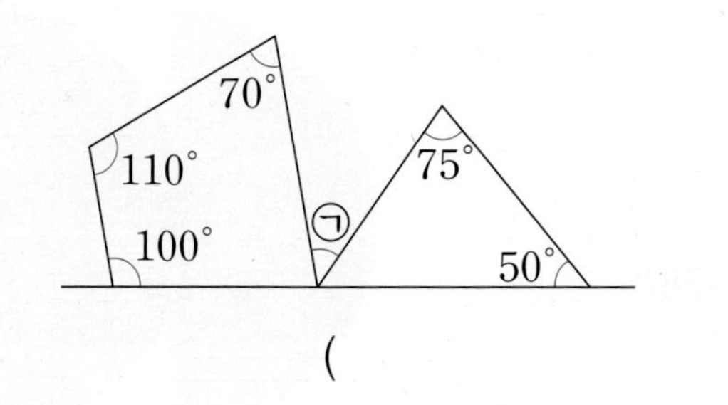

( )

2회 20번 4회 20번

유형 12 종이를 접었을 때의 각도 구하기

직사각형 모양의 종이를 다음과 같이 접었습니다. ㉠의 각도는 몇 도인지 구해 보세요.

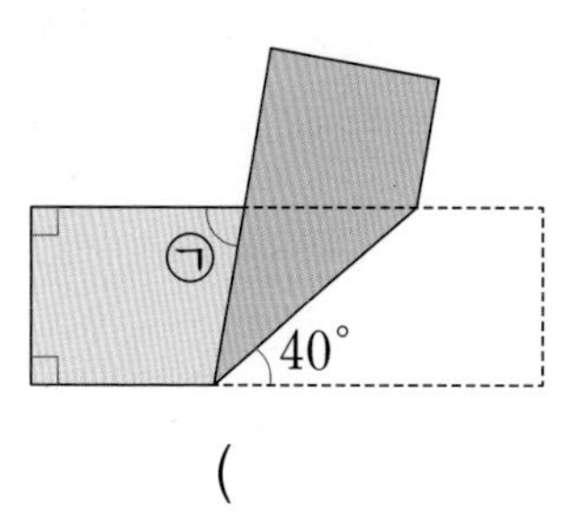

( )

Tip 종이를 접었을 때 접은 부분과 접기 전 부분의 각도가 같아요.

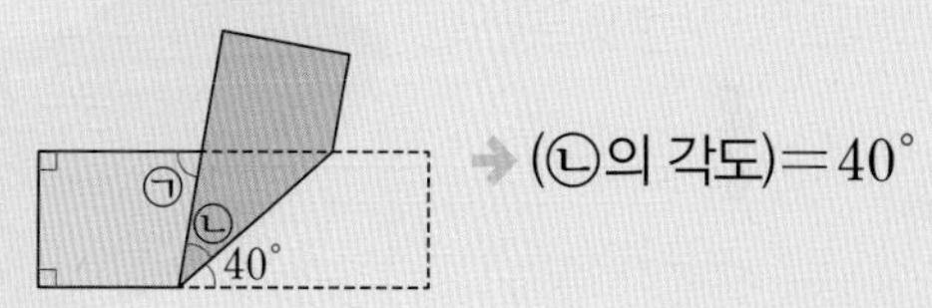

12-1 직사각형 모양의 종이를 다음과 같이 접었습니다. 각 ㄴㄱㅁ의 크기는 몇 도인지 구해 보세요.

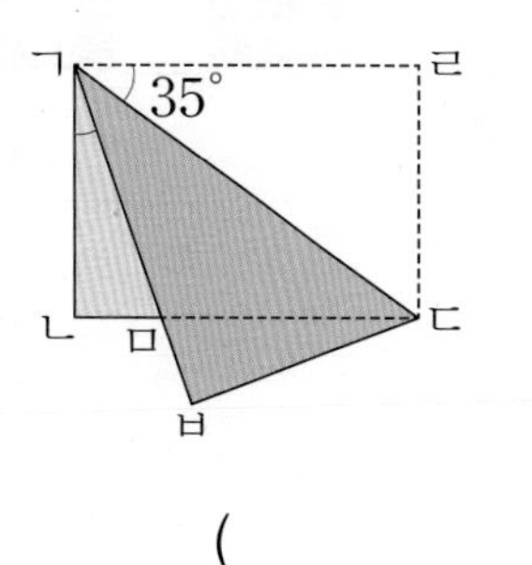

( )

12-2 직사각형 모양의 종이를 다음과 같이 접었습니다. 각 ㄴㄱㅁ의 크기는 몇 도인지 구해 보세요.

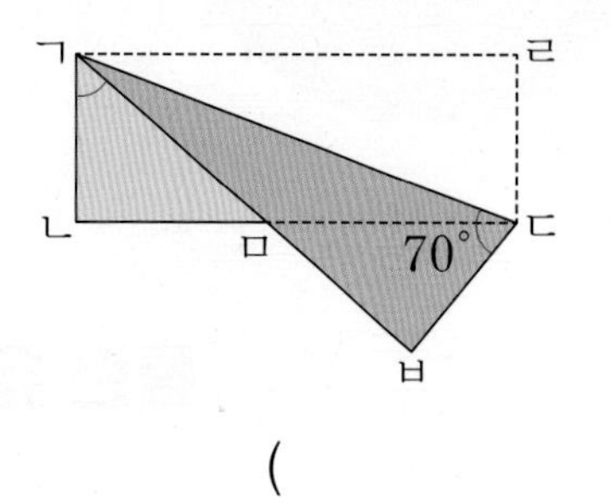

( )

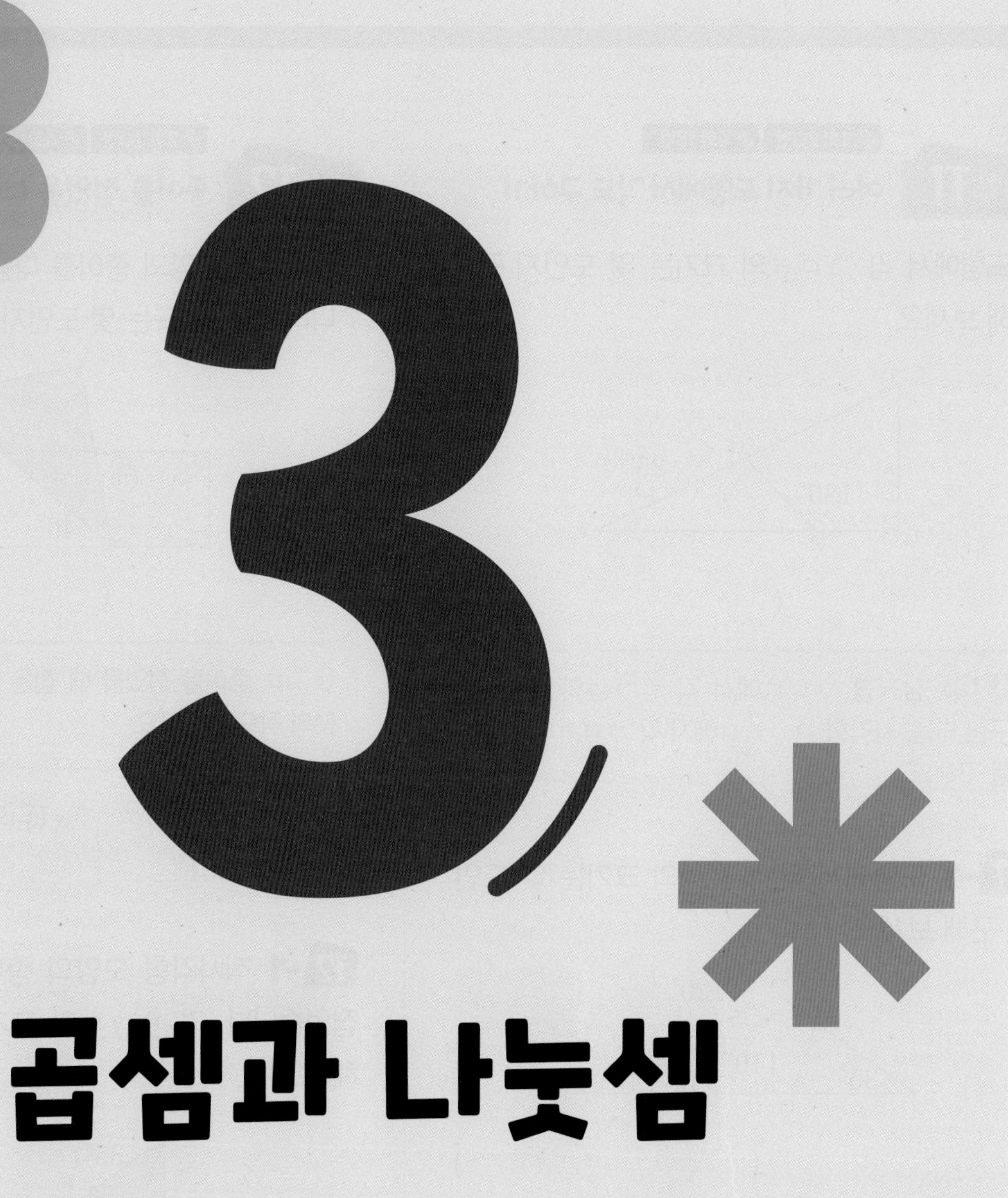

3. 곱셈과 나눗셈

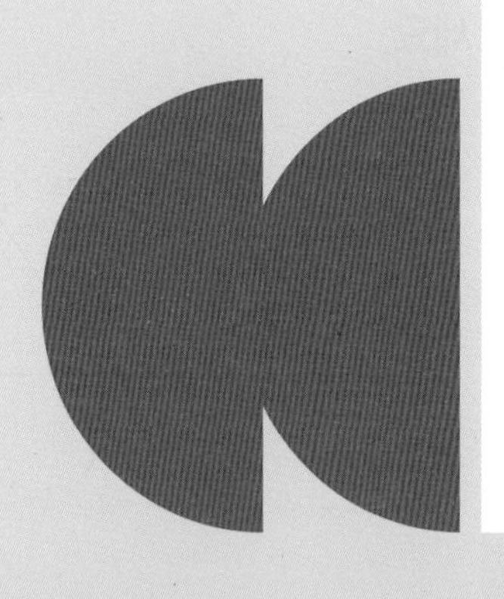

개념 정리 3단원

곱셈과 나눗셈

개념 1 (세 자리 수)×(몇십)

◆**164×20의 계산**

$$164\times2=328$$
10배 ↓ ↓ 10배
$$164\times20=3280$$

164×20은 164×2의 값을 [ ]배 한 값과 같습니다.

개념 2 (세 자리 수)×(몇십몇)

◆**213×14의 계산**

```
    2 1 3
 ×    1 4
 --------
    8 5 2  ← 213×4
  2 1 3 0  ← 213×10
 --------
  2 9 8 2
```

213×14는 213×10과 213×[ ]을/를 더한 값과 같습니다.

개념 3 몇십으로 나누기

◆**120÷40의 계산** → 나누어떨어지는 경우

방법① $120\div40=3$ (12÷4=3)

방법②

```
      [ ]
 40 ) 1 2 0
      1 2 0
      -----
          0
```

◆**73÷20의 계산** → 나머지가 있는 경우

몫을 1 크게 / 몫을 1 작게

```
       2              3              4
 20 ) 7 3      20 ) 7 3      20 ) 7 3
      4 0           6 0           8 0
      ---           ---           ---
      3 3           1 3
```

나머지가 20보다 크므로 더 나눌 수 있습니다.

뺄 수 없습니다.

확인 $20\times3=60$ → $60+13=73$

개념 4 몇십몇으로 나누기

◆**108÷24의 계산** → 몫이 한 자리 수인 경우

$24\times3=72$
$24\times4=96$
$24\times5=120$

```
        [ ]
 24 ) 1 0 8
        9 6
      -----
        1 2
```

확인 $24\times4=96$ → $96+12=108$

◆**416÷32의 계산** → 몫이 두 자리 수이고 나누어떨어지는 경우

```
        1 3
 32 ) 4 1 6
      3 2 0  ← 32×10
      -----
        9 6
        9 6  ← 32×3
      -----
          0
```

확인 $32\times13=416$

◆**523÷19의 계산** → 몫이 두 자리 수이고 나머지가 있는 경우

```
        2 7
 19 ) 5 2 3
      3 8 0  ← 19×20
      -----
      1 4 3
      1 3 3  ← 19×7
      -----
        1 0
```

확인 $19\times27=513$ → $513+10=523$

정답 ❶ 10 ❷ 4 ❸ 3 ❹ 4

점수

58~63쪽에서 같은 유형의 문제를 더 풀 수 있어요.

01 □ 안에 알맞은 수를 써넣으세요.

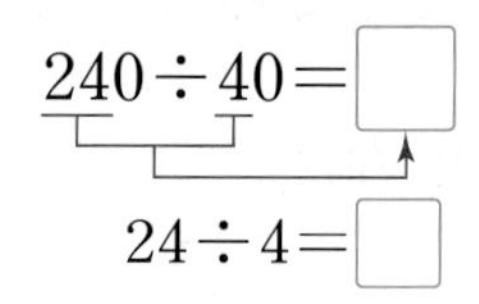

02 □ 안에 알맞은 수를 써넣으세요.

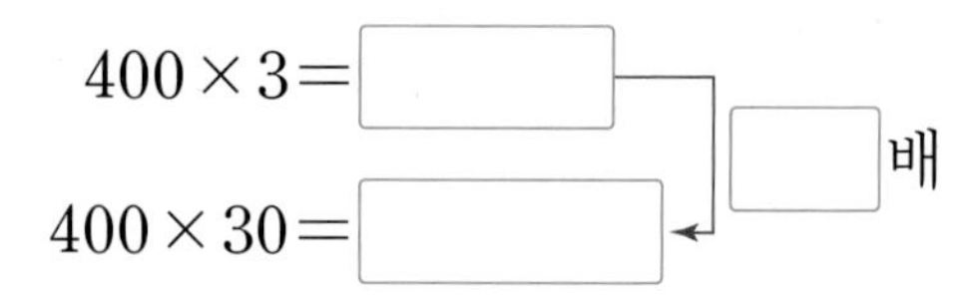

03 □ 안에 알맞은 수를 써넣으세요.

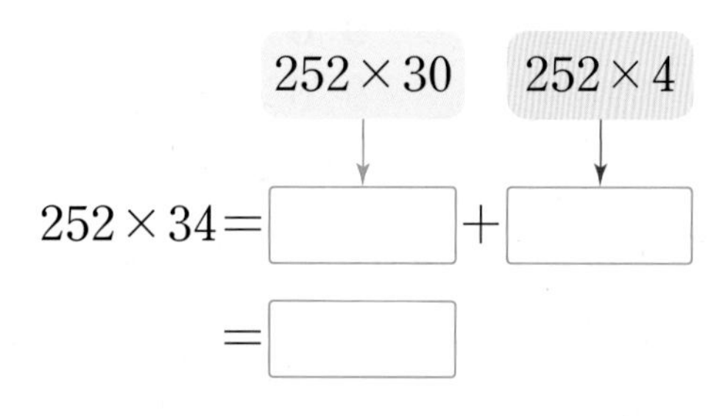

04 어림한 나눗셈의 몫으로 가장 적절한 것을 찾아 ○표 해 보세요.

152÷31

2	5	30	50

05 $589\times5=2945$입니다. 589×50의 계산에서 ㉡에 알맞은 수를 구해 보세요.

$$\begin{array}{r} 5\ 8\ 9 \\ \times\quad 5\ 0 \\ \hline ㉠㉡㉢㉣㉤ \end{array}$$

(　　　　　　)

06 계산해 보세요.

$$\begin{array}{r} 7\ 1\ 0 \\ \times\quad 8\ 4 \\ \hline \end{array}$$

07 나눗셈을 하여 □ 안에는 몫을, ○ 안에는 나머지를 써넣으세요.

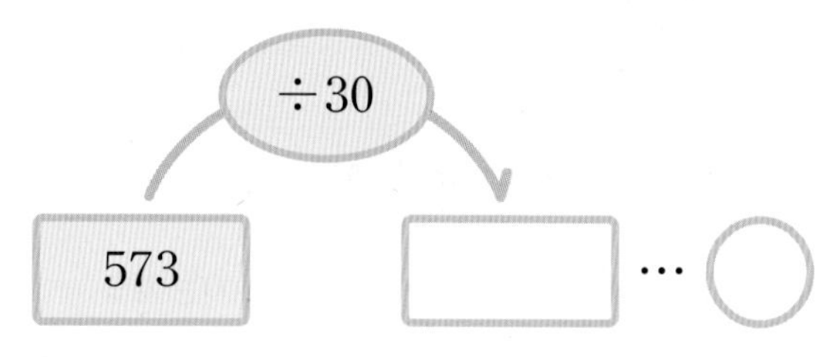

08 계산을 하고, 계산 결과가 맞는지 확인해 보세요.

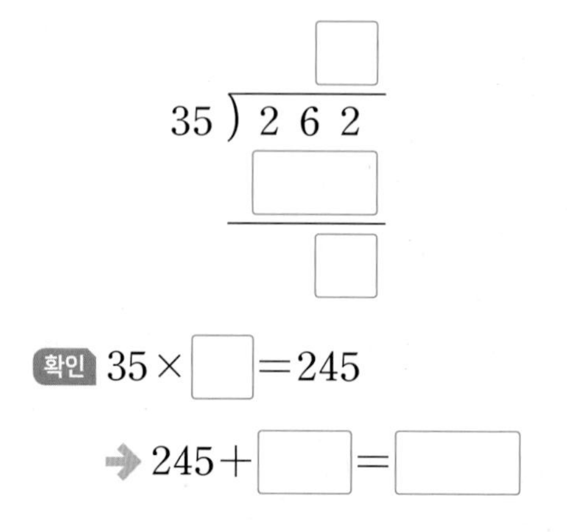

확인 35×□=245

→ 245+□=□

09 잘못 계산한 곳을 찾아 바르게 계산해 보세요.

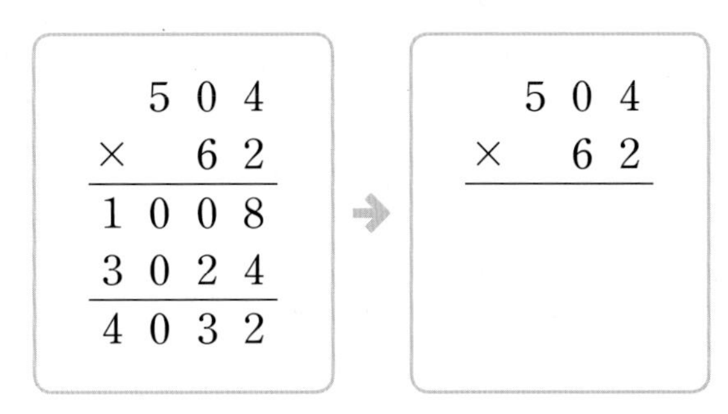

10 곱의 크기를 비교하여 ○ 안에 >, =, < 를 알맞게 써넣으세요.

610×50 ○ 467×70

AI가 뽑은 정답률 낮은 문제

11 □ 안에 알맞은 수를 써넣으세요.

58쪽 유형 1

□ → ×60 → 42000

12 나머지가 더 큰 것의 기호를 써 보세요.

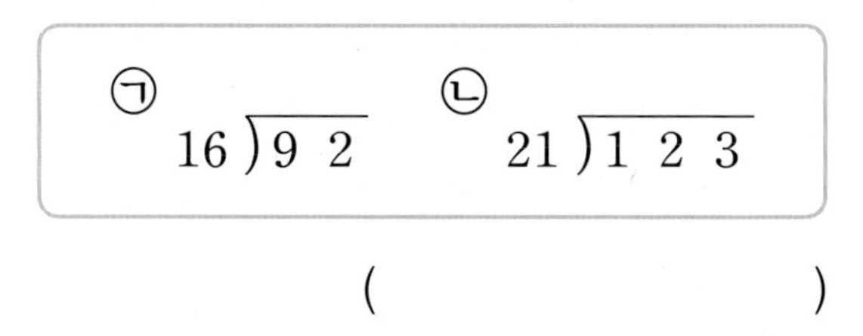

( )

13 가장 큰 수와 가장 작은 수의 곱을 구해 보세요.

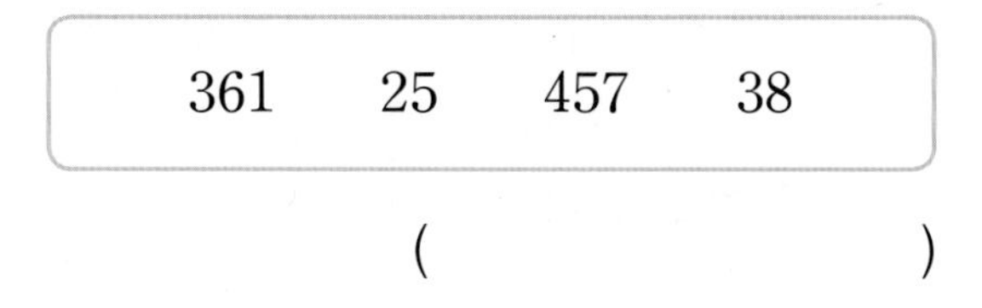

( )

14 몫이 한 자리 수인 나눗셈식을 찾아 기호를 쓰려고 합니다. 풀이 과정을 쓰고 답을 구해 보세요.

㉠ $480 \div 26$
㉡ $250 \div 38$
㉢ $350 \div 21$

풀이

답

15 도넛 347개를 한 상자에 18개씩 나누어 담으려고 합니다. 도넛을 몇 상자까지 담을 수 있고, 남는 도넛은 몇 개인지 식을 쓰고 답을 구해 보세요.

식

답 상자, 개

서술형

16 어느 학교에서 급식으로 학생 한 명에게 하루에 200 mL의 우유가 나옵니다. 4학년 반별 학생 수가 다음과 같을 때 오늘 이 학교 4학년 학생 전체가 받는 우유의 양은 모두 몇 mL인지 풀이 과정을 쓰고 답을 구해 보세요.

반별 학생 수

반	1반	2반	3반
학생 수(명)	23	22	24

풀이

답

AI가 뽑은 정답률 낮은 문제

17 다혜네 가족이 감자를 캐서 한 바구니에 35개씩 담았더니 모두 10바구니가 되었습니다. 다혜네 가족이 캔 감자를 한 상자에 14개씩 포장한다면 몇 상자가 되는지 구해 보세요.

61쪽 유형 8

( )

18 □ 안에 알맞은 수를 구해 보세요.

329÷□=5 ⋯ 19

( )

AI가 뽑은 정답률 낮은 문제

19 435를 어떤 수로 나누어야 할 것을 잘못하여 435에서 어떤 수를 뺐더니 415가 되었습니다. 바르게 계산했을 때의 몫과 나머지를 구해 보세요.

62쪽 유형 9

몫 ( )

나머지 ( )

20 수 카드 5장을 한 번씩만 사용하여 몫이 가장 큰 (세 자리 수)÷(두 자리 수)를 만들었습니다. 만든 나눗셈식의 몫을 구해 보세요.

1 4 2 6 8

( )

점수

58~63쪽에서 같은 유형의 문제를 더 풀 수 있어요.

01 □ 안에 알맞은 수를 써넣으세요.

$219 \times 6 = \square$

10배 ↓ ↓ 10배

$219 \times 60 = \square$

02 표를 완성하고 210÷70의 몫을 구해 보세요.

×	1	2	3	4
70	70			

$210 \div 70 = \square$

03 다음 식에서 ㉠이 나타내는 값은 어떤 두 수의 곱셈식인지 구해 보세요.

```
    2 4 1
×     3 2
---------
    4 8 2
  7 2 3 0  ← ㉠
---------
  7 7 1 2
```

식 ▶

04 왼쪽 곱셈식을 이용하여 나눗셈을 해 보세요.

$40 \times 3 = 120$
$40 \times 4 = 160$
$40 \times 5 = 200$

$40 \overline{)168}$

05~06 계산해 보세요.

05

```
    9 5 2
×     7 3
---------
```

06

$11 \overline{)282}$

07 계산을 하고, 계산 결과가 맞는지 확인해 보세요.

$28 \overline{)476}$

확인 $28 \times \square = \square$

08 빈칸에 알맞은 수를 써넣으세요.

⊗ →

200	40	
900	60	

3 단원

09 ㉠과 ㉡은 각각 얼마인가요? (　　　)

• $50 \div 16 = 3 \cdots$ ㉠
• $75 \div 22 =$ ㉡ $\cdots 9$

① ㉠: 2, ㉡: 3　② ㉠: 2, ㉡: 4
③ ㉠: 3, ㉡: 2　④ ㉠: 4, ㉡: 2
⑤ ㉠: 4, ㉡: 3

10 몫이 다른 하나를 찾아 기호를 써 보세요.

㉠ $42 \div 14$
㉡ $81 \div 27$
㉢ $256 \div 64$
㉣ $96 \div 32$

(　　　)

AI가 뽑은 정답률 낮은 문제

11 어떤 자연수를 21로 나눌 때 나머지가 될 수 있는 수 중에서 가장 큰 수를 구해 보세요.

58쪽 유형 2

(　　　)

서술형

12 497×30을 **보기**와 같은 방법으로 어림한 후 계산해 보세요.

보기
280×40에서 280은 300보다 작고, $300 \times 40 = 12000$이므로 280×40은 12000보다 작습니다.

$$\begin{array}{r} 280 \\ \times \quad 40 \\ \hline 11200 \end{array}$$

답 497×30에서

$$\begin{array}{r} 497 \\ \times \quad 30 \\ \hline \end{array}$$

13 채민이네 가족이 깻잎 모종을 심으려고 합니다. 깻잎 모종 336개를 한 줄에 42개씩 심으면 몇 줄을 심게 되는지 구해 보세요.

(　　　)

14 다윤이네 농장에서 딴 사과를 한 상자에 148개씩 43상자에 담아 포장했습니다. 포장한 사과는 모두 몇 개인지 식을 쓰고 답을 구해 보세요.

식

답

15 곱의 0의 개수가 다른 하나를 찾아 기호를 써 보세요.

㉠ 30×400
㉡ 500×80
㉢ 700×60

( )

16 몫이 큰 것부터 차례대로 기호를 써 보세요.

㉠ $204 \div 19$
㉡ $156 \div 12$
㉢ $192 \div 15$

( )

서술형

17 테니스공이 586개 있습니다. 이것을 한 상자에 28개씩 담고, 남은 테니스공은 한 바구니에 12개씩 담았습니다. 상자와 바구니에 담고 남은 테니스공은 몇 개인지 풀이 과정을 쓰고 답을 구해 보세요.

풀이 ▶ ________________

____

____

답 ▶ ________________

AI가 뽑은 정답률 낮은 문제

18 1부터 9까지의 수 중에서 □ 안에 들어갈 수 있는 수는 모두 몇 개인지 구해 보세요.

61쪽 유형 7

$12 \times \square < 969 \div 17$

( )

AI가 뽑은 정답률 낮은 문제

19 ㉠, ㉡, ㉢에 알맞은 수를 각각 구해 보세요.

62쪽 유형10

$$\begin{array}{r} ㉠ \\ 32 \overline{)\, 2\ ㉡\ 8} \\ 2\ \ 2\ \ ㉢ \\ \hline 1\ \ 4 \end{array}$$

㉠ ( )
㉡ ( )
㉢ ( )

20 시윤이는 한 봉지에 650원인 과자 12봉지와 한 개에 750원인 주스 15개를 사고 20000원을 냈습니다. 시윤이는 거스름돈으로 얼마를 받아야 하는지 구해 보세요.

( )

점수

58~63쪽에서 같은 유형의 문제를 더 풀 수 있어요.

01 □ 안에 알맞은 수를 써넣으세요.

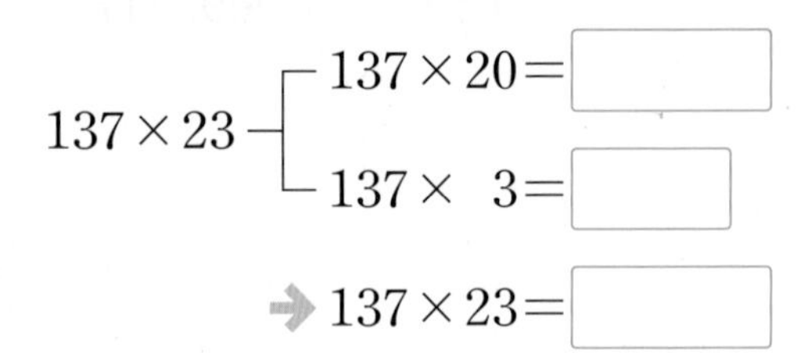

02 □ 안에 알맞은 수를 써넣으세요.

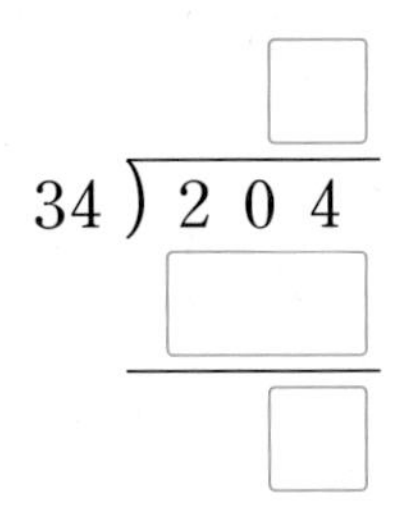

03 □ 안에 알맞은 수를 써넣으세요.

$$\begin{array}{r} 200 \\ \times \quad 7 \\ \hline \square \end{array} \rightarrow \begin{array}{r} 200 \\ \times \quad 70 \\ \hline \square \end{array}$$

04 **보기**와 같이 계산해 보세요.

보기

$138 \times 2 = 276$

$\rightarrow 138 \times 20 = 2760$

$397 \times 5 = \square$

$\rightarrow 397 \times 50 = \square$

05 계산해 보세요.

$$\begin{array}{r} 504 \\ \times \quad 36 \\ \hline \end{array}$$

06 계산을 하고, 계산 결과가 맞는지 확인해 보세요.

$$54 \overline{)216}$$

확인 $54 \times \square = \square$

07 빈칸에 두 수의 곱을 써넣으세요.

300	80

08 몫의 크기를 비교하여 ○ 안에 >, =, < 를 알맞게 써넣으세요.

$300 \div 50$ ○ $282 \div 40$

09 다음 중 $540 \div 60$과 몫이 같은 것을 찾아 기호를 써 보세요.

㉠ $540 \div 6$
㉡ $540 \div 9$
㉢ $54 \div 6$

( )

10 나눗셈의 나머지를 찾아 선으로 이어 보세요.

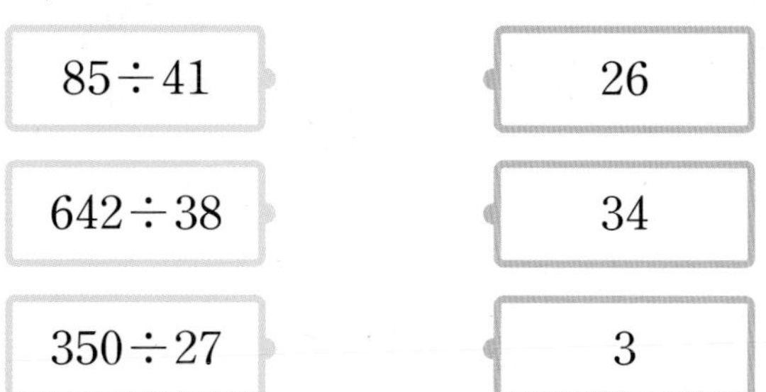

$85 \div 41$	26
$642 \div 38$	34
$350 \div 27$	3

11 두 곱의 차를 구해 보세요.

963×18 528×24

( )

AI가 뽑은 정답률 낮은 문제

12 어떤 수에 25를 곱했더니 475가 되었습니다. 어떤 수를 구해 보세요.

60쪽 유형 5

( )

13 가장 큰 수를 가장 작은 수로 나누었을 때 몫과 나머지를 구해 보세요.

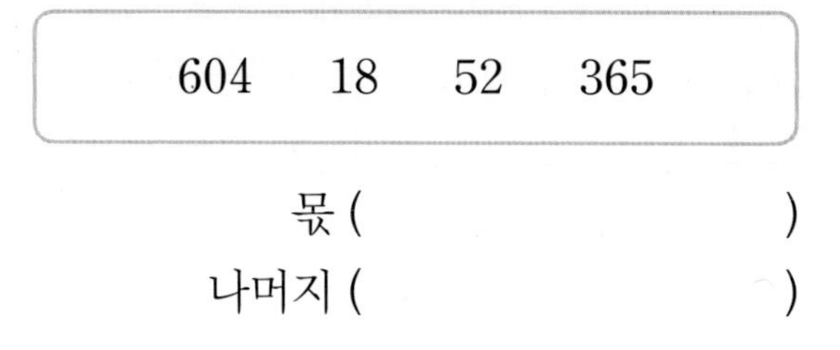

604 18 52 365

몫 ( )
나머지 ( )

서술형

14 주어진 수와 낱말을 이용하여 곱셈 문제를 만들고 답을 구해 보세요.

350 오이 30

문제

답

15 곱이 큰 것부터 차례대로 기호를 써 보세요.

㉠ 702×36
㉡ 613×45
㉢ 567×40

(　　　　　　　　　　)

AI가 뽑은 정답률 낮은 문제

16 승민이가 280쪽인 동화책을 매일 25쪽씩 읽으려고 합니다. 동화책을 모두 읽으려면 적어도 며칠이 걸리는지 구해 보세요.

60쪽 유형 6

(　　　　　　　　　　)

서술형

17 자두와 귤 중에서 한 개당 무게가 더 무거운 과일은 어느 것인지 풀이 과정을 쓰고 답을 구해 보세요. (단, 같은 과일끼리 한 개의 무게가 같습니다.)

과일	개수	무게
자두	19개	988 g
귤	24개	984 g

풀이

답

AI가 뽑은 정답률 낮은 문제

18 어떤 수를 43으로 나누었더니 몫이 9이고 나머지가 27이었습니다. 어떤 수를 23으로 나눈 몫을 구해 보세요.

60쪽 유형 5

(　　　　　　　　　　)

AI가 뽑은 정답률 낮은 문제

19 ㉠, ㉡, ㉢에 알맞은 수를 각각 구해 보세요.

62쪽 유형 10

		2	2	6
×			㉠	9
	2	㉡	3	4
1	㉢	3	0	0
1	3	3	3	4

㉠ (　　　　　　　　　　)
㉡ (　　　　　　　　　　)
㉢ (　　　　　　　　　　)

AI가 뽑은 정답률 낮은 문제

20 나눗셈의 몫이 6일 때 0부터 9까지의 수 중에서 □ 안에 들어갈 수 있는 수를 모두 구해 보세요.

63쪽 유형 12

1□8 ÷ 24

(　　　　　　　　　　)

점수

58~63쪽에서 같은 유형의 문제를 더 풀 수 있어요.

01 □ 안에 알맞은 수를 써넣으세요.

$7 \times 5 = \square$

→ $70 \times 500 = \square$

02 표를 완성하고 $591 \div 19$의 몫을 어림해 보세요.

×	10	20	30	40
19	190	380		

$591 \div 19$의 몫은 □보다 크고 □보다 작습니다.

03 □ 안에 알맞은 수를 써넣으세요.

$$\begin{array}{r} 6\,3\,8 \\ \times \quad 2\,4 \\ \hline \square \\ \square \\ \hline \square \end{array}$$

04 □ 안에 들어갈 식을 찾아 알맞은 기호를 써넣으세요.

$$\begin{array}{r} 6\,6 \\ 14\,\overline{)\,9\,2\,4} \\ 8\,4\,0 \leftarrow \square \\ \hline 8\,4 \\ 8\,4 \leftarrow \square \\ \hline 0 \end{array}$$

㉠ 14×60　㉡ 14×6
㉢ $924 - 840$　㉣ $84 - 84$

05 계산해 보세요.

$$\begin{array}{r} 2\,3\,4 \\ \times \quad 2\,0 \\ \hline \end{array}$$

06 나눗셈의 몫과 나머지를 구해 보세요.

$16\,\overline{)\,7\,0}$

몫 (　　　　)
나머지 (　　　　)

07 잘못 계산한 것은 어느 것인가요?
(　　　)

① $120 \div 20 = 6$　② $150 \div 50 = 3$
③ $320 \div 40 = 8$　④ $480 \div 60 = 7$
⑤ $630 \div 70 = 9$

08 빈칸에 두 수의 곱을 써넣으세요.

327	28

09 빈칸에 알맞은 수를 써넣으세요.

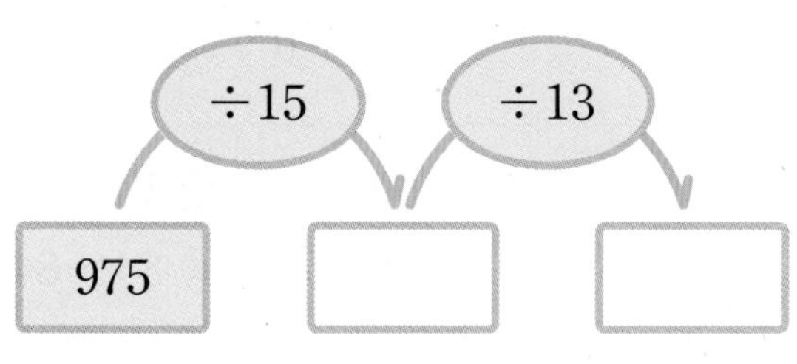

10 바르게 계산한 것에 ○표 해 보세요.

```
       6            7
31)2 1 5     64)4 5 0
   1 8 6        4 4 8
   -----        -----
     3 9            2
```

(　　　)　　(　　　)

11 한 개의 무게가 42 g인 달걀이 있습니다. 같은 무게의 달걀 150개의 무게는 모두 몇 g인지 구해 보세요.

(　　　　　　　　)

12 나눗셈의 몫이 두 자리 수인 것을 모두 찾아 기호를 써 보세요.

㉠ $164 \div 13$	㉡ $371 \div 54$
㉢ $135 \div 36$	㉣ $742 \div 29$

(　　　　　　　　)

AI가 뽑은 정답률 낮은 문제

13 다음에서 설명하는 수와 70의 곱을 구해 보세요.

59쪽 유형 3

100이 4개, 10이 13개,
1이 8개인 수

(　　　　　　　　)

AI가 뽑은 정답률 낮은 문제

14 잘못 계산한 곳을 찾아 이유를 쓰고, 바르게 계산해 보세요.

59쪽 유형 4

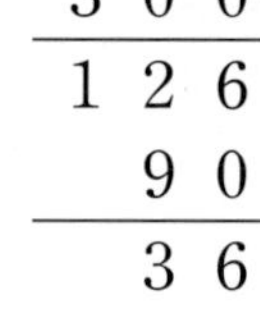

```
       1 3
30)4 2 6
   3 0 0
   -----
   1 2 6
     9 0
   -----
     3 6
```

이유

15 무궁화호 기차를 타고 용산역에서 광주역까지 가는 데 282분이 걸렸습니다. 282분은 몇 시간 몇 분인지 구해 보세요.

( )

16 사탕 172개를 28명의 학생들에게 똑같이 나누어 주려고 했더니 몇 개가 모자랐습니다. 남는 사탕이 없이 똑같이 나누어 주려면 사탕이 적어도 몇 개 더 필요한지 구해 보세요.

( )

17 해은이와 현규는 저금통에 동전을 모았습니다. 해은이와 현규 중에서 누가 모은 돈이 더 많은지 풀이 과정을 쓰고 답을 구해 보세요.

- 해은: 내 저금통에는 500원짜리 동전이 20개 있어.
- 현규: 내 저금통에는 100원짜리 동전이 90개 있어.

풀이

답

18 나눗셈의 나머지 ▲가 가장 큰 수가 되도록 ●에 알맞은 수를 구해 보세요.

●÷18=34 … ▲

( )

19 길이가 675 m인 도로의 한쪽에 처음부터 끝까지 25 m 간격으로 가로등을 세우려고 합니다. 필요한 가로등은 모두 몇 개인지 구해 보세요. (단, 가로등의 두께는 생각하지 않습니다.)

( )

AI가 뽑은 정답률 낮은 문제

20 63쪽 유형11

수 카드 5장을 한 번씩만 사용하여 곱이 가장 큰 (세 자리 수)×(두 자리 수)의 곱셈식을 만들었을 때의 곱은 얼마인지 구해 보세요.

( )

1회 11번

유형 1 곱셈식에서 모르는 수 구하기

□ 안에 알맞은 수를 써넣으세요.

$600 \times \square = 24000$

Tip $600 \times \square = 24000$에서 같은 개수만큼 0을 덜어 낸 다음 $6 \times \square = 240$을 만족하는 □를 구하면 돼요.

1-1 □ 안에 알맞은 수를 써넣으세요.

$\square \times 70 = 56000$

1-2 □ 안에 알맞은 수를 써넣으세요.

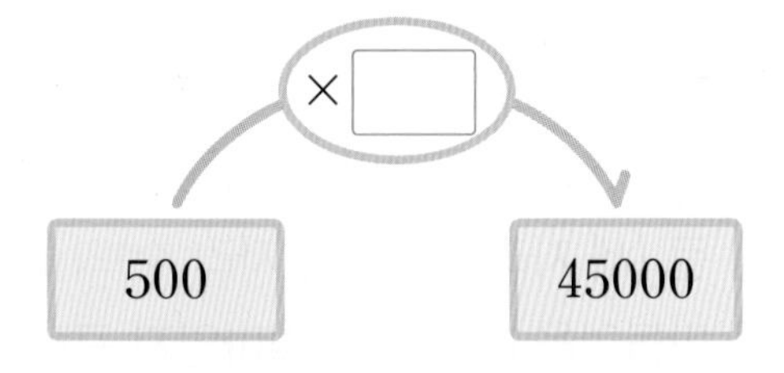

1-3 빈칸에 알맞은 수를 써넣으세요.

×200

(빈칸) → 10000

2회 11번

유형 2 나머지가 될 수 없는(있는) 수 구하기

주어진 나눗셈의 나머지가 될 수 없는 수를 모두 고르세요. (　　　　)

$\square \div 50$

① 5　② 15　③ 40
④ 55　⑤ 60

Tip 나머지는 항상 나누는 수보다 작아야 하므로 ■÷▲=● ··· ★에서 ★<▲이어야 해요.

2-1 어떤 자연수를 19로 나눌 때 나머지가 될 수 있는 수를 모두 고르세요. (　　　　)

① 4　② 17　③ 19
④ 24　⑤ 29

2-2 어떤 자연수를 34로 나눌 때 나머지가 될 수 있는 수 중에서 가장 큰 수를 구해 보세요.

(　　　　)

2-3 어떤 자연수를 12로 나눌 때 나머지가 될 수 있는 수 중에서 두 자리 수를 모두 구해 보세요.

12)▒

(　　　　)

🔗 4회 13번

유형 3 설명하는 수와의 곱 구하기

다음에서 설명하는 수와 50의 곱을 구해 보세요.

100이 4개, 10이 1개, 1이 2개인 수

( )

Tip 설명하는 수가 얼마인지 먼저 구해요.

3-1 다음에서 설명하는 수와 40의 곱을 구해 보세요.

100이 3개, 10이 8개, 1이 2개인 수

( )

3-2 다음에서 설명하는 수와 70의 곱을 구해 보세요.

100이 5개, 1이 19개인 수

( )

3-3 다음에서 설명하는 수와 91의 곱을 구해 보세요.

1이 215개인 수를 3배 한 수

( )

🔗 4회 14번

유형 4 잘못 계산한 곳을 찾아 바르게 계산하기

잘못 계산한 곳을 찾아 바르게 계산해 보세요.

$$\begin{array}{r} 23 \\ 16\overline{)392} \\ \underline{320} \\ 72 \\ \underline{48} \\ 24 \end{array} \rightarrow$$

Tip 나머지가 나누는 수보다 크면 몫을 크게 하여 계산해요.

4-1 잘못 계산한 곳을 찾아 바르게 계산해 보세요.

$$\begin{array}{r} 5 \\ 12\overline{)73} \\ \underline{60} \\ 13 \end{array} \rightarrow$$

4-2 잘못 계산한 곳을 찾아 이유를 쓰고, 바르게 계산해 보세요.

$$\begin{array}{r} 16 \\ 29\overline{)450} \\ \underline{290} \\ 160 \\ \underline{174} \end{array} \rightarrow$$

이유

3 단원

3회 12, 18번

유형 5 어떤 수 구하기

어떤 수에 74를 곱했더니 962가 되었습니다. 어떤 수를 구해 보세요.

( )

Tip (어떤 수)×74=962
→ (어떤 수)=962÷74

5-1 어떤 수에 38을 곱했더니 836이 되었습니다. 어떤 수를 구해 보세요.

( )

5-2 어떤 수를 18로 나누었더니 몫이 24로 나누어떨어졌습니다. 어떤 수를 54로 나눈 몫을 구해 보세요.

( )

5-3 어떤 수를 26으로 나누었더니 몫이 31이고 나머지가 8이었습니다. 어떤 수를 11로 나눈 몫을 구해 보세요.

( )

3회 16번

유형 6 모두 담으려면 적어도 얼마가 필요한지 구하기

쿠키 263개를 한 상자에 20개씩 나누어 담으려고 합니다. 쿠키를 남김없이 모두 담으려면 상자는 적어도 몇 상자가 필요한지 구해 보세요.

( )

Tip 20개씩 담고 남은 것을 담을 상자도 필요하므로 적어도 몫보다 1 큰 수만큼 상자가 필요해요.

6-1 연필 187자루를 한 상자에 12자루씩 나누어 담으려고 합니다. 연필을 남김없이 모두 담으려면 상자는 적어도 몇 상자가 필요한지 구해 보세요.

( )

6-2 민혜가 200쪽인 동화책을 매일 23쪽씩 읽으려고 합니다. 동화책을 모두 읽으려면 적어도 며칠이 걸리는지 구해 보세요.

( )

6-3 주성이네 학교 남학생 34명과 여학생 40명이 정원이 14명인 버스를 타고 봉사 활동을 가려고 합니다. 학생들이 버스에 모두 타려면 버스는 적어도 몇 대가 필요한지 구해 보세요.

( )

2회 18번

유형 7 □ 안에 들어갈 수 있는 자연수 구하기

□ 안에 들어갈 수 있는 자연수 중에서 가장 작은 수를 구해 보세요.

$27\times\square>650$

(　　　　　　　　)

Tip 650÷27을 계산하여 그 몫과 □ 안에 들어갈 수 있는 수를 비교해요.

7-1 □ 안에 들어갈 수 있는 자연수 중에서 가장 큰 수를 구해 보세요.

$46\times\square<428$

(　　　　　　　　)

7-2 □ 안에 들어갈 수 있는 자연수 중에서 가장 큰 수를 구해 보세요.

$\square\times61<927$

(　　　　　　　　)

7-3 □ 안에 들어갈 수 있는 자연수 중에서 가장 작은 수를 구해 보세요.

$\square\times13>35\times16$

(　　　　　　　　)

1회 17번

유형 8 곱셈과 나눗셈의 활용

장미가 4400송이 있습니다. 이 장미를 한 상자에 30송이씩 120상자에 담고, 나머지는 한 바구니에 16송이씩 담으려고 합니다. 바구니는 몇 개 필요한지 구해 보세요.

(　　　　　　　　)

Tip (상자에 담은 장미의 수)$=30\times120$
(바구니에 담을 장미의 수)
$=4400-$(상자에 담은 장미의 수)
→ (필요한 바구니의 수)
$=$(바구니에 담을 장미의 수)$\div16$

8-1 토마토가 2448개 있습니다. 이 토마토를 한 상자에 14개씩 160상자에 담고, 나머지는 13개씩 봉지에 담으려고 합니다. 봉지는 몇 개 필요한지 구해 보세요.

(　　　　　　　　)

8-2 하루에 45개씩 12일 동안 만든 인형을 한 상자에 14개씩 담으려고 합니다. 만든 인형을 모두 상자에 담으려면 상자는 적어도 몇 상자가 필요한지 구해 보세요.

(　　　　　　　　)

8-3 가로가 204 cm, 세로가 264 cm인 직사각형 모양의 큰 도화지를 오려서 한 변이 12 cm인 정사각형 모양의 작은 종이를 될 수 있는 대로 많이 만들려고 합니다. 정사각형 모양의 종이는 모두 몇 장까지 만들 수 있는지 구해 보세요.

(　　　　　　　　)

1회 19번

유형 9 바르게 계산한 값 구하기

427에 어떤 수를 곱해야 할 것을 잘못하여 더했더니 445가 되었습니다. 바르게 계산한 값을 구해 보세요.

( )

Tip $427+(\text{어떤 수})=445$
→ (바르게 계산한 값)$=427\times$(어떤 수)

9-1 어떤 수를 19로 나누어야 할 것을 잘못하여 어떤 수에 19를 곱했더니 779가 되었습니다. 바르게 계산했을 때의 몫과 나머지를 구해 보세요.

몫 ( )
나머지 ( )

9-2 589에 어떤 수를 곱해야 할 것을 잘못하여 589를 어떤 수로 나누었더니 몫이 31로 나누어떨어졌습니다. 바르게 계산한 값을 구해 보세요.

( )

9-3 어떤 수를 34로 나누어야 할 것을 잘못하여 43으로 나누었더니 몫이 7이고 나머지가 21이었습니다. 바르게 계산했을 때의 몫과 나머지의 합을 구해 보세요.

( )

2회 19번 3회 19번

유형 10 곱셈식(나눗셈식) 완성하기

㉠, ㉡, ㉢에 알맞은 수를 각각 구해 보세요.

	3	1	2
×		㉠	6
1	8	㉡	2
6	2	4	0
8	㉢	1	2

㉠ ( )
㉡ ( )
㉢ ( )

Tip $312\times$㉠6에서 $312\times$㉠이 6240이므로 $2\times$㉠의 일의 자리 숫자가 4가 되는 ㉠을 구해요.

10-1 □ 안에 알맞은 수를 써넣으세요.

		4	3	□
	×		5	0
2	□	8	5	0

10-2 □ 안에 알맞은 수를 써넣으세요.

		3	□
19	□	5	8
	5	□	0
		8	8
		7	□
		1	2

4회 20번

유형 11 수 카드로 곱셈식 만들기

수 카드 5장을 한 번씩만 사용하여 곱이 가장 큰 (세 자리 수)×(두 자리 수)의 곱셈식을 만들고 계산해 보세요.

Tip 곱이 가장 크려면 ㉠㉡㉢×㉣㉤에서 ㉠과 ㉣에 가장 큰 수와 두 번째로 큰 수를, ㉢에 가장 작은 수를 넣어야 해요.

11-1 수 카드 5장을 한 번씩만 사용하여 곱이 가장 큰 (세 자리 수)×(두 자리 수)의 곱셈식을 만들고 계산해 보세요.

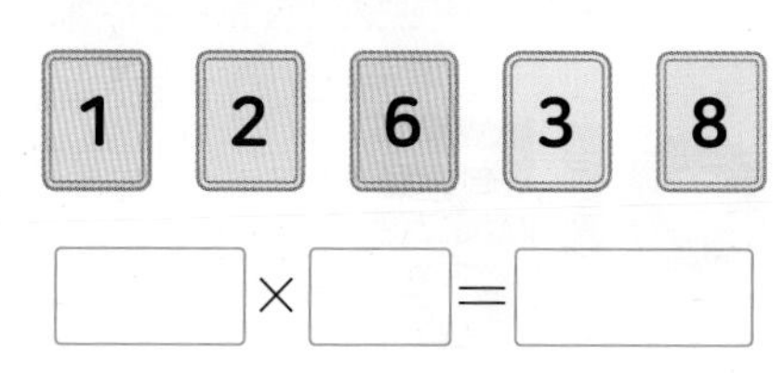

11-2 수 카드 5장을 한 번씩만 사용하여 곱이 가장 작은 (세 자리 수)×(두 자리 수)의 곱셈식을 만들고 계산해 보세요.

3회 20번

유형 12 나누어지는 수가 될 수 있는 수 구하기

나눗셈의 몫이 15일 때 0부터 9까지의 수 중에서 □ 안에 들어갈 수 있는 수를 모두 구해 보세요.

6□0÷42

(　　　　　　　　　　)

Tip ■÷●=◆ … ★에서
★이 될 수 있는 가장 작은 수는 0,
★이 될 수 있는 가장 큰 수는 ●−1임을 이용하여 ■가 될 수 있는 수를 구해요.

12-1 나눗셈의 몫이 9일 때 0부터 9까지의 수 중에서 □ 안에 들어갈 수 있는 수를 모두 구해 보세요.

3□1÷37

(　　　　　　　　　　)

12-2 나눗셈의 몫이 14일 때 0부터 9까지의 수 중에서 □ 안에 들어갈 수 있는 가장 큰 수를 구해 보세요.

7□2÷52

(　　　　　　　　　　)

3 단원

4

평면도형의 이동

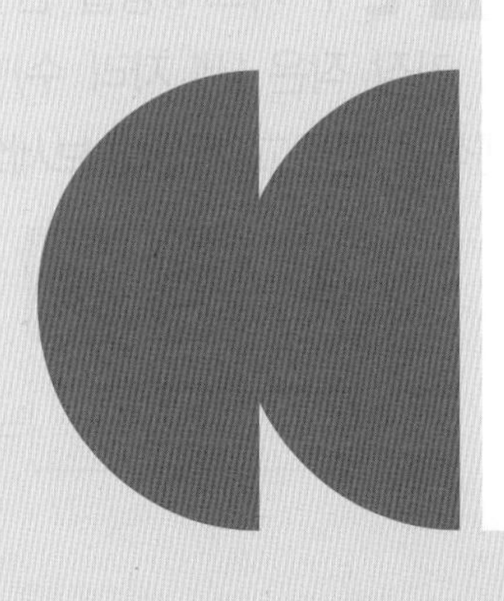

개념정리 4단원 평면도형의 이동

개념 1 평면도형 밀기

◆점의 이동

점을 밀면 미는 방향에 따라 점이 이동한 만큼 (모양 , 위치)이/가 바뀝니다.

㉮ 점 ㄱ을 위쪽, 아래쪽, 왼쪽, 오른쪽으로 각각 2 cm 밀기

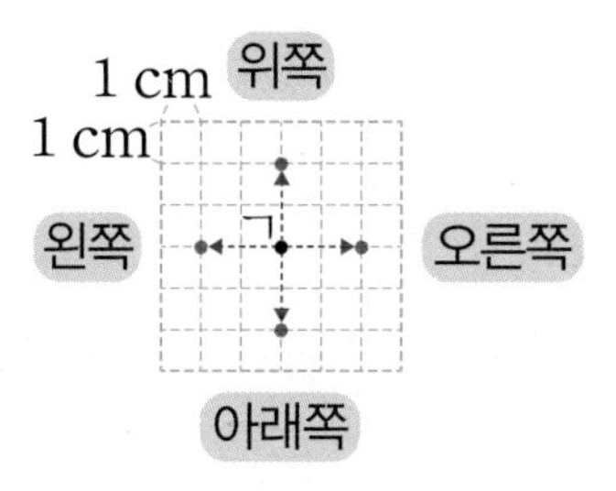

◆도형의 이동

도형을 밀면 도형의 위치만 바뀌고 모양은 변하지 않습니다.

㉮ 삼각형 ㄱㄴㄷ을 위쪽, 아래쪽, 왼쪽, 오른쪽으로 각각 6칸 밀기

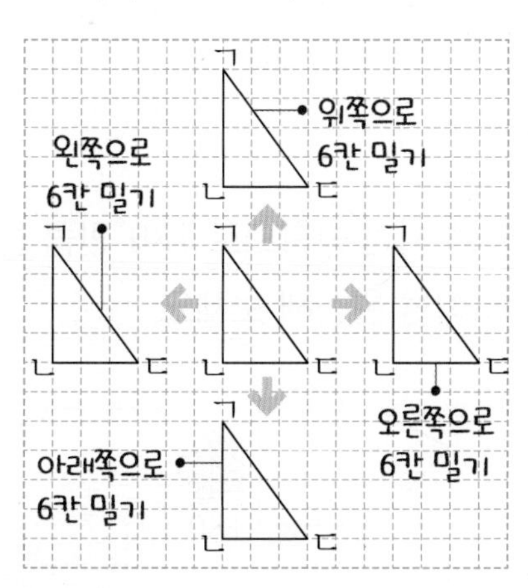

개념 2 평면도형 뒤집기

- 도형을 위쪽이나 아래쪽으로 뒤집으면 도형의 위쪽과 (오른쪽 , 아래쪽)이 서로 바뀝니다.
- 도형을 왼쪽이나 오른쪽으로 뒤집으면 도형의 왼쪽과 오른쪽이 서로 바뀝니다.

㉮ 사각형 ㄱㄴㄷㄹ을 위쪽, 아래쪽, 왼쪽, 오른쪽으로 각각 뒤집기

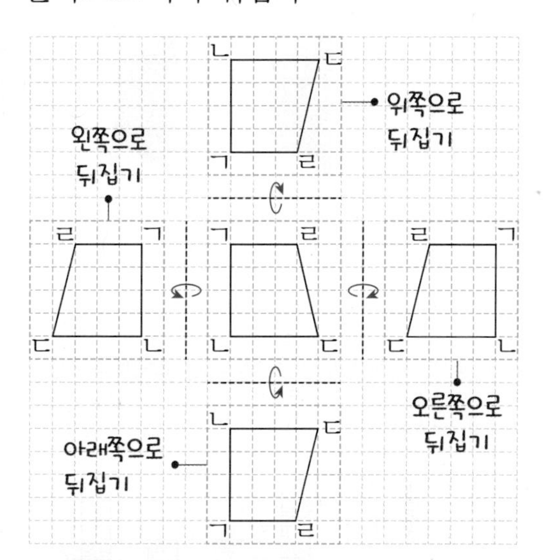

개념 3 평면도형 돌리기

도형을 시계 방향으로 90°, 180°, 270°, 360°만큼 돌리면 도형의 위쪽 부분이 각각 (왼쪽 , 오른쪽), 아래쪽, 왼쪽, 위쪽으로 이동합니다.

㉮ 삼각형 ㄱㄴㄷ을 시계 방향으로 90°, 180°, 270°, 360°만큼 돌리기

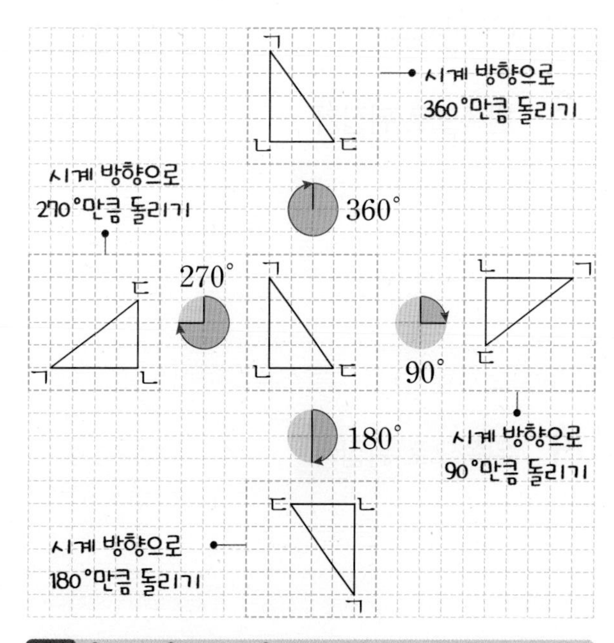

정답 ❶ 위치 ❷ 아래쪽 ❸ 오른쪽

점수

78~83쪽에서 같은 유형의 문제를 더 풀 수 있어요.

01 모양 조각을 왼쪽으로 밀었을 때의 모양에 ○표 해 보세요.

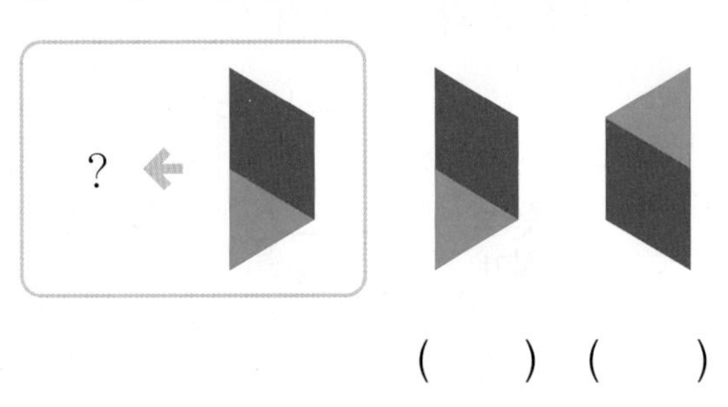

( ) ( )

02 도형을 어떻게 이동했는지 알맞은 말에 ○표 해 보세요.

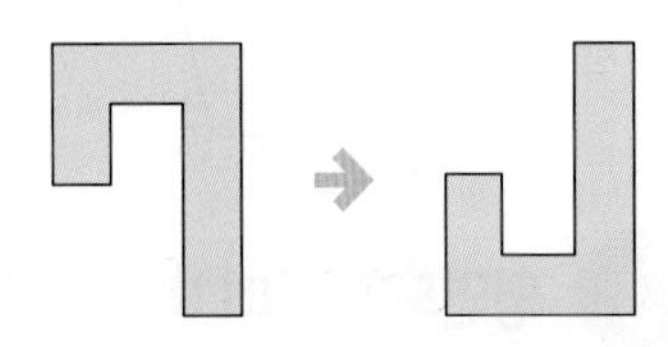

도형을 (위쪽 , 오른쪽)으로 뒤집었습니다.

03~04 오른쪽 도형을 주어진 방법으로 이동했을 때의 도형을 각각 그려 보세요.

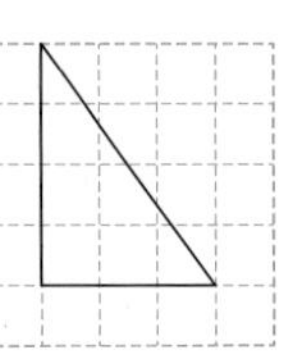

03 왼쪽으로 뒤집기

04 위쪽으로 뒤집기

05 오른쪽 도형을 시계 방향으로 90°만큼 돌렸을 때의 도형을 찾아 써 보세요.

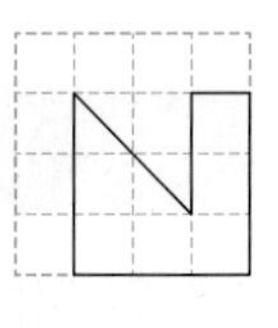

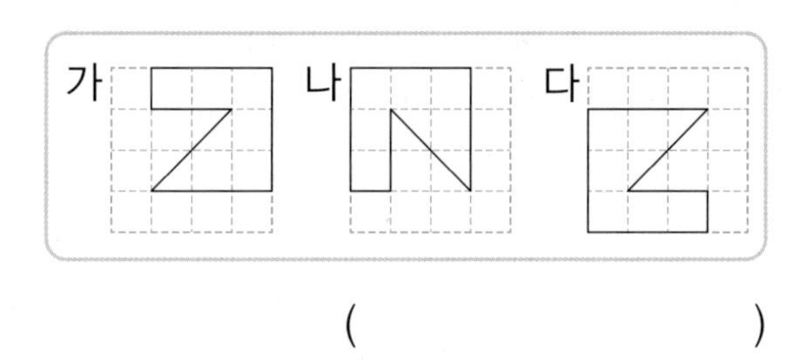

( )

06 모양으로 뒤집기를 이용하여 규칙적인 무늬를 만든 것에 ○표 해 보세요.

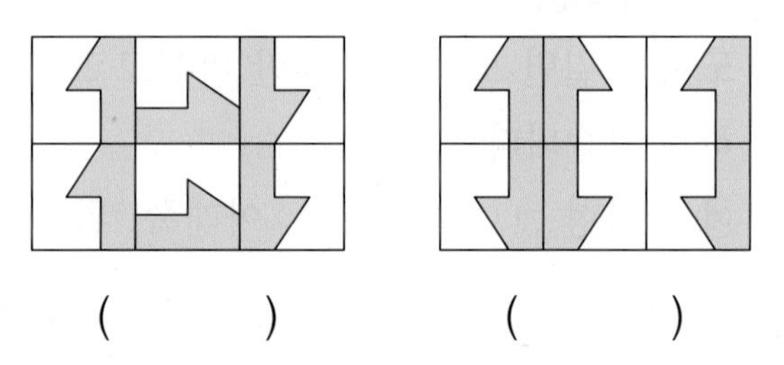

( ) ( )

07 도형을 시계 방향으로 180°만큼 돌렸을 때의 도형을 완성해 보세요.

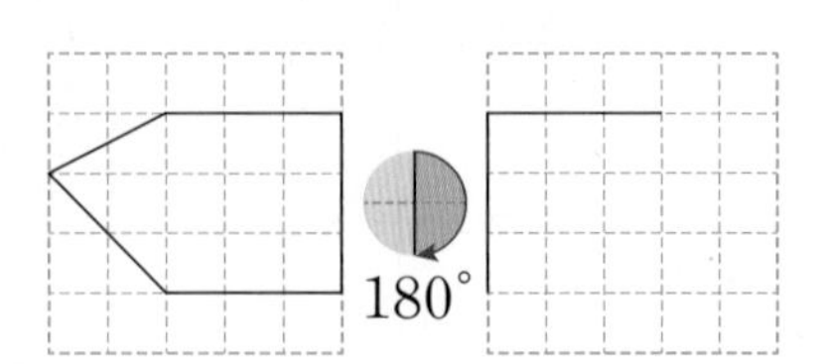

08 도형을 왼쪽과 오른쪽으로 밀었을 때의 도형을 각각 그려 보세요.

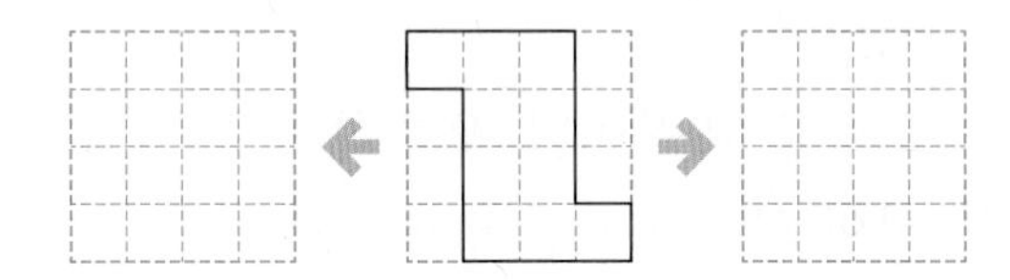

09 보기에서 도형을 찾아 □ 안에 알맞게 써 넣으세요.

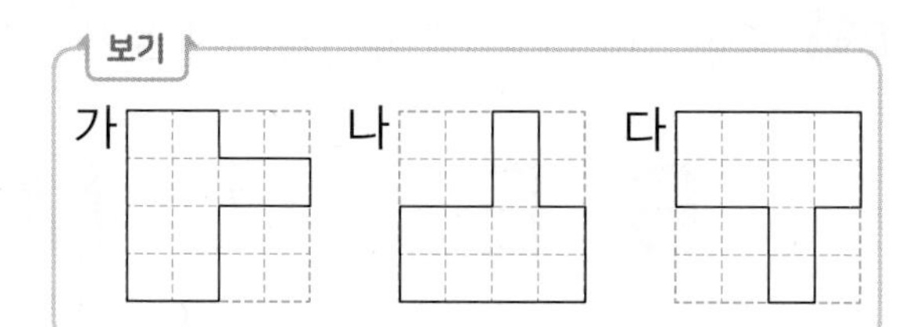

도형 가를 시계 반대 방향으로 270° 만큼 돌리면 도형 □가 됩니다.

10 점 ㄱ을 어떻게 밀었는지 바르게 설명한 사람은 누구인지 이름을 써 보세요.

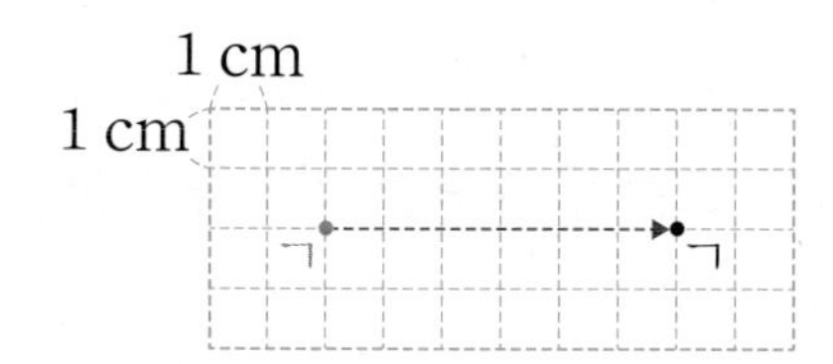

- 은수: 점 ㄱ을 왼쪽으로 6 cm 밀었습니다.
- 현진: 점 ㄱ을 오른쪽으로 7 cm 밀었습니다.
- 루아: 점 ㄱ을 오른쪽으로 6 cm 밀었습니다.

( )

11 그림을 보고 알맞은 말에 ○표 해 보세요.

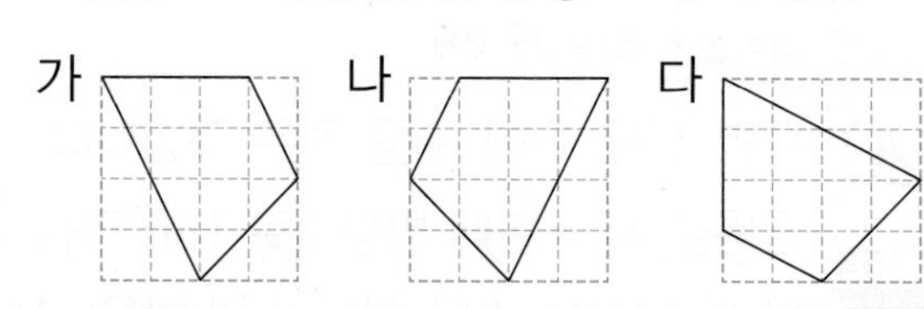

도형 가를 (아래쪽 , 오른쪽)으로 뒤집으면 도형 나가 되고,
도형 나를 (시계 , 시계 반대) 방향으로 90°만큼 돌리면 도형 다가 됩니다.

12 도장을 수첩에 찍은 모양입니다. 도장에 어떤 모양이 새겨져 있는지 알맞은 것을 찾아 ○표 해 보세요.

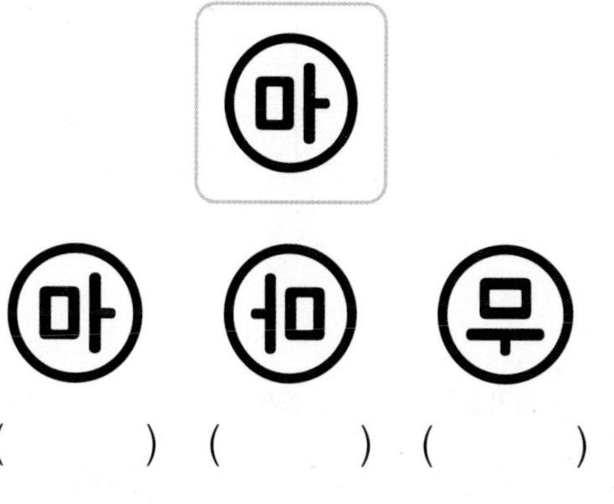

( ) ( ) ( )

AI가 뽑은 정답률 낮은 문제

13 도형을 왼쪽으로 4 cm 밀고 아래쪽으로 3 cm 밀었을 때의 도형을 그려 보세요.

78쪽 유형 2

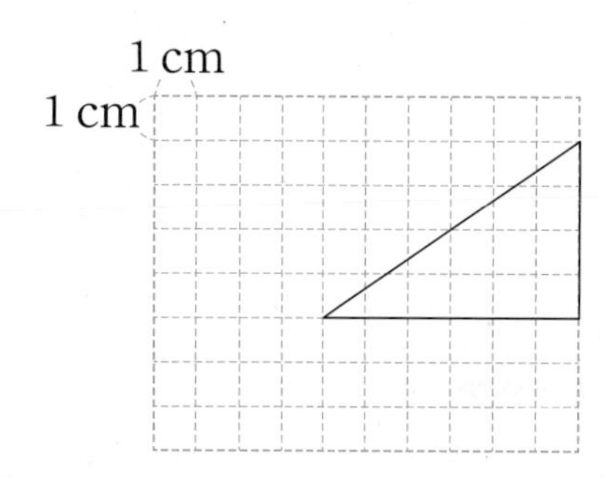

14 도형을 오른쪽으로 뒤집고 시계 방향으로 90°만큼 돌렸을 때의 도형을 각각 그려 보세요.

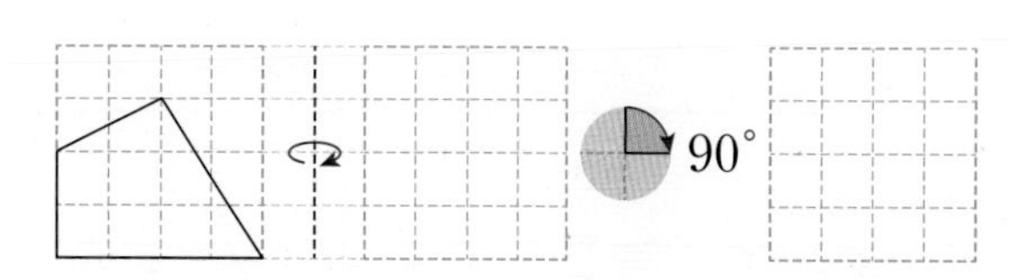

4 단원

15 모양으로 밀기를 이용하여 규칙적인 무늬를 만들어 보세요.

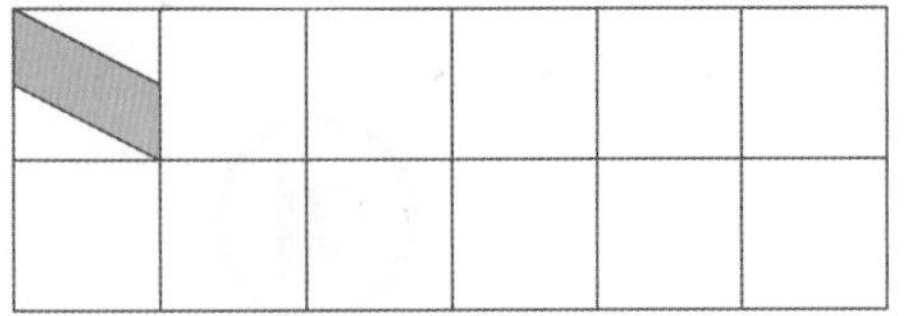

AI가 뽑은 정답률 낮은 문제

16 오른쪽 도형을 한 번 뒤집었을 때 나올 수 없는 모양을 찾아 써 보세요.

80쪽 유형 5

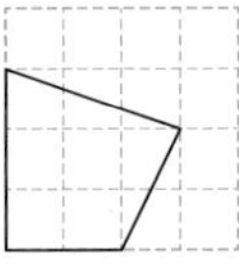

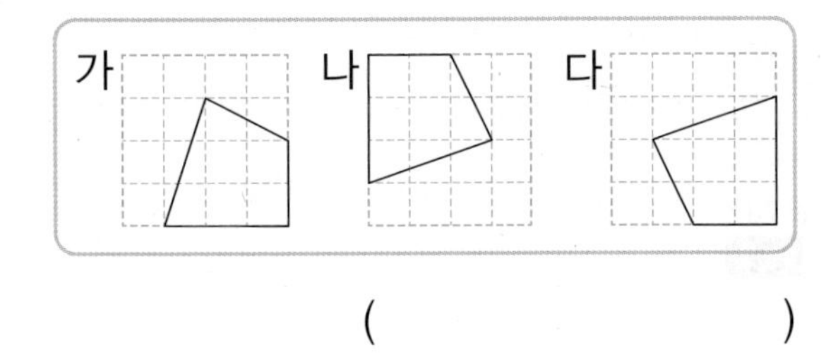

( )

AI가 뽑은 정답률 낮은 문제 서술형

17 왼쪽 도형을 오른쪽 도형이 되도록 돌린 방법을 설명해 보세요.

81쪽 유형 7

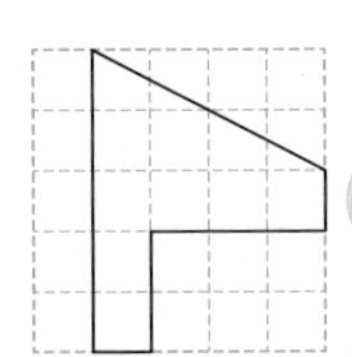

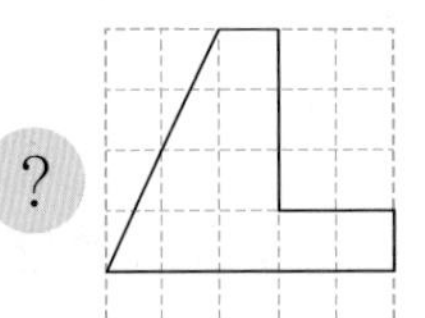

답

AI가 뽑은 정답률 낮은 문제

18 다음 알파벳 중 시계 방향으로 180°만큼 돌리고 오른쪽으로 뒤집어도 처음 모양과 같은 것은 모두 몇 개인지 구해 보세요.

82쪽 유형 9

B E J L M

( )

서술형

19 도형을 왼쪽으로 뒤집었을 때의 도형과 오른쪽으로 뒤집었을 때의 도형을 각각 그리고, 그린 두 도형을 비교하여 설명해 보세요.

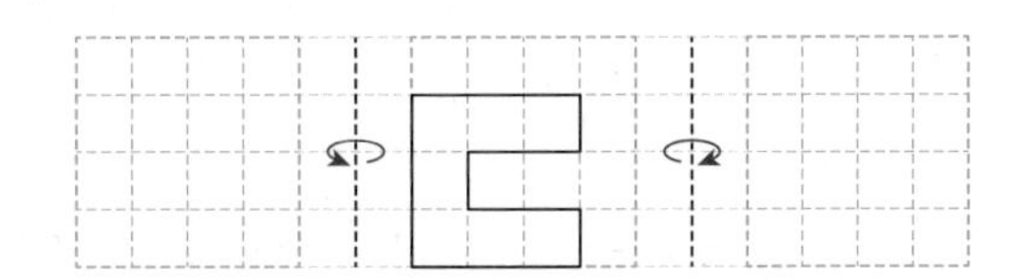

답

AI가 뽑은 정답률 낮은 문제

20 투명 필름 위에 수를 적은 것입니다. 투명 필름을 시계 반대 방향으로 180°만큼 돌렸을 때 나오는 수와 처음 수의 합을 구해 보세요.

79쪽 유형 4

( )

점수

78~83쪽에서 같은 유형의 문제를 더 풀 수 있어요.

01 모양 조각을 시계 방향으로 90°만큼 돌렸을 때의 모양에 ○표 해 보세요.

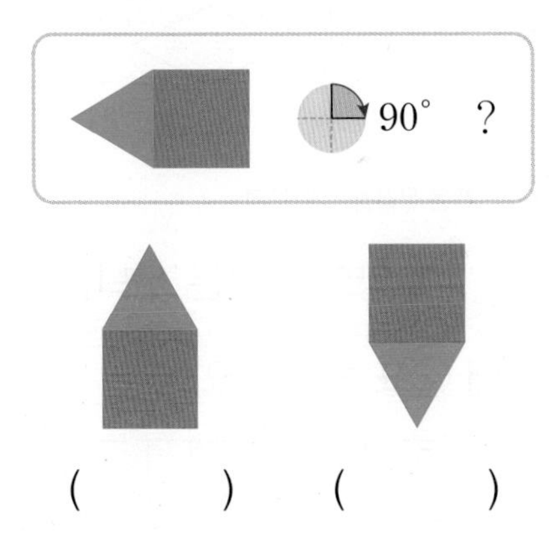

(   )   (   )

02 점 ㄱ을 오른쪽으로 5 cm 밀었을 때의 점을 그려 보세요.

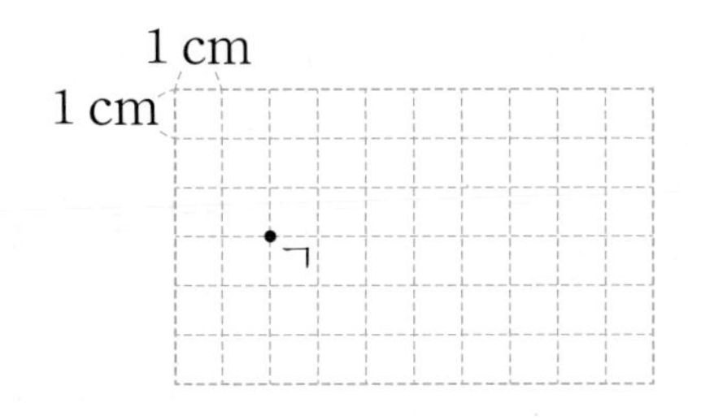

03 모양 조각을 어느 방향으로 뒤집었는지 알맞은 말에 ○표 해 보세요.

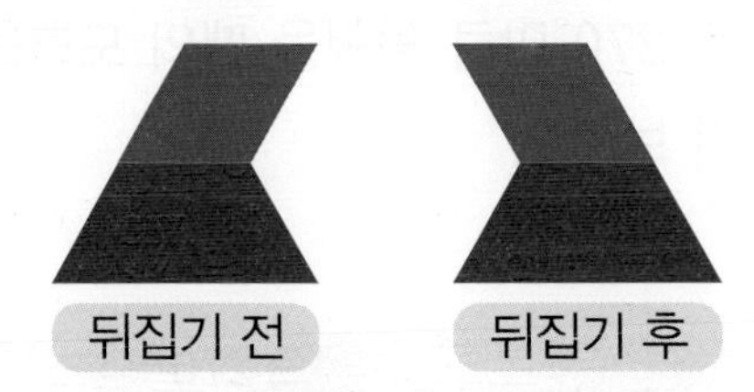

(왼쪽 , 위쪽)으로 뒤집었습니다.

04~05 도형을 주어진 방향으로 밀었을 때의 도형을 그려 보세요.

04 05

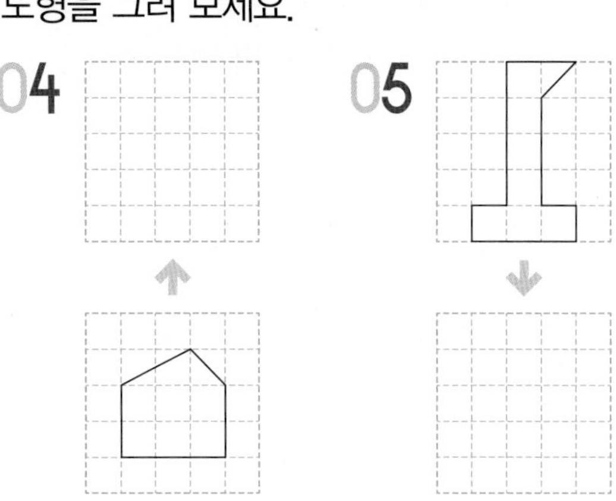

06 도형을 돌렸을 때 나오는 도형이 서로 같은 것끼리 선으로 이어 보세요.

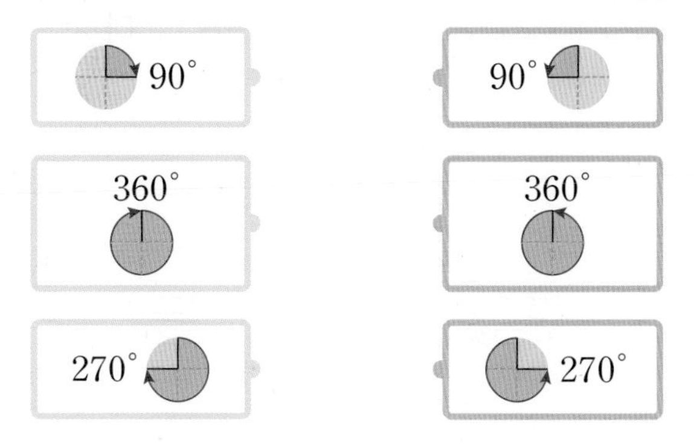

07 왼쪽 숫자를 돌렸더니 오른쪽과 같이 되었습니다. 돌린 각도로 알맞은 것은 어느 것인가요? (   )

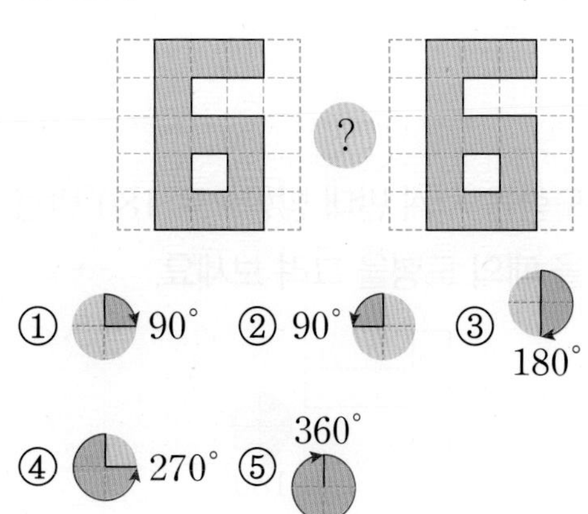

① 90° ② 90° ③ 180°

④ 270° ⑤ 360°

4 단원

08 오른쪽 도형을 시계 방향으로 180°만큼 돌리고 아래쪽으로 뒤집었을 때의 도형을 그린 것입니다. 바르게 그린 사람은 누구인지 이름을 써 보세요.

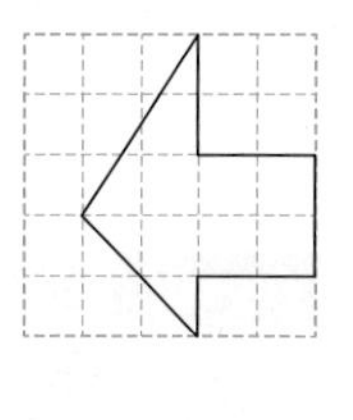

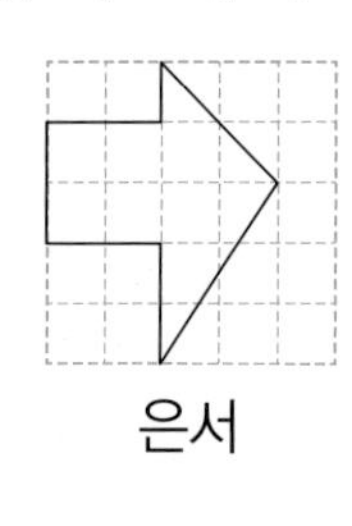

상욱　　　　은서

(　　　　　　　　)

AI가 뽑은 정답률 낮은 문제

09 도형을 왼쪽으로 뒤집은 모양이 처음 도형과 같은 것을 찾아 써 보세요.

78쪽 유형 1

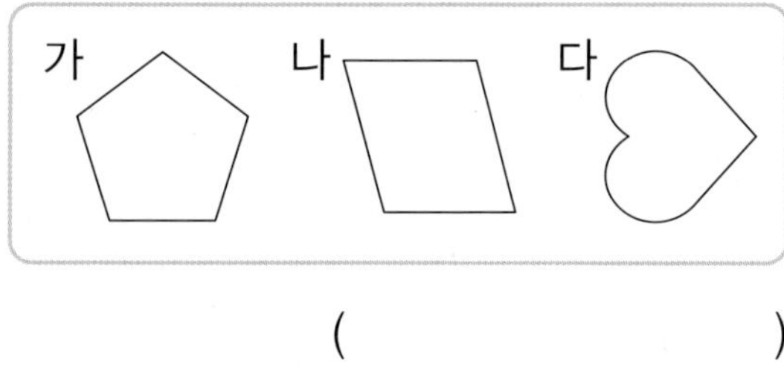

(　　　　　　　　)

10 도형을 왼쪽으로 뒤집었을 때와 오른쪽으로 뒤집었을 때의 도형을 각각 그려 보세요.

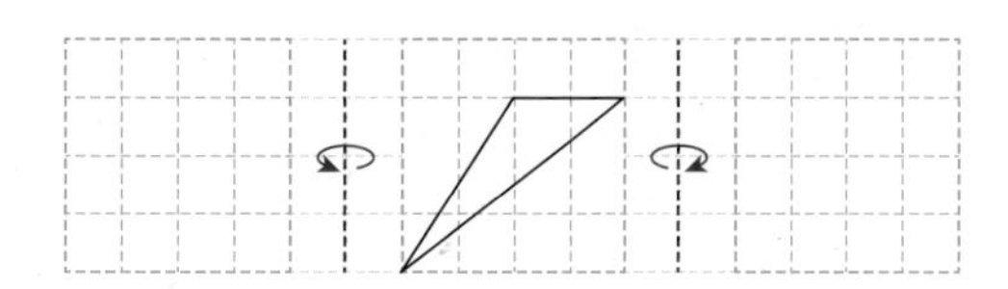

11 도형을 시계 반대 방향으로 180°만큼 돌렸을 때의 도형을 그려 보세요.

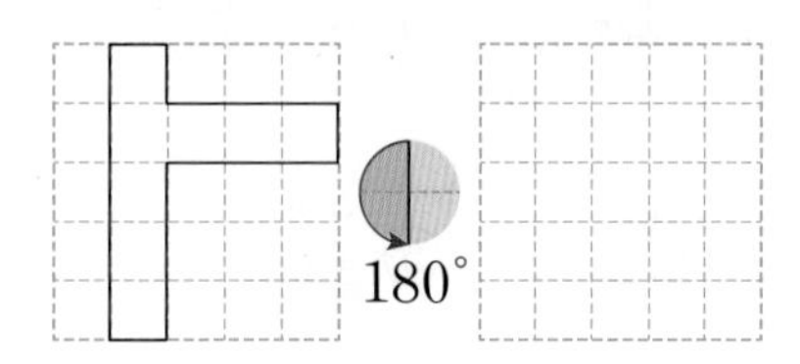

AI가 뽑은 정답률 낮은 문제

12 도형을 위쪽으로 2칸 밀고, 오른쪽으로 4칸 밀었을 때의 도형을 그려 보세요.

78쪽 유형 2

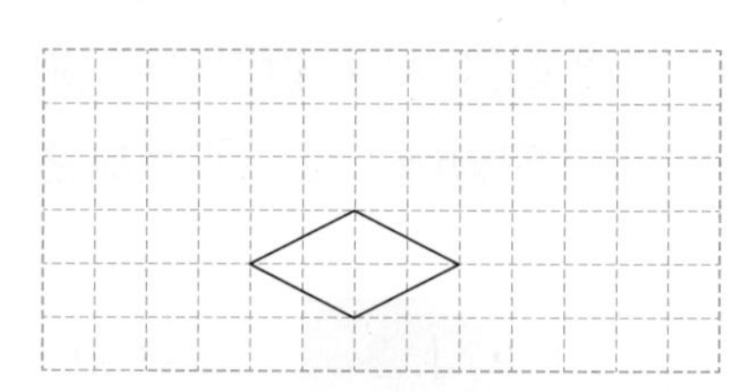

AI가 뽑은 정답률 낮은 문제

13 모양으로 만든 무늬입니다. 알맞은 것에 ○표 해 보세요.

82쪽 유형 8

모양을 시계 방향으로

(90° , 180°)만큼

(뒤집기 , 돌리기)를 반복해서

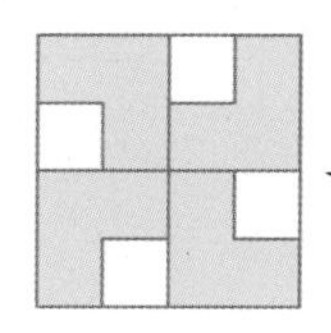

모양을 만들고, 그 모양을 오른쪽으로 밀어서 무늬를 만들었습니다.

14 도형을 위쪽으로 뒤집고 시계 반대 방향으로 270°만큼 돌렸을 때의 도형을 각각 그려 보세요.

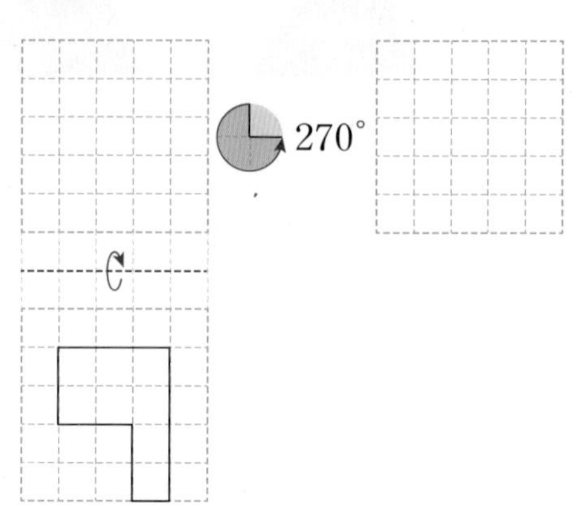

AI가 뽑은 정답률 낮은 문제

15 어떤 도형을 시계 반대 방향으로 90°만큼 돌린 도형입니다. 처음 도형을 그려 보세요.

79쪽 유형 3

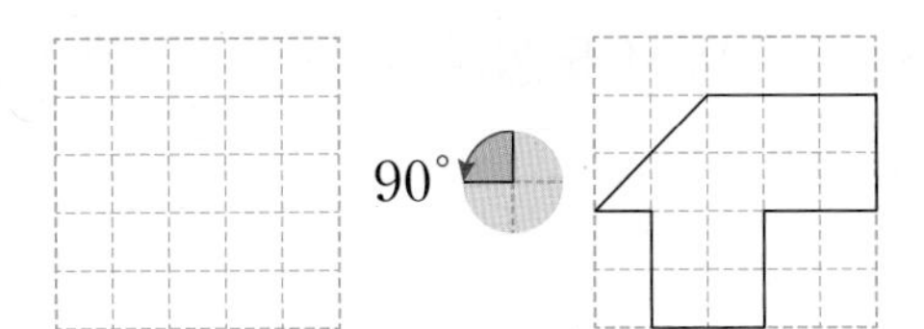

18 다음 글자를 시계 반대 방향으로 90°만큼 돌리고 아래쪽으로 뒤집었을 때 나오는 글자를 써 보세요.

(   )

AI가 뽑은 정답률 낮은 문제

16 도형을 아래쪽으로 7번 뒤집었을 때의 도형을 그려 보세요.

80쪽 유형 6

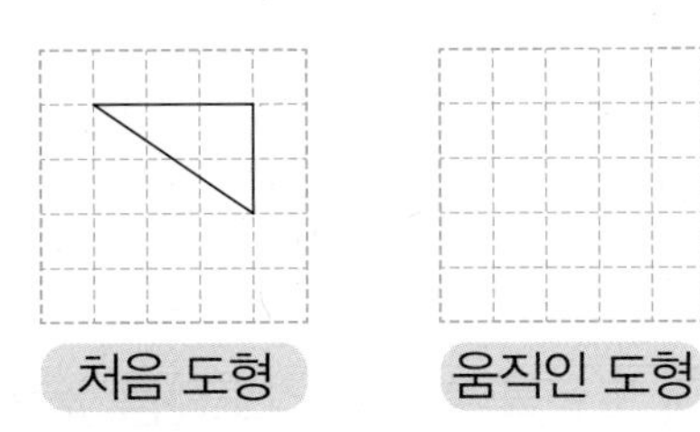

AI가 뽑은 정답률 낮은 문제 서술형

19 조각 가와 나를 이용하여 직사각형을 완성하고 어떻게 움직였는지 설명해 보세요.

83쪽 유형 10

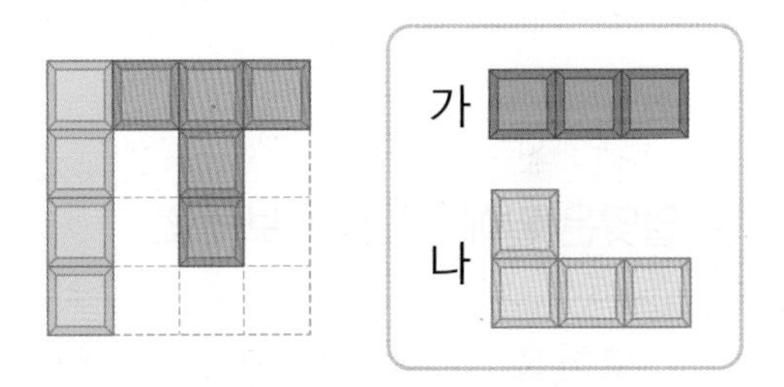

답

서술형

17 오른쪽 도형을 시계 방향으로 90°만큼 돌렸을 때의 도형과 시계 반대 방향으로 270°만큼 돌렸을 때의 도형을 각각 그리고, 그린 두 도형을 비교하여 설명해 보세요.

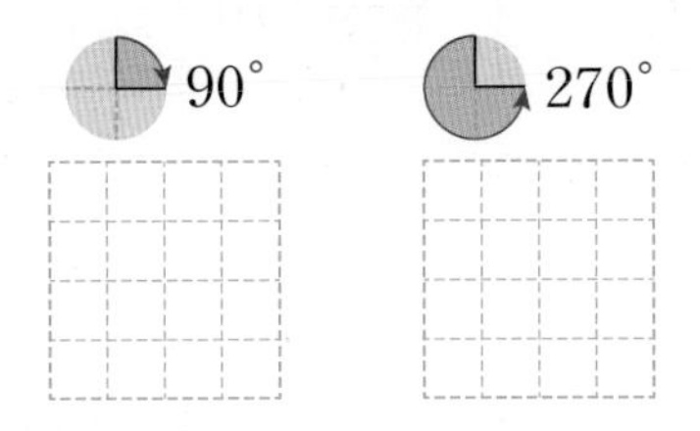

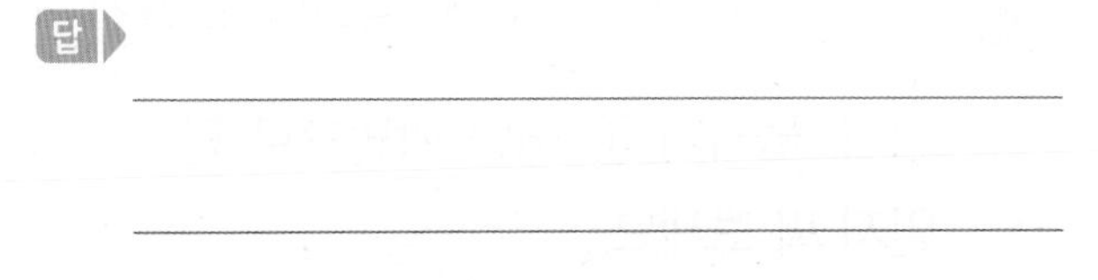

답

20 어떤 도형을 아래쪽으로 뒤집어야 할 것을 잘못하여 오른쪽으로 뒤집은 도형입니다. 도형을 바르게 뒤집었을 때의 도형을 그려 보세요.

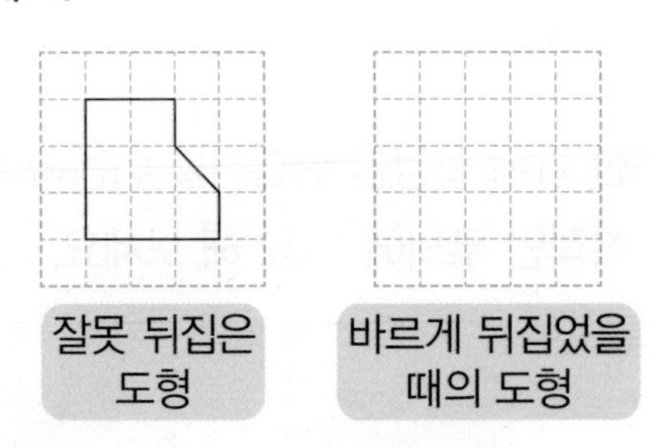

점수

78~83쪽에서 같은 유형의 문제를 더 풀 수 있어요.

01 모양 조각을 아래쪽으로 뒤집었을 때의 모양에 ○표 해 보세요.

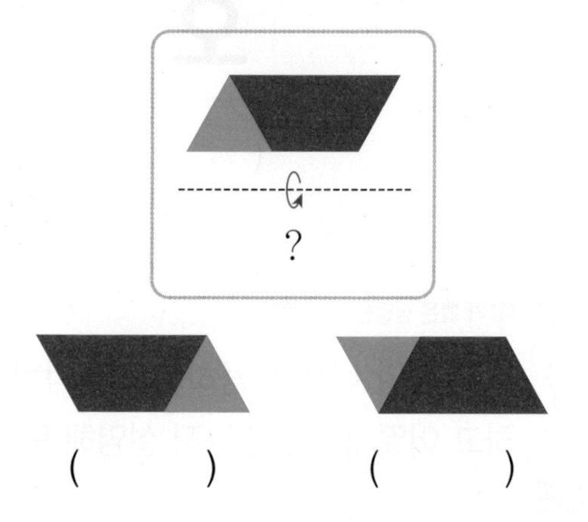

( ) ( )

02 알맞은 말에 ○표 해 보세요.

도형을 시계 반대 방향으로 90°만큼 돌리면 도형의 위쪽 부분은 (왼쪽 , 오른쪽)으로 이동합니다.

03 도형을 왼쪽으로 밀었을 때의 도형을 그려 보세요.

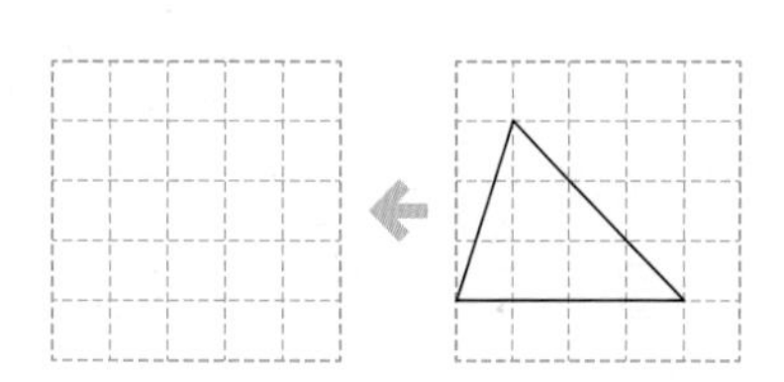

04 한 가지 모양을 뒤집기를 이용하여 만든 규칙적인 무늬에 ○표 해 보세요.

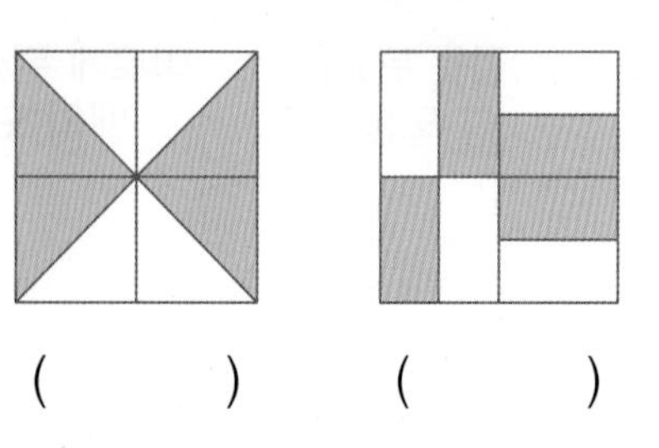

( ) ( )

05 **보기**에서 도형을 찾아 □ 안에 알맞게 써넣으세요.

보기

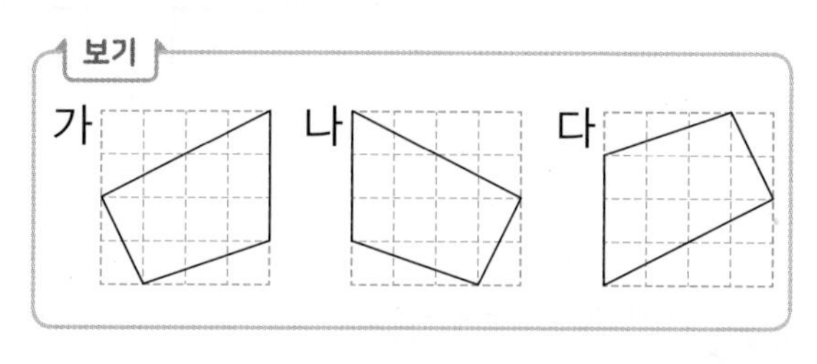

도형 가를 오른쪽으로 뒤집으면 도형 □가 됩니다.

06~07 도형을 주어진 각도만큼 돌렸을 때의 도형을 그려 보세요.

06

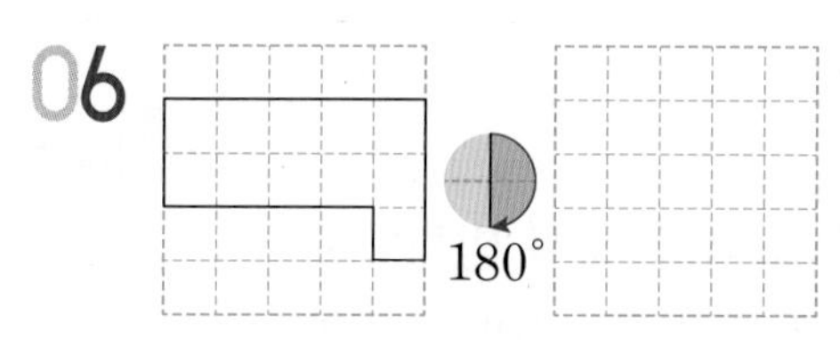

07

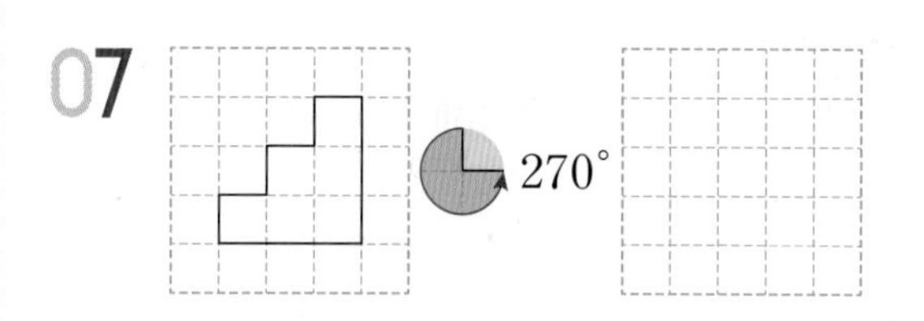

08 모양으로 만든 무늬입니다. 밀기, 뒤집기, 돌리기 중 어떤 방법으로 만든 무늬인지 써 보세요.

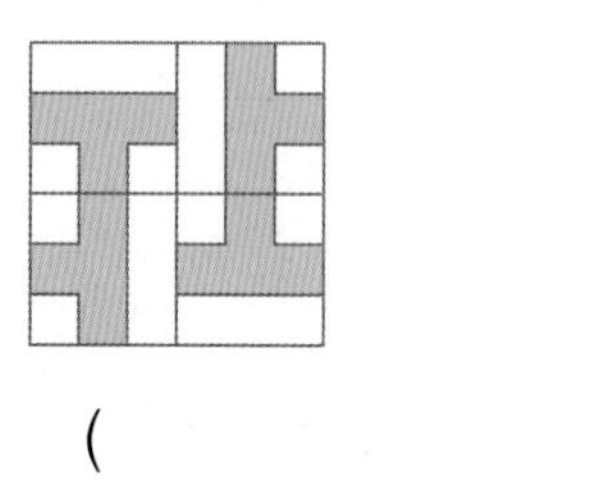

( )

09 도형 뒤집기에 대해 잘못 설명한 사람은 누구인지 이름을 써 보세요.

- 준우: 도형을 오른쪽으로 뒤집은 도형과 왼쪽으로 뒤집은 도형은 서로 같아.
- 연지: 도형을 위쪽으로 뒤집으면 도형의 오른쪽과 왼쪽이 서로 바뀌어.

( )

10 왼쪽 도형을 돌리면 오른쪽 도형이 됩니다. 돌린 방법의 기호를 써 보세요.

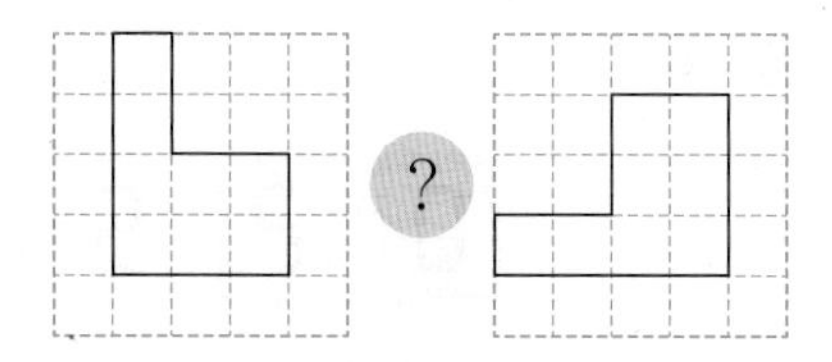

㉠ 시계 방향으로 180°만큼 돌리기
㉡ 시계 반대 방향으로 90°만큼 돌리기

( )

11 오른쪽 글자를 시계 방향으로 180°만큼 돌리고 오른쪽으로 뒤집으면 나오는 글자를 찾아 기호를 써 보세요.

㉠ 몽 ㉡ 뭉 ㉢ 움

( )

AI가 뽑은 정답률 낮은 문제

12 어떤 도형을 오른쪽으로 뒤집은 도형입니다. 처음 도형을 그려 보세요.

79쪽 유형 3

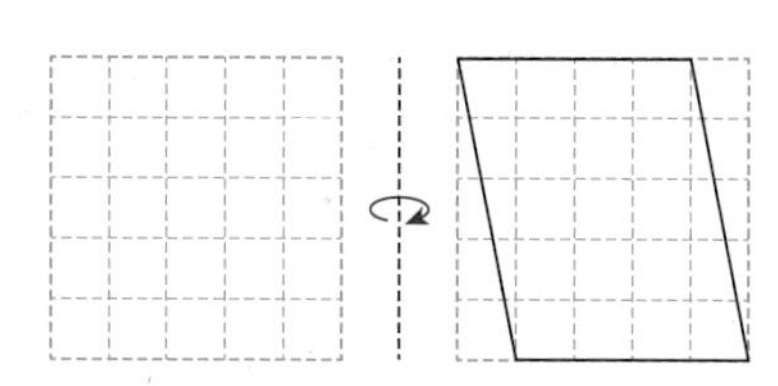

AI가 뽑은 정답률 낮은 문제 서술형

13 도형 나는 도형 가를 밀기로 2번 이동한 것입니다. 어떻게 이동한 것인지 설명해 보세요.

78쪽 유형 2

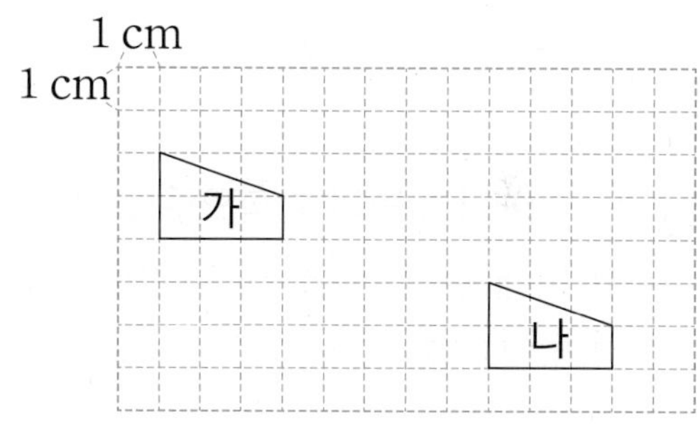

답

AI가 뽑은 정답률 낮은 문제

14 어느 방향으로 돌려도 처음 도형과 같은 것을 찾아 기호를 써 보세요.

78쪽 유형 1

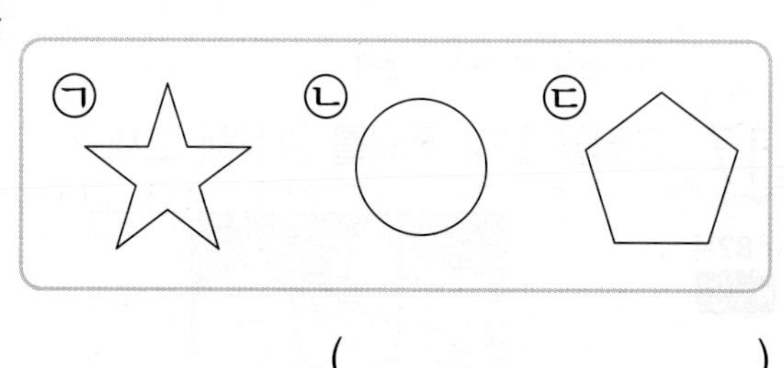

( )

15 **보기**와 같은 방법으로 도형을 움직였을 때의 도형을 그려 보세요.

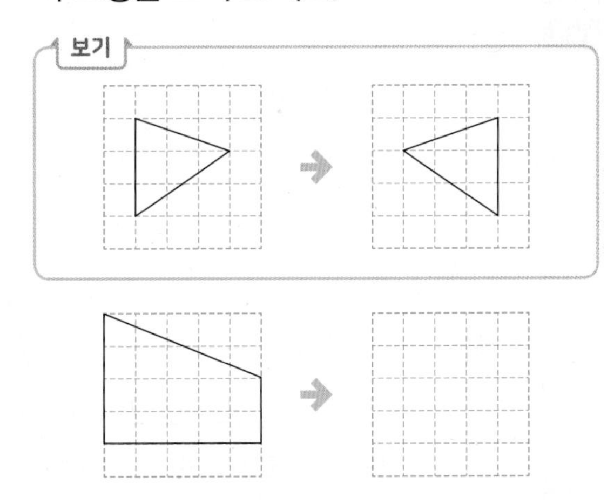

16 도형을 시계 반대 방향으로 180°만큼 돌리고 아래쪽으로 뒤집었을 때의 도형을 각각 그려 보세요.

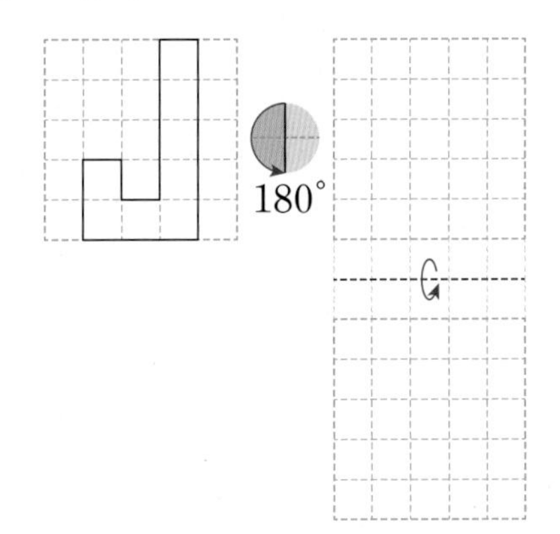

AI가 뽑은 정답률 낮은 문제

17 규칙을 찾아 무늬를 완성해 보세요.

82쪽 유형 8

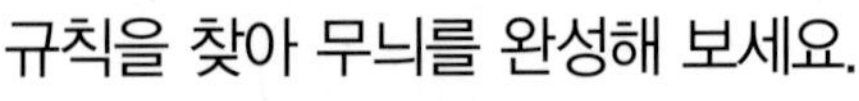

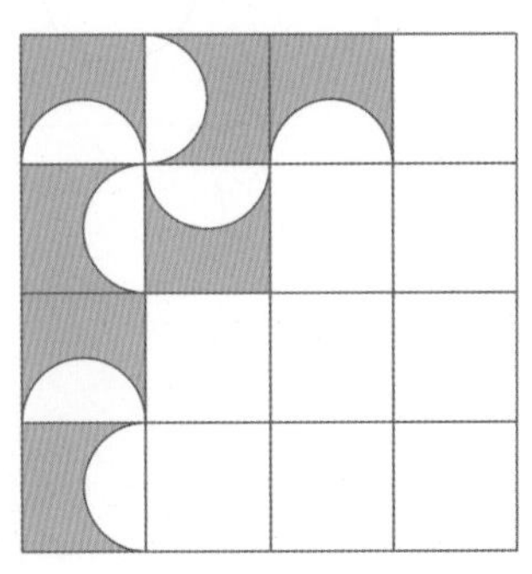

18 도형을 위쪽으로 뒤집고 시계 반대 방향으로 90°만큼 돌렸을 때의 도형을 그려 보세요.

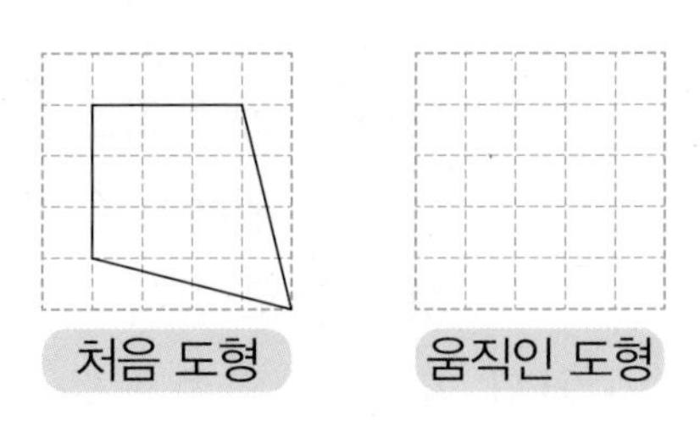

AI가 뽑은 정답률 낮은 문제 서술형

19 수 카드 3장을 한 번씩만 사용하여 가장 작은 세 자리 수를 만들었습니다. 만든 수를 아래쪽으로 뒤집었을 때 나오는 수를 구하려고 합니다. 풀이 과정을 쓰고 답을 구해 보세요. (단, 수 카드를 한 장씩 뒤집지 않습니다.)

79쪽 유형 4

풀이 ▶

답 ▶

AI가 뽑은 정답률 낮은 문제

20 어떤 도형을 왼쪽으로 3번 뒤집고 시계 방향으로 270°만큼 돌린 도형입니다. 처음 도형을 그려 보세요.

80쪽 유형 6

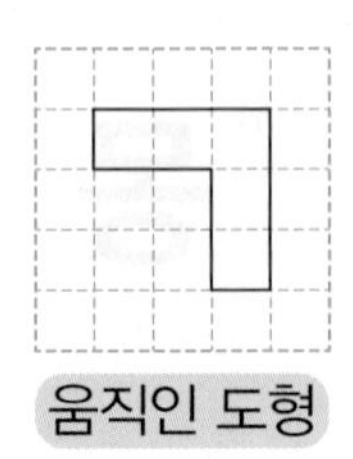

점수

78~83쪽에서 같은 유형의 문제를 더 풀 수 있어요.

01 모양 조각을 시계 반대 방향으로 180°만큼 돌렸을 때의 모양에 ○표 해 보세요.

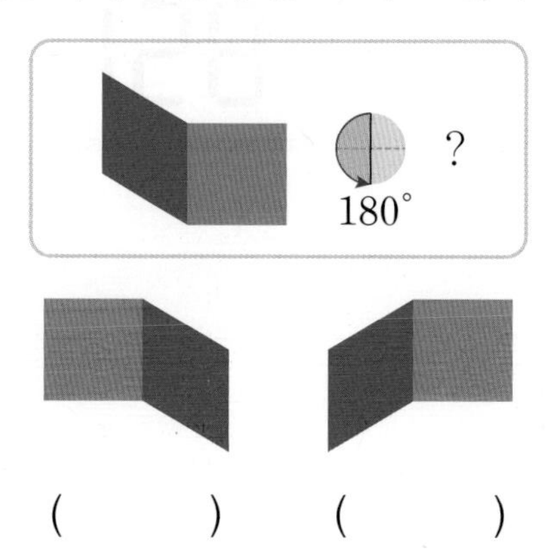

( ) ( )

02 보기의 도형을 아래쪽으로 뒤집었을 때의 도형에 ○표 해 보세요.

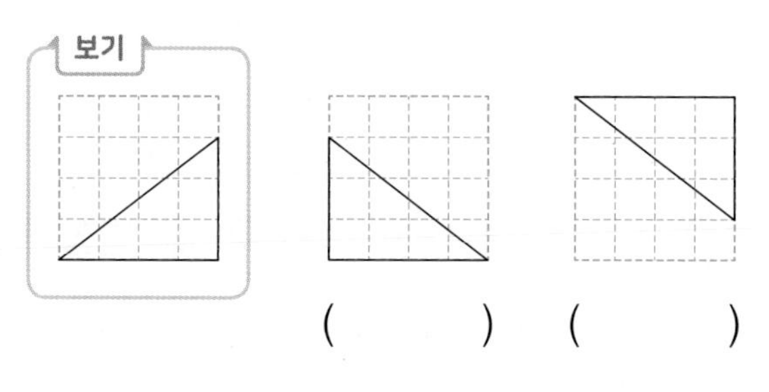

( ) ( )

03 도형을 오른쪽으로 밀었을 때의 도형을 그려 보세요.

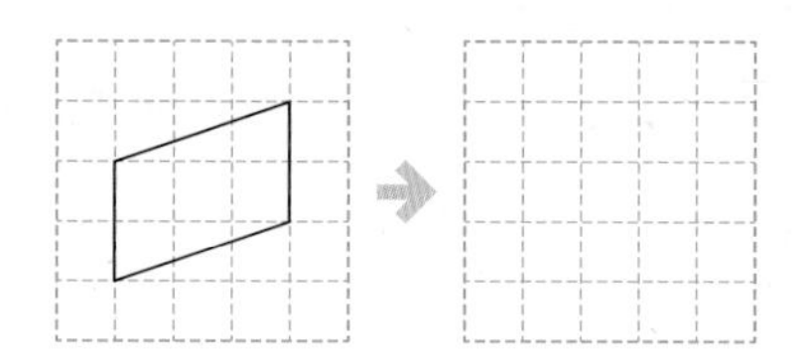

04 도형을 왼쪽으로 뒤집었을 때의 도형을 그려 보세요.

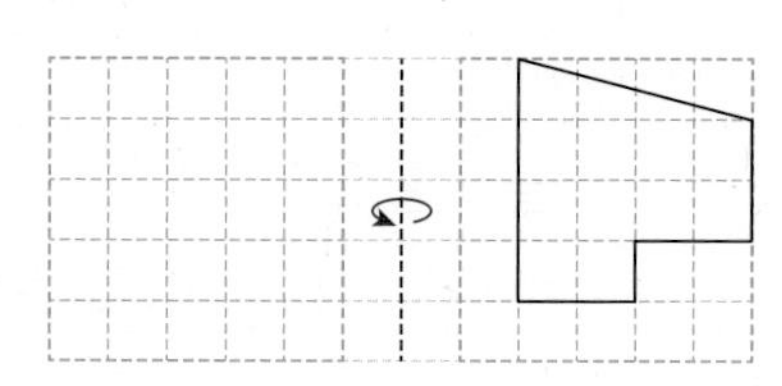

05~06 물음에 답해 보세요.

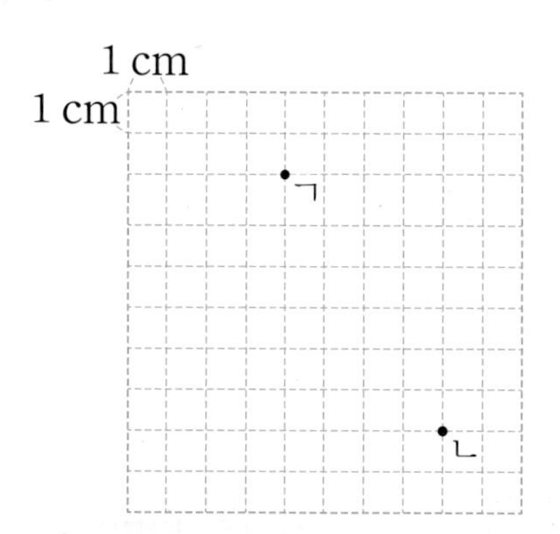

05 점 ㄱ을 오른쪽으로 4 cm 밀었을 때의 점을 그려 보세요.

06 점 ㄴ을 위쪽으로 2 cm 밀었을 때의 점을 그려 보세요.

07 도형을 시계 방향으로 90°만큼 돌렸을 때의 도형을 그려 보세요.

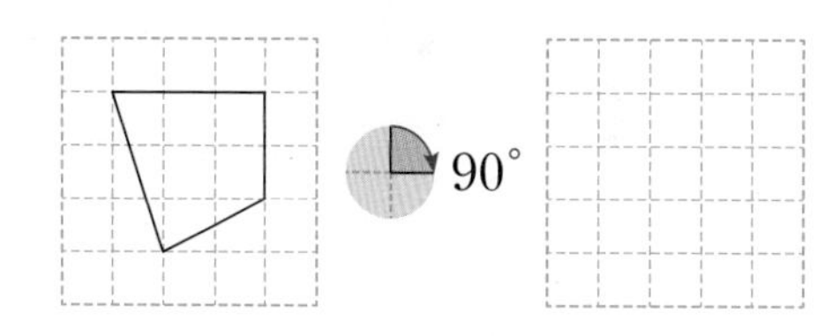

08 바르게 설명한 것의 기호를 써 보세요.

㉠ 도형을 시계 방향으로 360°만큼 돌린 도형과 시계 반대 방향으로 360°만큼 돌린 도형은 항상 같습니다.

㉡ 도형을 시계 방향으로 270°만큼 돌린 도형과 시계 반대 방향으로 270°만큼 돌린 도형은 항상 같습니다.

( )

09 도형을 오른쪽으로 6 cm 밀었을 때의 도형을 그려 보세요.

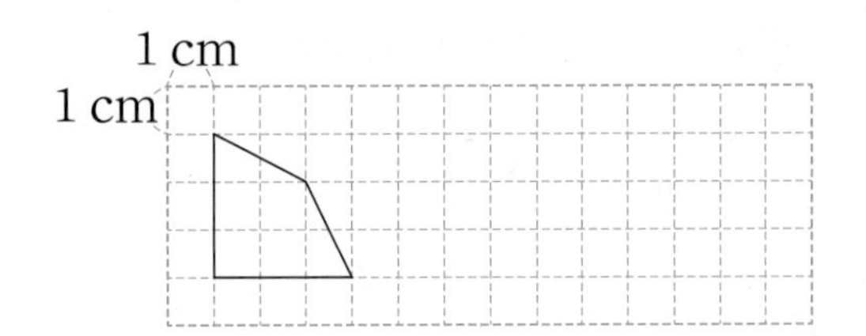

10 오른쪽 도형을 주어진 방법으로 움직였을 때 알맞은 모양에 ○표 해 보세요.

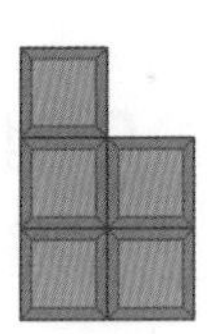

오른쪽으로 뒤집고 시계 반대 방향으로 90°만큼 돌리기

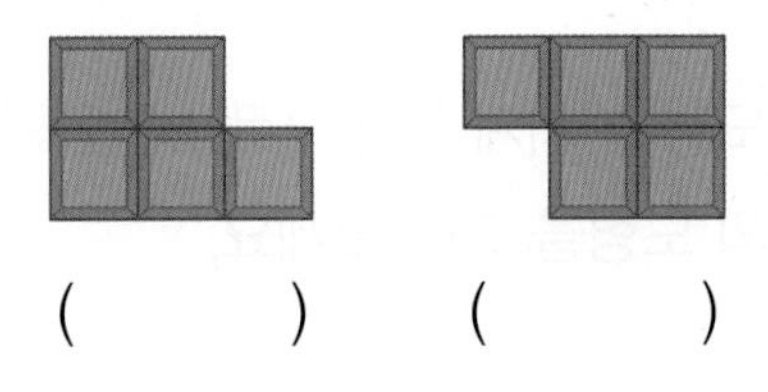

( ) ( )

11 오른쪽 글자를 돌렸을 때 나올 수 있는 글자를 찾아 기호를 써 보세요.

㉠ 모 ㉡ 무 ㉢ 마

( )

AI가 뽑은 정답률 낮은 문제

12 투명 필름 위에 수를 적은 것입니다. 투명 필름을 위쪽으로 뒤집었을 때 나오는 수를 구해 보세요.

79쪽 유형 4

( )

13~14 ▷ 모양으로 무늬를 만들고 있습니다. 물음에 답해 보세요.

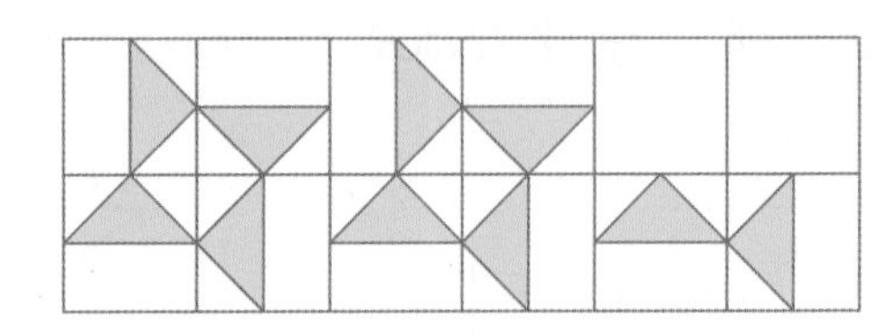

13 빈칸을 채워 규칙적인 무늬를 완성해 보세요.

AI가 뽑은 정답률 낮은 문제

14 무늬를 만든 방법을 설명해 보세요.

82쪽 유형 8

답

15 도형을 아래쪽으로 뒤집고 시계 반대 방향으로 270°만큼 돌렸을 때의 도형을 각각 그려 보세요.

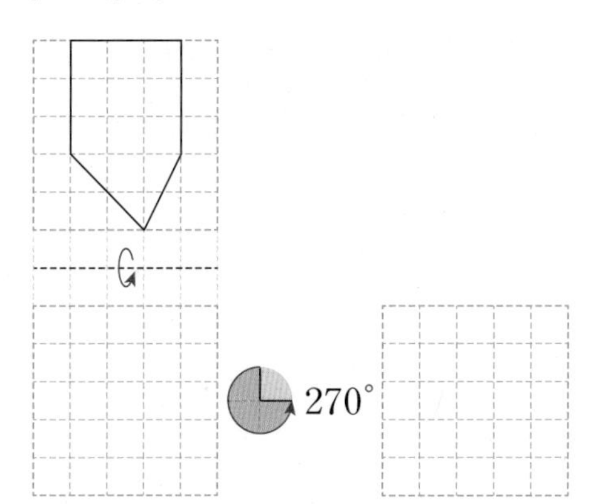

AI가 뽑은 정답률 낮은 문제

16 조각 가와 나를 밀어서 빨간색 정사각형 모양을 완성하려고 합니다. 어떻게 밀면 될지 □ 안에 알맞은 수나 말을 써넣으세요.

83쪽 유형10

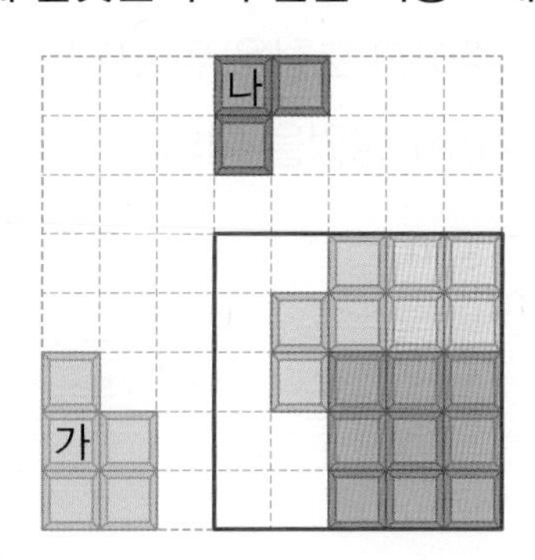

조각 가를 □쪽으로 □칸 밀고, 조각 나를 □쪽으로 □칸 밉니다.

AI가 뽑은 정답률 낮은 문제

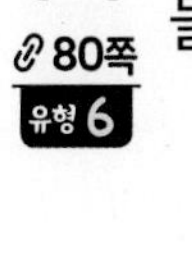

17 도형을 시계 반대 방향으로 90°만큼 6번 돌린 도형을 그려 보세요.

80쪽 유형 6

처음 도형 움직인 도형

18 도형을 시계 방향으로 180°만큼 돌리고 오른쪽으로 뒤집은 도형을 그려 보세요.

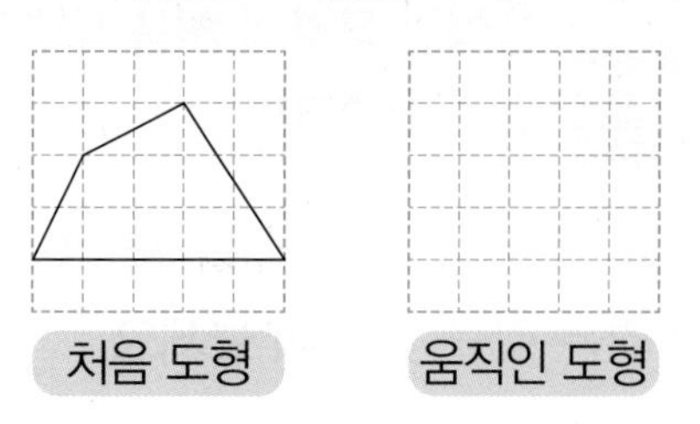

처음 도형 움직인 도형

AI가 뽑은 정답률 낮은 문제

19 다음 알파벳 중 왼쪽으로 뒤집어도 처음 모양과 같은 것은 모두 몇 개인지 구해 보세요.

82쪽 유형 9

D H I W S

( )

AI가 뽑은 정답률 낮은 문제 서술형

20 도형을 어떻게 움직였는지 2가지 방법으로 설명해 보세요.

81쪽 유형 7

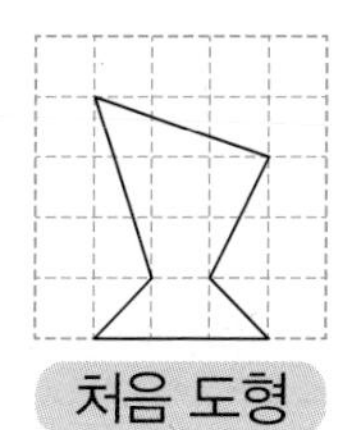
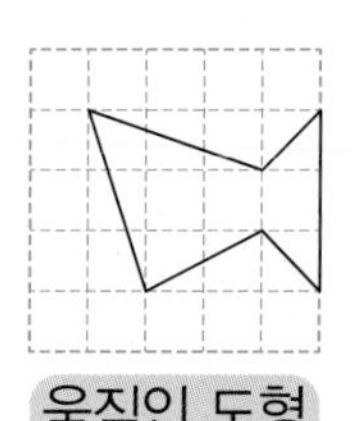

처음 도형 움직인 도형

답

2회 9번 3회 14번

유형 1 움직인 모양이 처음 도형과 같은 것 찾기

도형을 오른쪽으로 뒤집은 모양이 처음 도형과 같은 것을 찾아 써 보세요.

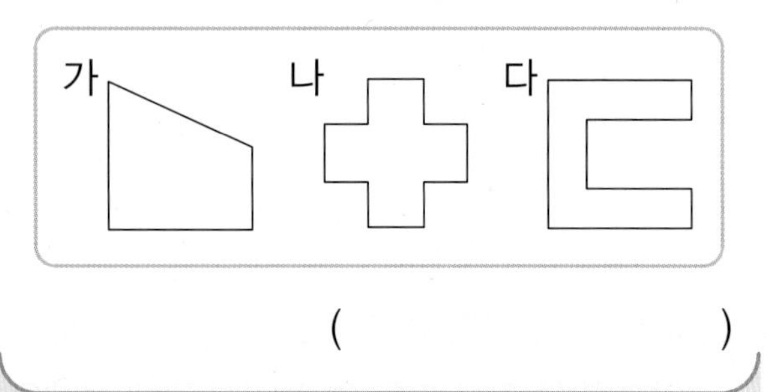

( )

Tip 오른쪽(왼쪽)으로 뒤집은 모양이 처음 도형과 같은 도형은 오른쪽과 왼쪽 모양이 같은 모양이어야 해요.

1-1 도형을 아래쪽으로 뒤집은 모양이 처음 도형과 같은 것은 어느 것인가요? ( )

① 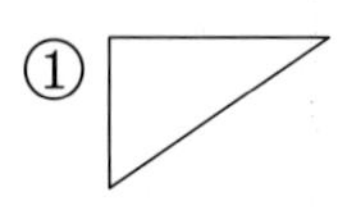

② 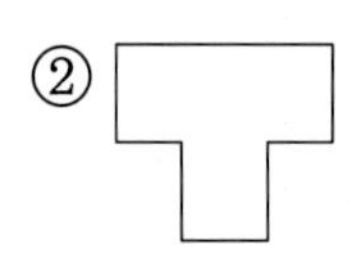

③ 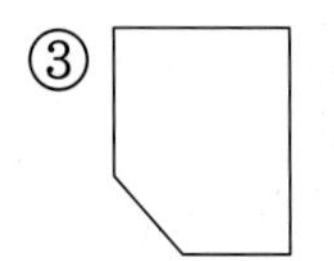

④ 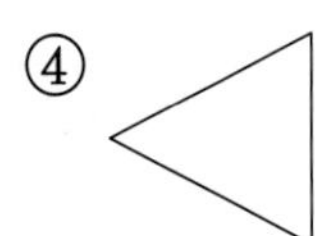

⑤ 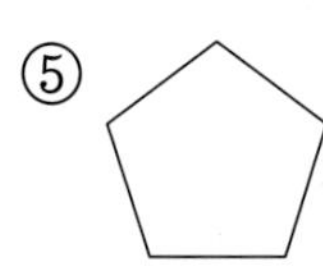

1-2 도형을 시계 방향으로 180°만큼 돌린 모양이 처음 도형과 같은 것을 찾아 써 보세요.

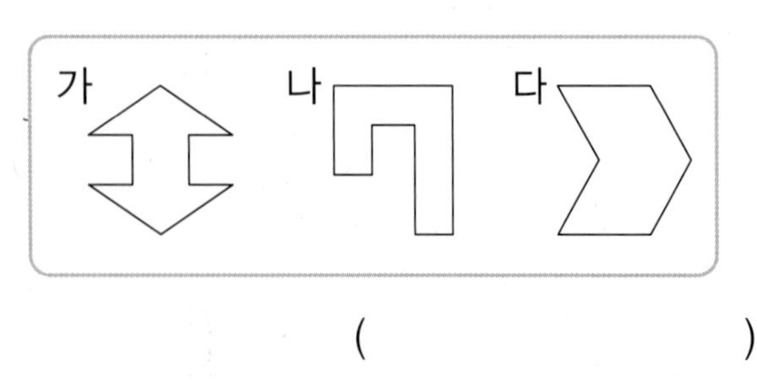

( )

1회 13번 2회 12번 3회 13번

유형 2 도형을 여러 번 밀기

주어진 도형을 오른쪽으로 6 cm 밀고 아래쪽으로 4 cm 밀었을 때의 도형을 그려 보세요.

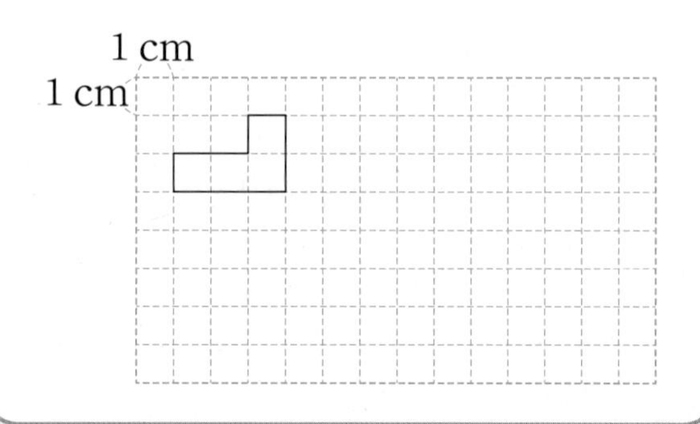

Tip 모눈 한 칸이 1 cm이므로 오른쪽으로 6칸 밀고 아래쪽으로 4칸 밀어요.

2-1 주어진 도형을 위쪽으로 3 cm 밀고 왼쪽으로 8 cm 밀었을 때의 도형을 그려 보세요.

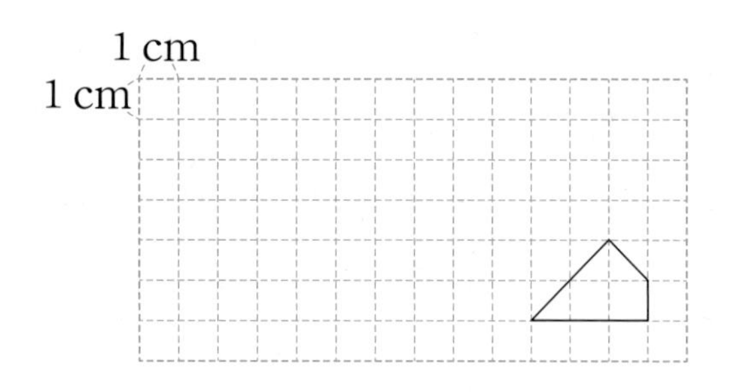

2-2 주어진 도형을 왼쪽으로 5 cm 밀고 아래쪽으로 4 cm 밀었을 때의 도형을 그려 보세요.

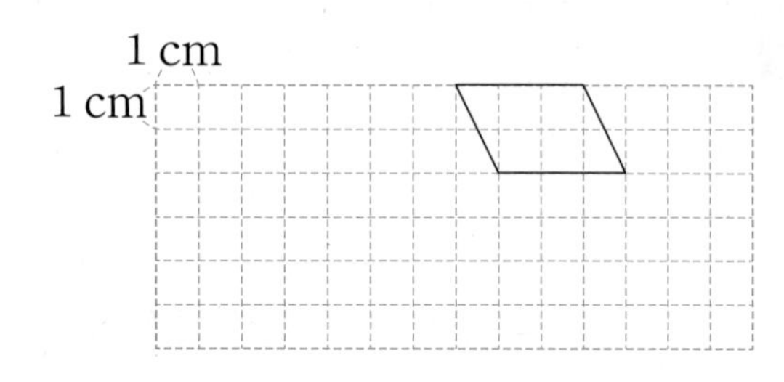

2회 15번 | 3회 12번

유형 3 처음 도형 그리기

어떤 도형을 오른쪽으로 뒤집은 도형입니다. 처음 도형을 그려 보세요.

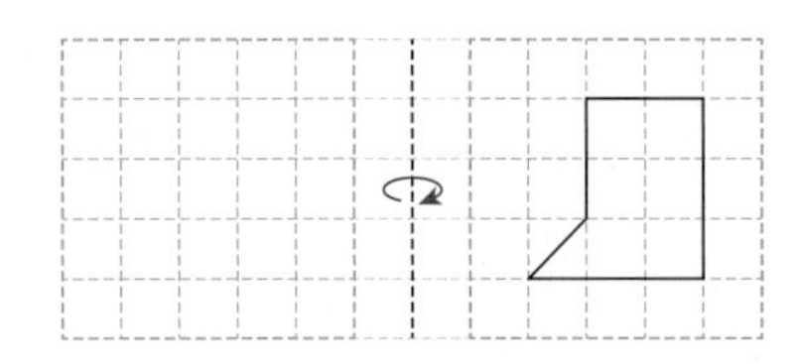

Tip • 뒤집기 전 처음 도형
→ 뒤집은 도형을 반대쪽으로 뒤집기
• 돌리기 전 처음 도형
→ 돌린 도형을 반대 방향으로 돌리기

3-1 어떤 도형을 왼쪽으로 뒤집은 도형입니다. 처음 도형을 그려 보세요.

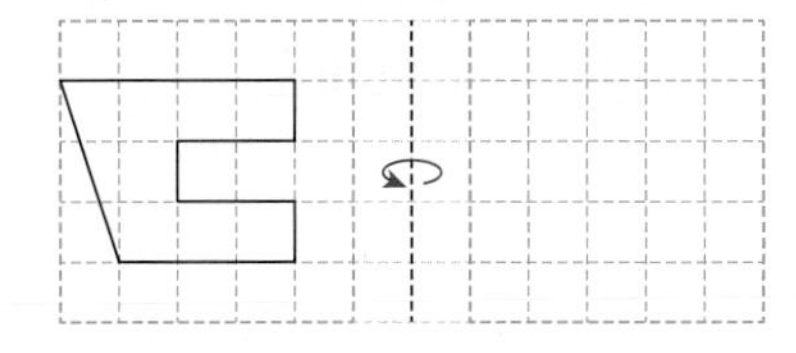

3-2 어떤 도형을 시계 방향으로 90°만큼 돌린 도형입니다. 처음 도형을 그려 보세요.

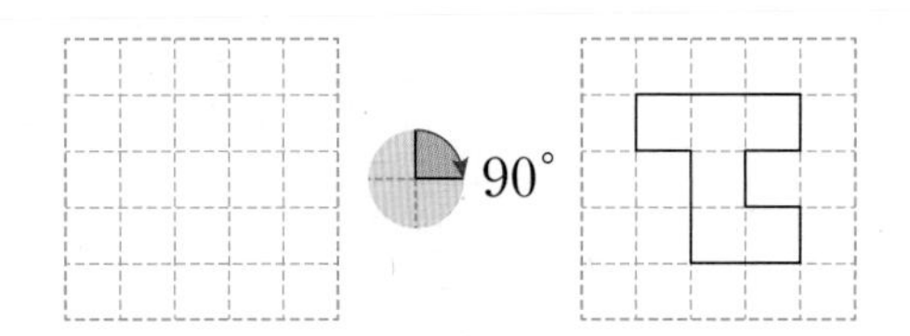

3-3 어떤 도형을 시계 반대 방향으로 180°만큼 돌린 도형입니다. 처음 도형을 그려 보세요.

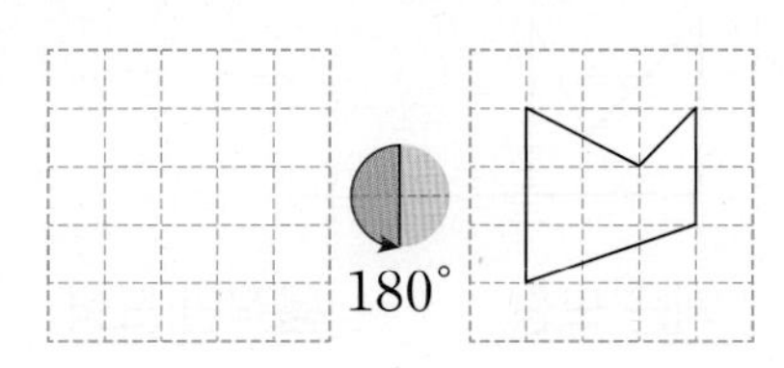

1회 20번 | 3회 19번 | 4회 12번

유형 4 수 카드의 수를 움직이기

투명 필름 위에 수를 적은 것입니다. 투명 필름을 시계 방향으로 180°만큼 돌렸을 때 나오는 수를 구해 보세요.

(　　　　　　　　)

Tip 시계 방향으로 180°만큼 돌리면 도형의 위쪽 부분이 아래쪽으로, 도형의 왼쪽 부분이 오른쪽으로 이동해요.

4-1 투명 필름 위에 수를 적은 것입니다. 투명 필름을 오른쪽으로 뒤집었을 때 나오는 수를 구해 보세요.

(　　　　　　　　)

4-2 수 카드 3장을 한 번씩만 사용하여 가장 큰 세 자리 수를 만들었습니다. 만든 수를 시계 방향으로 180°만큼 돌렸을 때 나오는 수를 구해 보세요. (단, 수 카드를 한 장씩 돌리지 않습니다.)

(　　　　　　　　)

4 단원

1회 16번

유형 5 움직여서 나올 수 없는 도형 찾기

오른쪽 도형을 한 번 뒤집었을 때 나올 수 없는 도형을 찾아 기호를 써 보세요.

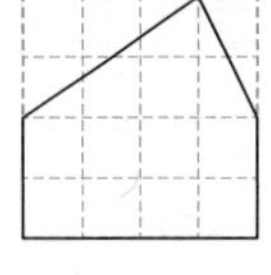

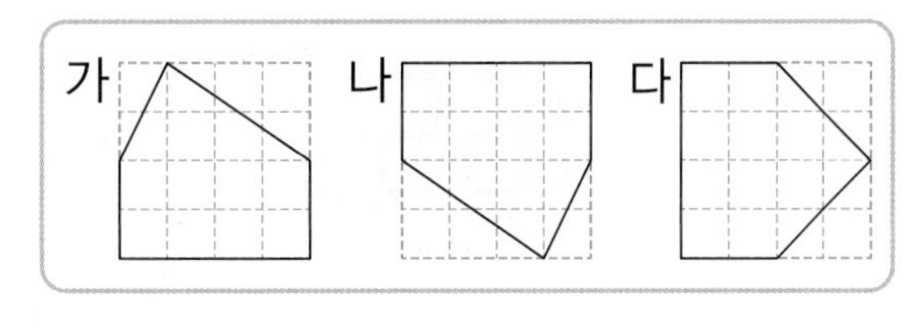

(　　　　　　　　　)

Tip 오른쪽(왼쪽)으로 뒤집거나 위쪽(아래쪽)으로 뒤집은 모양이 아닌 것을 찾아요.

5-1 오른쪽 도형을 한 번 뒤집었을 때 나올 수 없는 도형을 찾아 써 보세요.

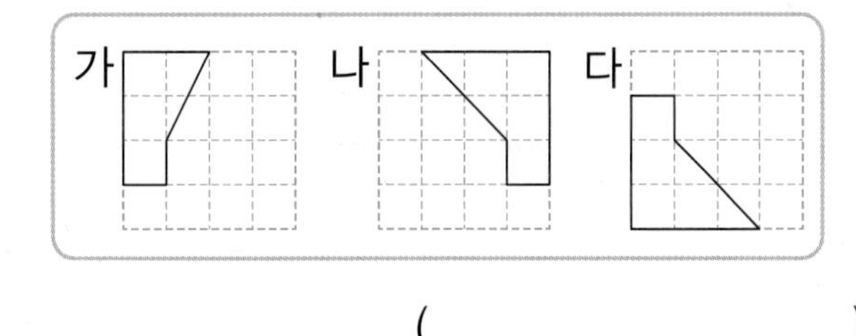

(　　　　　　　　　)

5-2 오른쪽 도형을 돌렸을 때 나올 수 없는 도형을 찾아 써 보세요.

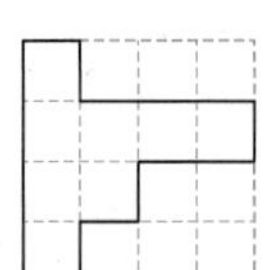

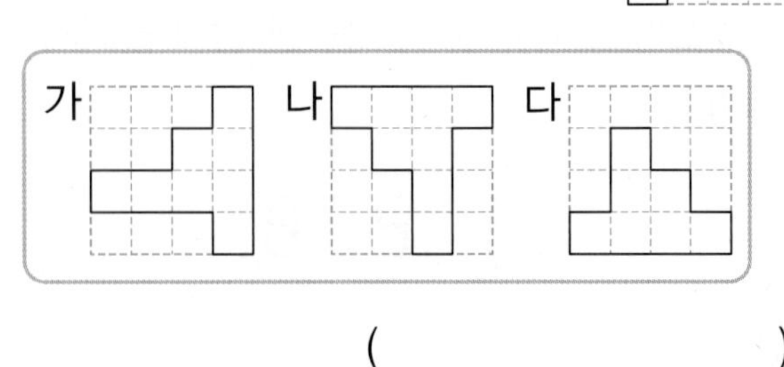

(　　　　　　　　　)

2회 16번 3회 20번 4회 17번

유형 6 여러 번 움직인 도형 그리기

도형을 오른쪽으로 5번 뒤집었을 때의 도형을 그려 보세요.

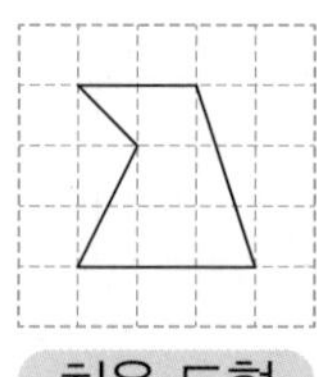

처음 도형　　움직인 도형

Tip

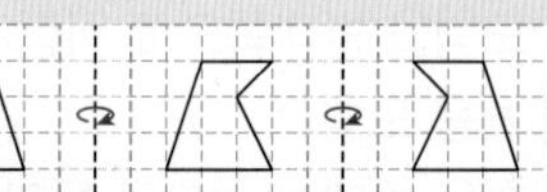

도형을 오른쪽으로 2번 뒤집으면 처음 도형과 같아요.

6-1 도형을 시계 방향으로 90°만큼 4번 돌렸을 때의 도형을 그려 보세요.

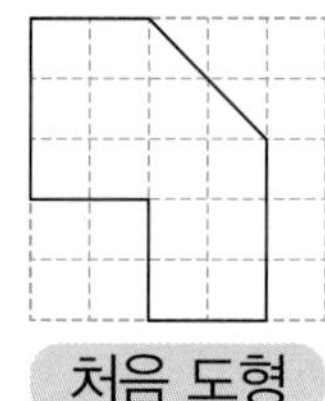

처음 도형　　움직인 도형

6-2 도형을 위쪽으로 8번 뒤집었을 때의 도형을 그려 보세요.

처음 도형　　움직인 도형

6-3 도형을 시계 반대 방향으로 180°만큼 5번 돌렸을 때의 도형을 그려 보세요.

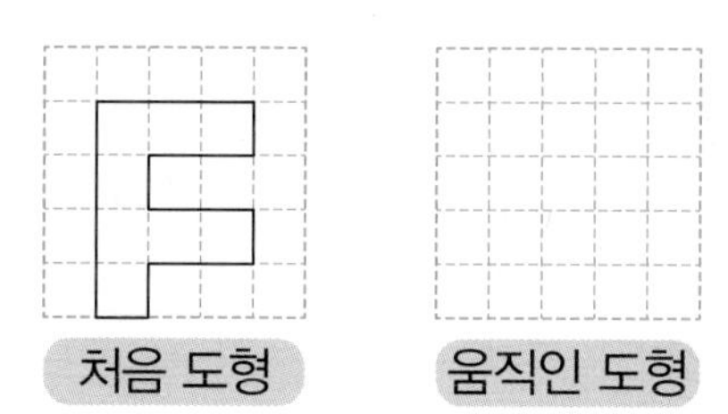

6-4 도형을 왼쪽으로 4번 뒤집고 시계 반대 방향으로 90°만큼 3번 돌렸을 때의 도형을 그려 보세요.

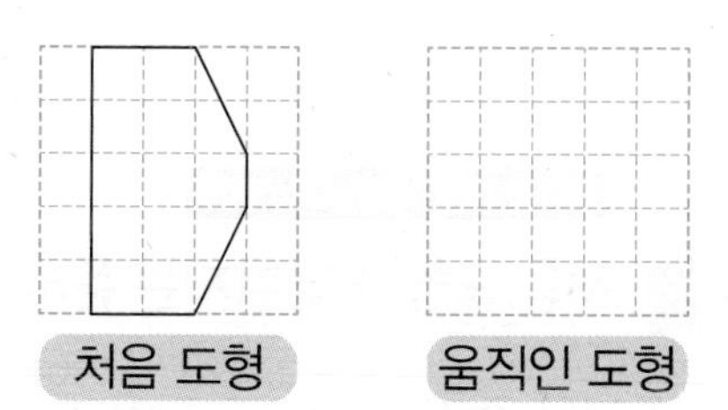

1회 17번 4회 20번

유형 7 움직인 방법 설명하기

왼쪽 도형을 뒤집었더니 오른쪽 도형이 되었습니다. 어느 쪽으로 뒤집었는지 써 보세요.

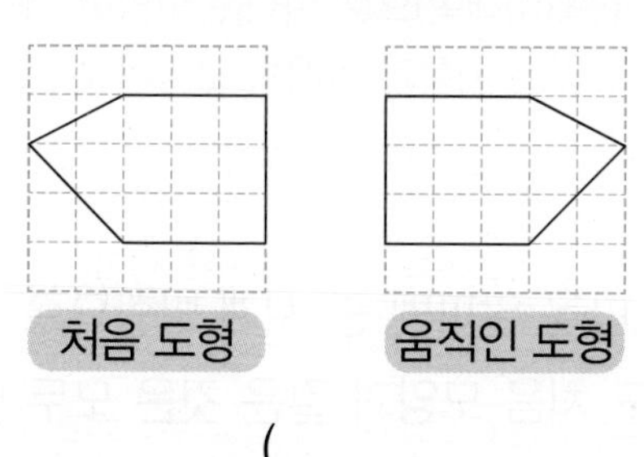

(   )

Tip • 도형의 오른쪽과 왼쪽이 서로 바뀐 경우
→ 오른쪽(왼쪽)으로 뒤집은 도형
• 도형의 위쪽과 아래쪽이 서로 바뀐 경우
→ 위쪽(아래쪽)으로 뒤집은 도형

7-1 왼쪽 도형을 돌렸더니 오른쪽 도형이 되었습니다. 어떻게 움직였는지 설명해 보세요.

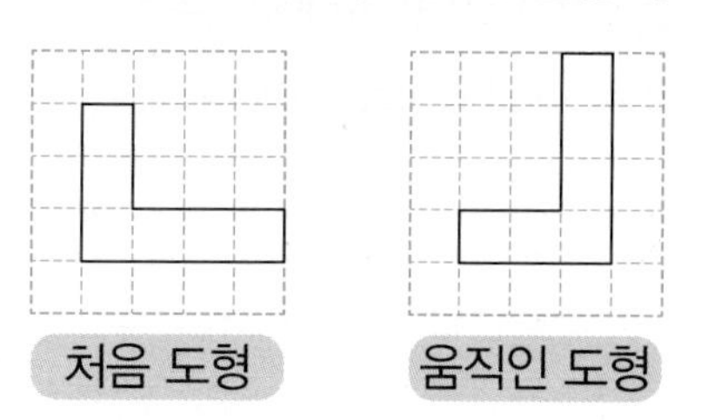

도형을 (시계 , 시계 반대) 방향으로
(90° , 180°)만큼 돌렸습니다.

7-2 왼쪽 도형을 뒤집고 돌렸더니 오른쪽 도형이 되었습니다. 어떻게 움직였는지 설명해 보세요.

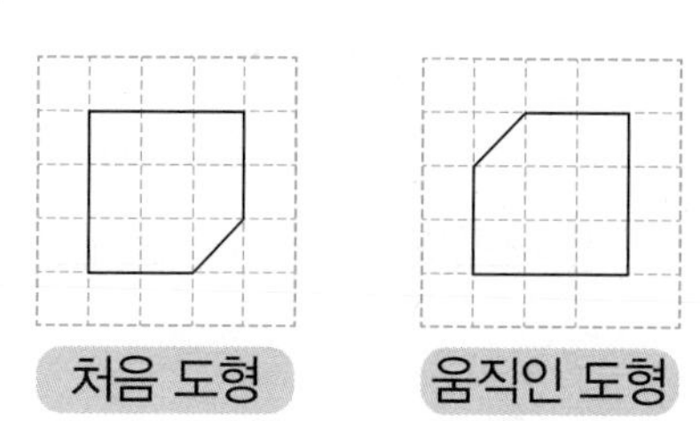

도형을 [   ]으로 뒤집고 시계 방향으로 [   ]°만큼 돌렸습니다.

7-3 왼쪽 도형을 돌리고 뒤집었더니 오른쪽 도형이 되었습니다. 어떻게 움직였는지 설명해 보세요.

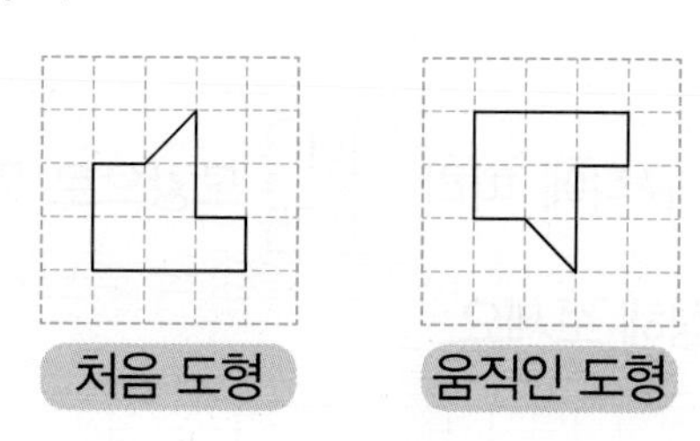

답 ▶

2회 13번 | 3회 17번 | 4회 14번

유형 8 무늬를 만든 규칙 알기

뒤집기를 이용하여 아래와 같은 무늬를 만들 수 있는 모양을 찾아 써 보세요.

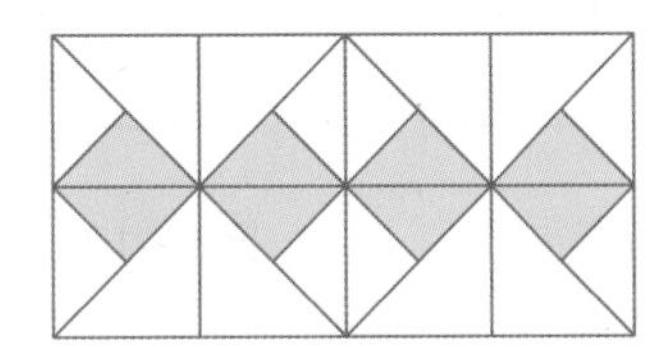

가 나 다

( )

Tip 주어진 모양의 변화를 살펴보고 어떤 모양을 이용했는지 찾아봐요.

8-1 돌리기를 이용하여 아래와 같은 무늬를 만들 수 있는 모양을 찾아 써 보세요.

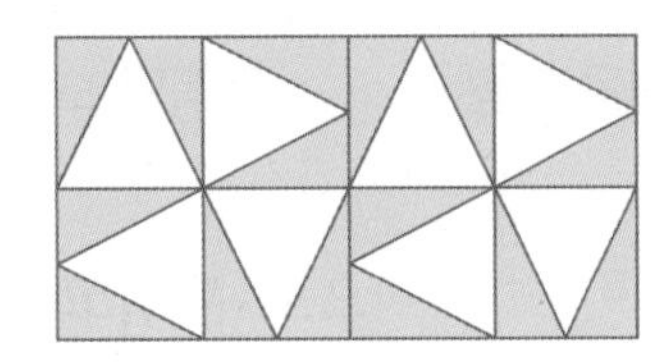

가 나 다

( )

8-2 규칙에 따라 모양으로 만든 무늬를 완성해 보세요.

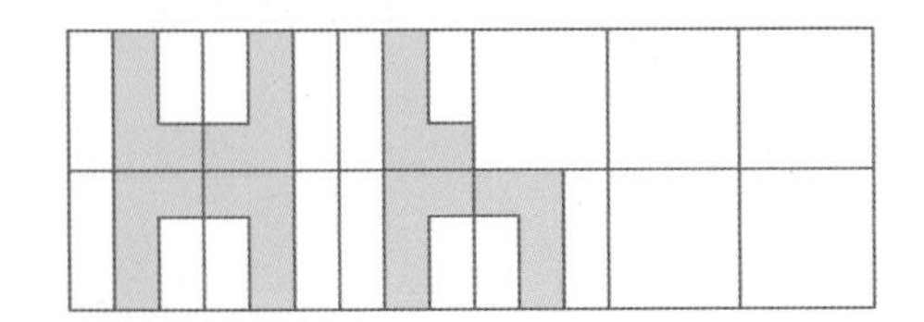

8-3 빈칸을 채워 무늬를 완성하고 무늬를 만든 규칙을 설명해 보세요.

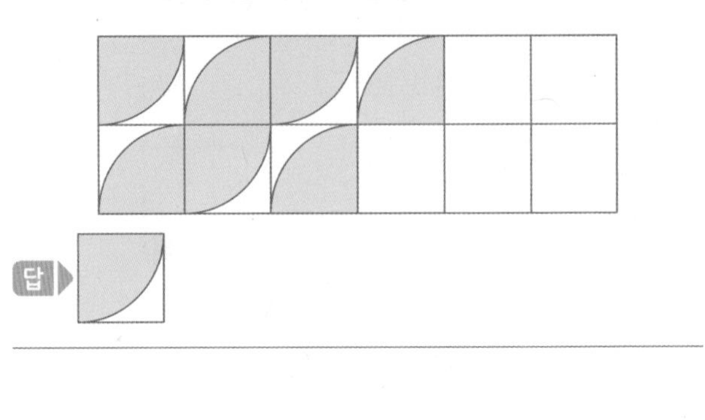

답

1회 18번 | 4회 19번

유형 9 처음 도형과 같아지는 문자 찾기

다음 한글 자음 중 위쪽으로 뒤집어도 처음 모양과 같은 것은 모두 몇 개인지 구해 보세요.

ㄱ ㅁ ㅅ ㅇ ㅌ ㅍ

( )

Tip 위쪽(아래쪽)으로 뒤집은 모양이 처음 도형과 같은 도형은 위쪽과 아래쪽 모양이 같은 모양이어야 해요.

9-1 다음 알파벳 중 시계 방향으로 180°만큼 돌려도 처음 모양과 같은 것은 모두 몇 개인지 구해 보세요.

B C H N U Z

( )

9-2 다음 숫자 중 오른쪽으로 뒤집어도 처음 모양과 같은 것은 모두 몇 개인지 구해 보세요.

( )

9-3 다음 한글 자음 중 시계 방향으로 180°만큼 돌리고 오른쪽으로 뒤집어도 처음 모양과 같은 것은 모두 몇 개인지 구해 보세요.

ㄱ ㄴ ㅁ ㅅ ㅇ ㅎ

( )

9-4 주어진 숫자 중 시계 반대 방향으로 180°만큼 돌리고 아래쪽으로 뒤집어도 처음 모양과 같은 것은 모두 몇 개인지 구해 보세요.

( )

2회 19번 4회 16번

유형 10 조각으로 직사각형 만들기

조각 가와 나를 움직여서 오른쪽 모양판을 완성하려고 합니다. ㉠, ㉡에 들어갈 수 있는 조각을 찾아 기호를 써 보세요.

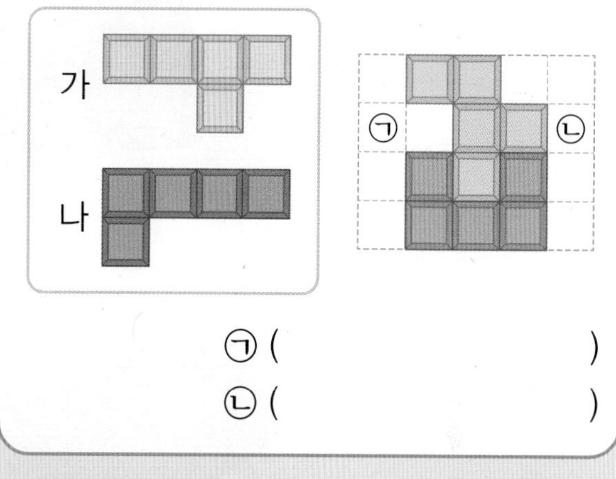

㉠ ( )

㉡ ( )

Tip 주어진 조각을 밀기, 뒤집기, 돌리기를 이용하여 빈칸에 들어갈 수 있는 조각을 찾아봐요.

10-1 왼쪽 조각을 움직여서 오른쪽 모양판을 완성해 보세요.

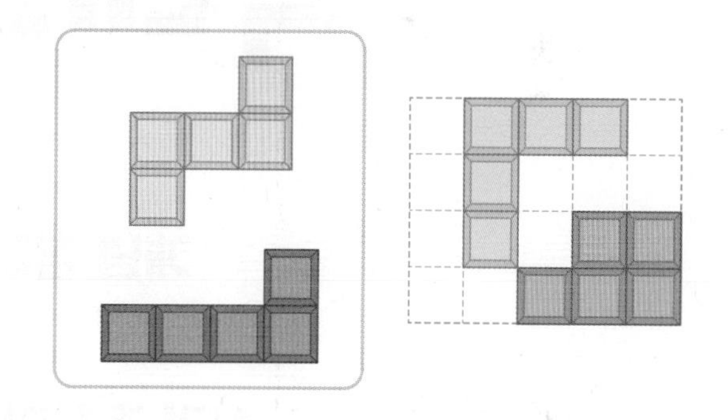

10-2 왼쪽 조각을 움직여서 오른쪽 모양판을 완성해 보세요.

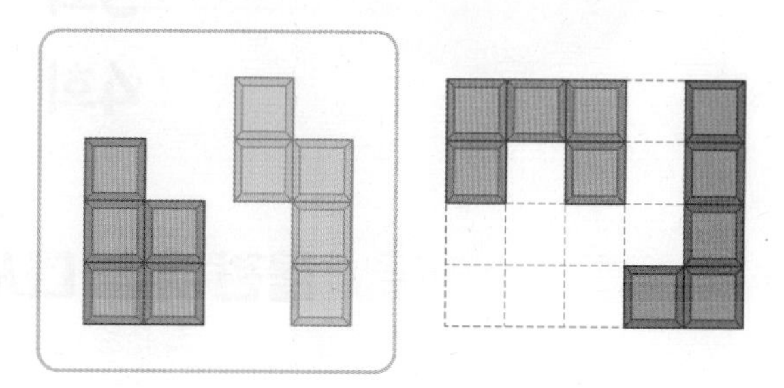

4 단원

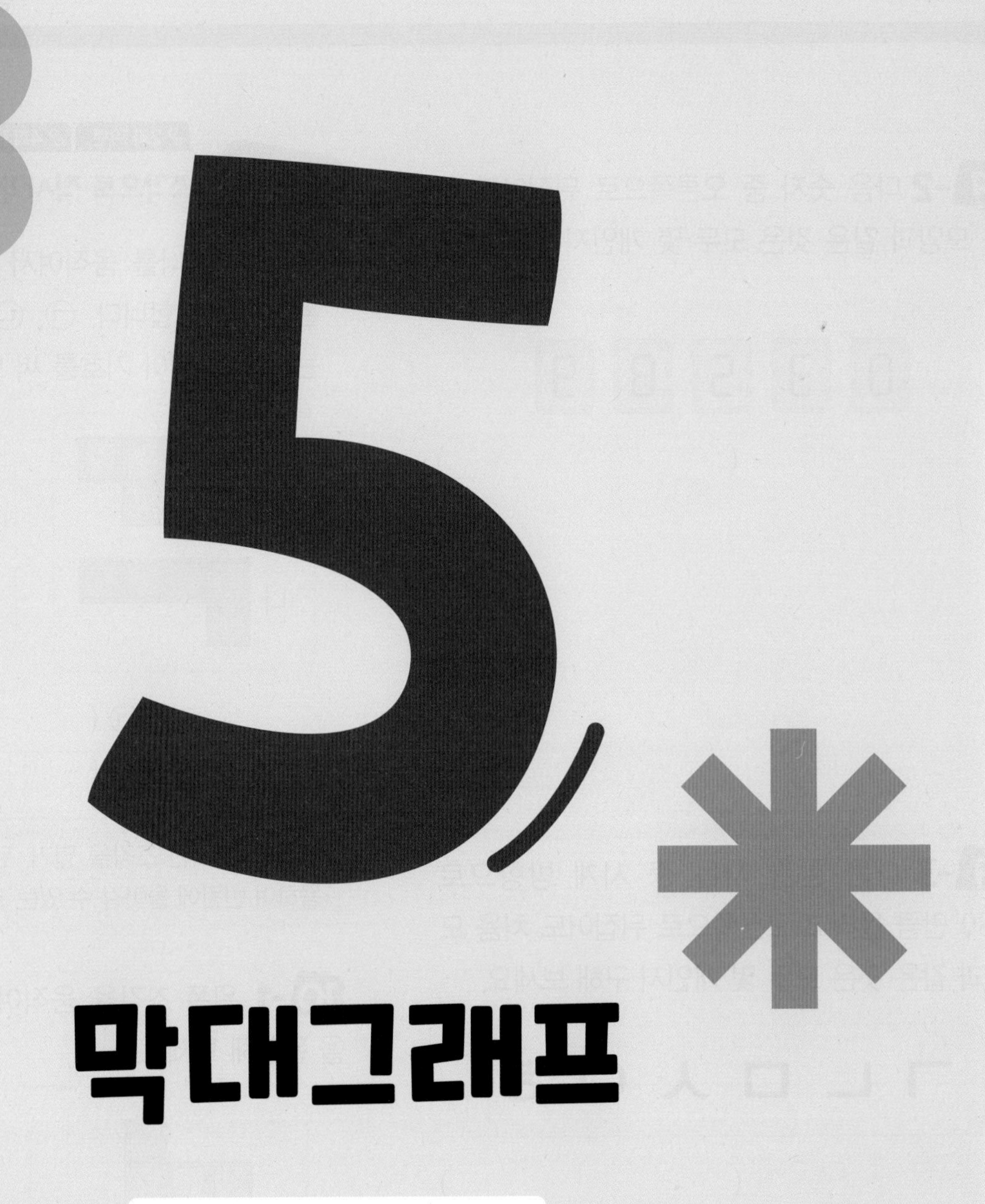

5 막대그래프

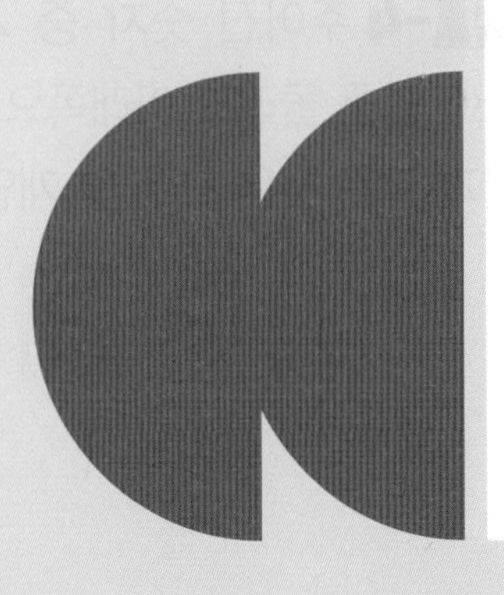

개념정리 5단원 막대그래프

개념 1 막대그래프 알아보기

◆막대그래프

조사한 자료의 수량을 막대 모양으로 나타낸 그래프를 막대그래프라고 합니다.

좋아하는 색깔별 학생 수

색깔	빨강	노랑	초록	파랑	합계
학생 수(명)	6	4	5	7	22

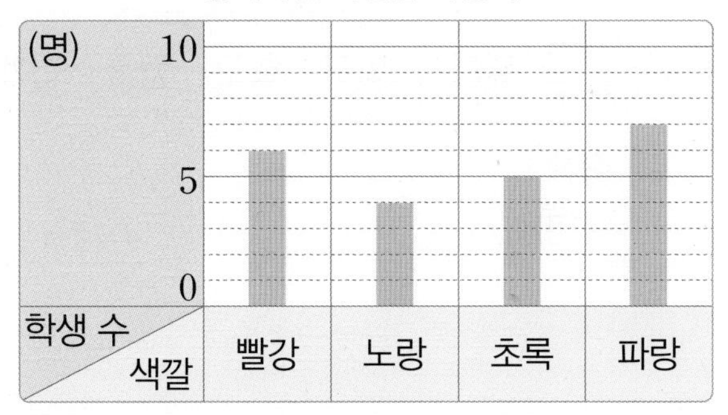

- 가로는 색깔을 나타냅니다.
- 세로는 학생 수를 나타냅니다.
- 세로 눈금 한 칸은 5÷5=☐(명)을 나타냅니다.
- 막대의 길이는 좋아하는 색깔별 학생 수를 나타냅니다.

◆표와 막대그래프 비교하기

- 표는 항목별 수를 정확하게 알 수 있고, 전체 합계를 한눈에 알 수 있습니다.
- 막대그래프는 자료의 수량을 한눈에 비교할 수 있습니다.

개념 2 막대그래프로 나타내기

◆표를 보고 막대그래프로 나타내기

가고 싶어 하는 소풍 장소별 학생 수

장소	놀이공원	박물관	동물원	식물원	합계
학생 수(명)	8	5	6	4	23

❶ 표를 보고 그래프의 가로와 세로에 무엇을 나타낼지 정합니다.

❷ 눈금 한 칸의 크기와 가장 큰 수를 나타낼 수 있도록 눈금의 수를 정합니다.

❸ 조사한 수에 맞게 막대를 그립니다.

❹ 알맞은 제목을 씁니다.

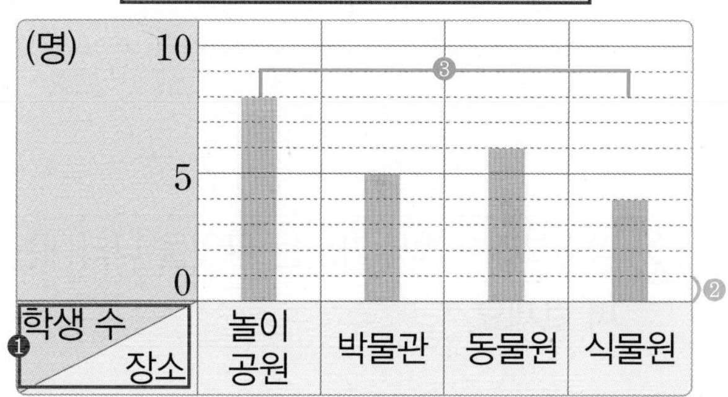

참고
제목을 가장 먼저 써도 돼요.

◆막대그래프로 알 수 있는 내용

① 두 번째로 많은 학생들이 가고 싶어 하는 소풍 장소는 동물원입니다.

② 놀이공원에 가고 싶어 하는 학생 수는 식물원에 가고 싶어 하는 학생 수의 ☐배입니다.

정답 ❶ 1 ❷ 2

5 단원

점수

98~103쪽에서 같은 유형의 문제를 더 풀 수 있어요.

01~04 동원이네 반 학생들이 가고 싶어 하는 도시를 조사하여 나타낸 그래프입니다. 물음에 답해 보세요.

가고 싶어 하는 도시별 학생 수

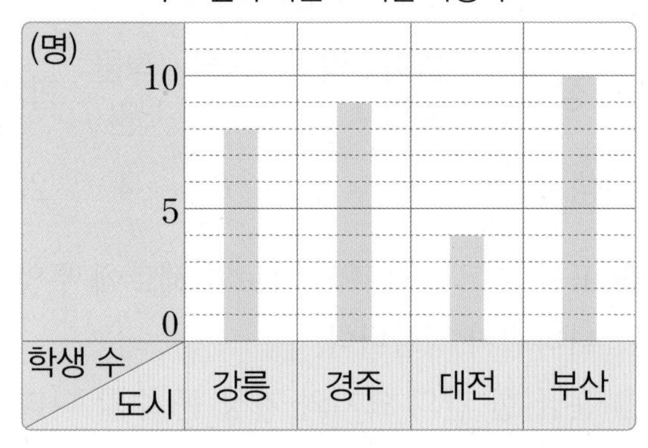

01 위와 같이 조사한 자료의 수량을 막대 모양으로 나타낸 그래프를 무슨 그래프라고 하는지 써 보세요.

( )

02 막대그래프에서 가로는 무엇을 나타내는지 써 보세요.

( )

03 경주를 가고 싶어 하는 학생은 몇 명인지 구해 보세요.

( )

04 가장 많은 학생들이 가고 싶어 하는 도시는 어디인지 구해 보세요.

( )

05~07 선아네 반 학생들이 좋아하는 체육 활동을 조사한 것입니다. 물음에 답해 보세요.

좋아하는 체육 활동

달리기	피구	달리기	축구	뜀틀
피구	달리기	축구	피구	달리기
축구	피구	축구	피구	축구
달리기	축구	피구	축구	뜀틀

05 조사한 것을 보고 표로 나타내어 보세요.

좋아하는 체육 활동별 학생 수

체육 활동	달리기	피구	축구	뜀틀	합계
학생 수(명)					

06 표를 보고 막대그래프로 나타내려고 합니다. 세로 눈금 한 칸이 1명을 나타낸다면 피구는 몇 칸으로 나타내어야 하는지 구해 보세요.

( )

07 표를 보고 막대그래프로 나타내어 보세요.

좋아하는 체육 활동별 학생 수

08~11 서진이네 모둠 학생들이 하루 동안 사용한 물의 양을 조사하여 나타낸 막대그래프입니다. 물음에 답해 보세요.

학생별 하루 동안 사용한 물의 양

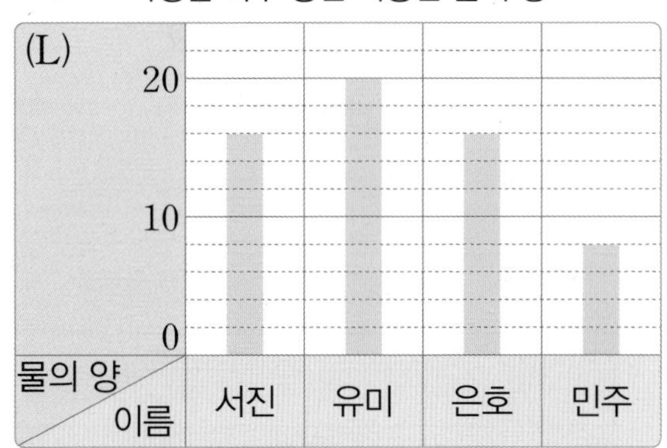

AI가 뽑은 정답률 낮은 문제

08 세로 눈금 한 칸은 몇 L를 나타내는지 구해 보세요.

98쪽 유형 1

(　　　　　　　　　　)

09 사용한 물의 양이 가장 적은 사람은 누구인지 이름을 써 보세요.

(　　　　　　　　　　)

10 사용한 물의 양이 같은 사람은 누구인지 이름을 모두 써 보세요.

(　　　　　　,　　　　　　)

11 막대그래프를 보고 표로 나타내어 보세요.

학생별 하루 동안 사용한 물의 양

이름	서진	유미	은호	민주	합계
물의 양 (L)					

12~14 은지네 반 학급 문고에 있는 책을 종류별로 조사하여 나타낸 표입니다. 물음에 답해 보세요.

학급 문고의 종류별 책 수

종류	동화책	위인전	과학책	만화책	합계
책 수 (권)	12	14		8	44

12 학급 문고에 과학책은 몇 권 있는지 구해 보세요.

(　　　　　　　　　　)

13 표를 보고 막대그래프로 나타내어 보세요.

(권)				
20				
10				
0				
책 수 / 종류	동화책	위인전	과학책	만화책

AI가 뽑은 정답률 낮은 문제

14 위인전은 만화책보다 몇 권 더 많은지 구해 보세요.

98쪽 유형 2

(　　　　　　　　　　)

서술형

15 표와 막대그래프의 좋은 점을 각각 설명해 보세요.

답

16~18 주현이네 모둠과 태영이네 모둠 학생들의 50 m 달리기 기록을 조사하여 나타낸 막대그래프입니다. 물음에 답해 보세요.

주현이네 모둠 학생별 50 m 달리기 기록

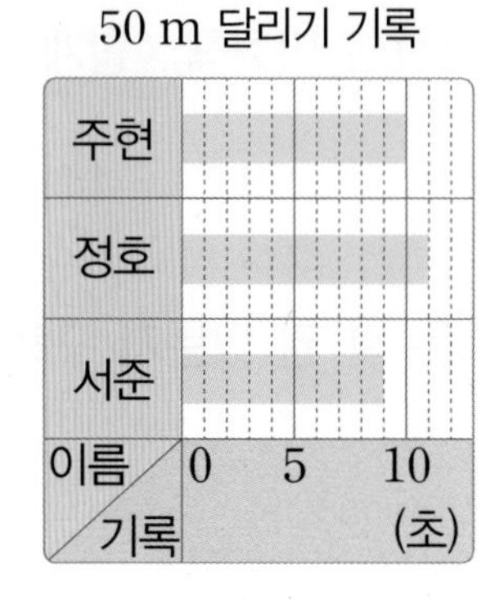

태영이네 모둠 학생별 50 m 달리기 기록

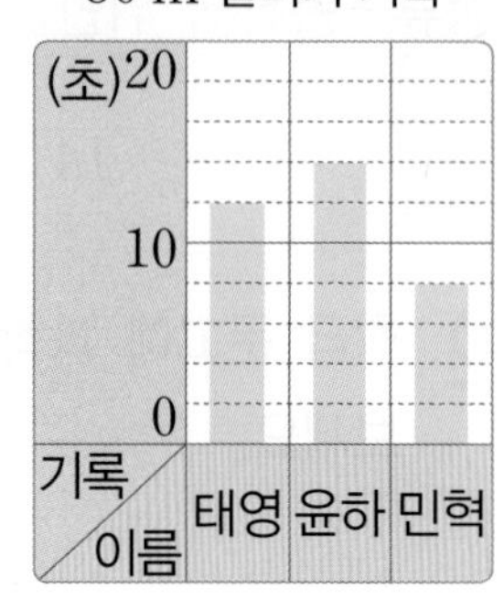

16 주현이네 모둠에서 주현이보다 1초 더 빠른 사람은 누구인지 이름을 써 보세요.

(　　　　　　　　)

17 태영이네 모둠에서 가장 느린 사람은 누구인지 이름을 써 보세요.

(　　　　　　　　)

AI가 뽑은 정답률 낮은 문제

18 두 모둠 학생 중 가장 빠른 학생의 기록은 몇 초인지 구해 보세요.

102쪽 유형 7

(　　　　　　　　)

서술형

19 현민이네 학교 4학년 반별 학생 수를 조사하여 나타낸 막대그래프입니다. 4학년 학생들에게 쿠키를 3개씩 나누어 주려면 쿠키를 적어도 몇 개 준비해야 하는지 풀이 과정을 쓰고 답을 구해 보세요.

반별 학생 수

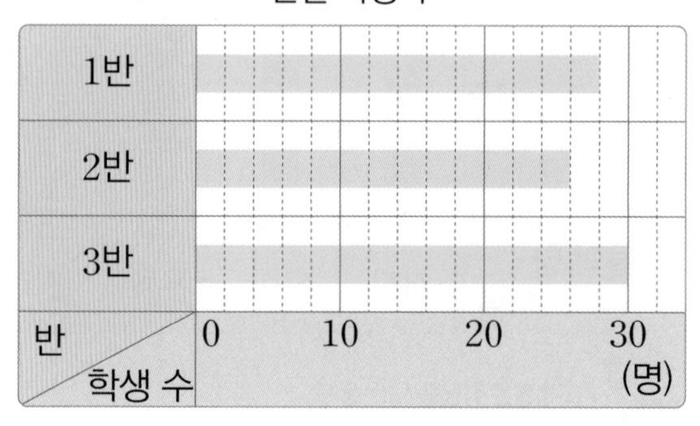

풀이

답

AI가 뽑은 정답률 낮은 문제

20 문구점별 지우개 판매량을 조사하여 나타낸 막대그래프입니다. 이 그래프를 세로 눈금 한 칸이 4개를 나타내는 막대그래프로 나타내어 보세요.

101쪽 유형 6

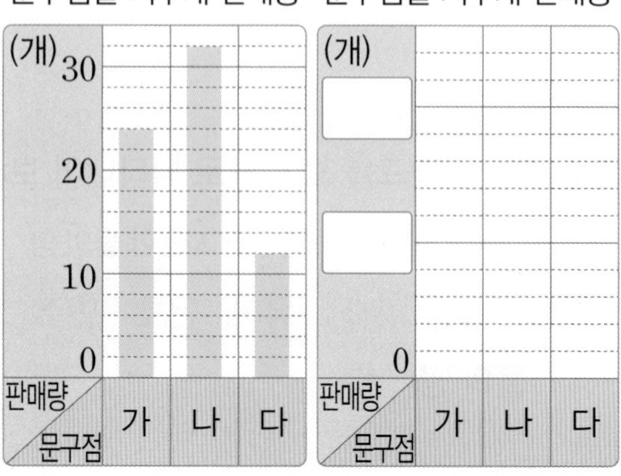

점수

98~103쪽에서 같은 유형의 문제를 더 풀 수 있어요.

01~04 세영이네 반 학생들이 좋아하는 동물을 조사하여 나타낸 막대그래프입니다. 물음에 답해 보세요.

좋아하는 동물별 학생 수

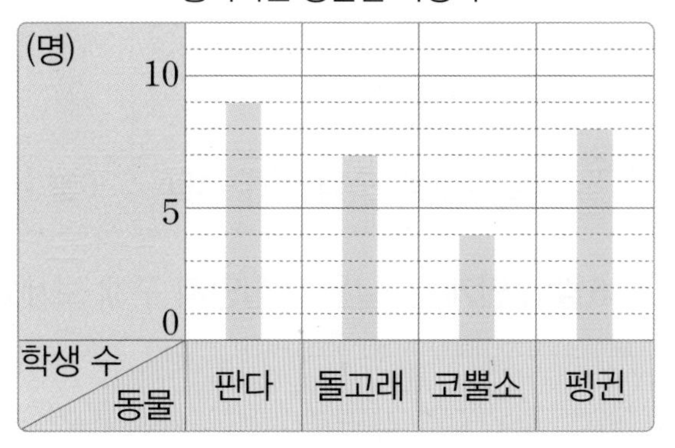

01 막대의 길이는 무엇을 나타내는지 써 보세요.

( )

02 어떤 동물의 막대의 길이가 가장 긴지 구해 보세요.

( )

03 돌고래를 좋아하는 학생은 몇 명인지 구해 보세요.

( )

04 가장 적은 학생들이 좋아하는 동물은 무엇인지 구해 보세요.

( )

05~07 도윤이네 학교 4학년 학생들이 기르는 반려동물을 조사하여 나타낸 표입니다. 물음에 답해 보세요.

기르는 반려동물별 학생 수

반려동물	카멜레온	강아지	사슴벌레	고양이	합계
학생 수(명)	10	12	8	16	46

05 가로에 학생 수를 나타낸다면 세로에는 무엇을 나타내어야 하는지 써 보세요.

( )

06 가로 눈금 한 칸이 학생 수 2명을 나타낸다면 강아지를 기르는 학생은 몇 칸으로 나타내어야 하는지 구해 보세요.

( )

07 표를 보고 막대그래프로 나타내어 보세요.

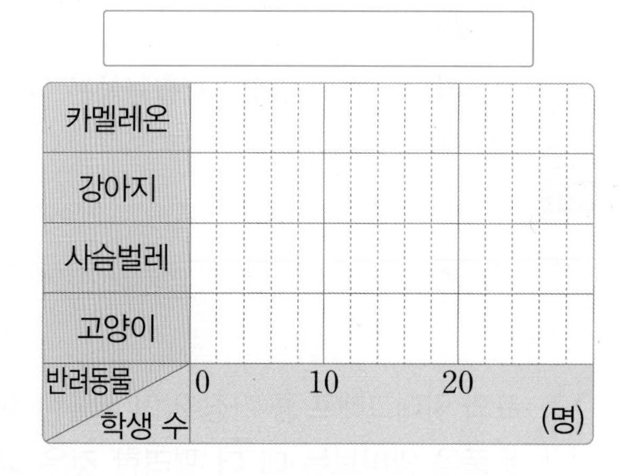

5 단원

08~11 재훈이네 집에서 한 달 동안 배출한 재활용품의 무게를 조사하여 나타낸 막대그래프입니다. 물음에 답해 보세요.

재활용품별 무게

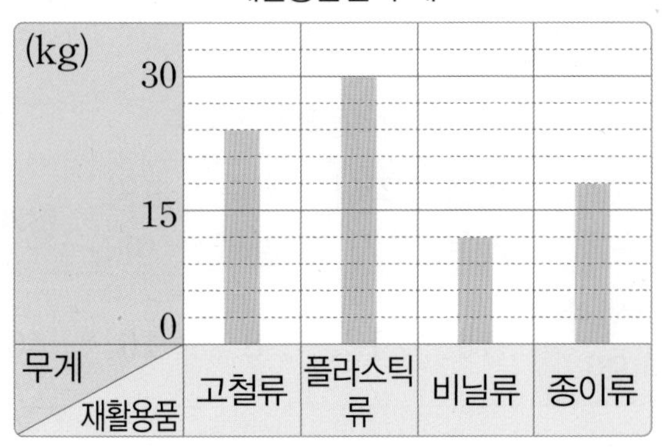

08 막대그래프를 보고 표로 나타내어 보세요.

재활용품별 무게

재활용품	고철류	플라스틱류	비닐류	종이류	합계
무게(kg)					

09 재활용품의 무게가 무거운 것부터 차례대로 써 보세요.

(　　　　　　　　　　)

AI가 뽑은 정답률 낮은 문제

10 무게가 비닐류의 2배인 재활용품은 무엇인지 구해 보세요.

98쪽 유형 2

(　　　　　　　　　　)

11 표와 막대그래프 중 가장 많이 배출한 재활용품을 알아보는 데 더 편리한 것은 어느 것인지 구해 보세요.

(　　　　　　　　　　)

12~15 월별 안개 낀 날수를 조사하여 나타낸 막대그래프입니다. 물음에 답해 보세요.

월별 안개 낀 날수

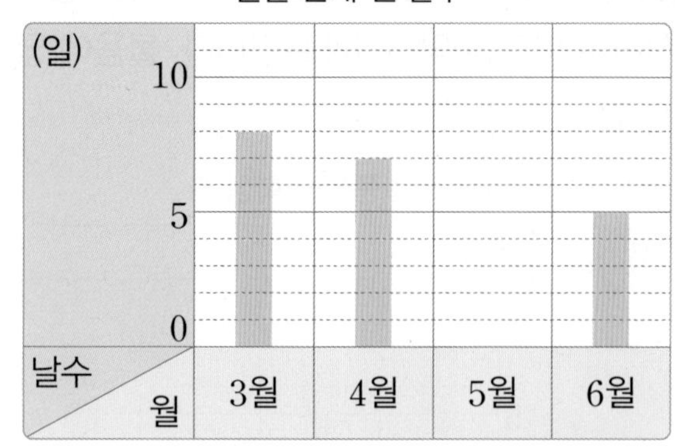

12 6월의 안개 낀 날은 며칠인지 구해 보세요.

(　　　　　　　　　　)

13 5월의 안개 낀 날이 4월의 안개 낀 날보다 3일 더 적었을 때 막대그래프를 완성해 보세요.

14 안개 낀 날이 가장 많은 달은 가장 적은 달보다 며칠 더 많은지 구해 보세요.

(　　　　　　　　　　)

AI가 뽑은 정답률 낮은 문제

15 3월부터 6월까지 안개 낀 날은 모두 며칠인지 구해 보세요.

100쪽 유형 4

(　　　　　　　　　　)

16~18 어느 마트에서 오늘 하루 동안 팔린 우유를 조사하여 나타낸 표와 막대그래프입니다. 물음에 답해 보세요.

우유별 판매량

우유	흰 우유	딸기 우유	초코 우유	바나나 우유	합계
판매량 (개)	14	8	18		50

우유별 판매량

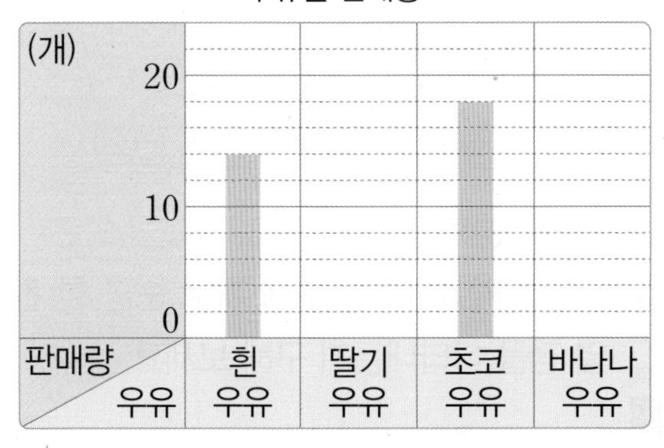

AI가 뽑은 정답률 낮은 문제

16 위의 표와 막대그래프를 완성해 보세요.

99쪽 유형 3

17 흰 우유 판매량과 딸기 우유 판매량의 차는 몇 개인지 구해 보세요.

(　　　　　　　　)

서술형

18 이 마트에서 내일 팔 우유를 준비한다면 어떤 우유를 가장 많이 준비하는 것이 좋을지 쓰고 그 이유를 설명해 보세요.

답

AI가 뽑은 정답률 낮은 문제

19 은성이네 모둠과 태린이네 모둠 학생들의 턱걸이 기록을 조사하여 나타낸 막대그래프입니다. 두 모둠의 학생들 중에서 턱걸이를 가장 많이 한 사람은 누구인지 이름을 써 보세요.

102쪽 유형 7

은성이네 모둠 학생별 턱걸이 기록　　태린이네 모둠 학생별 턱걸이 기록

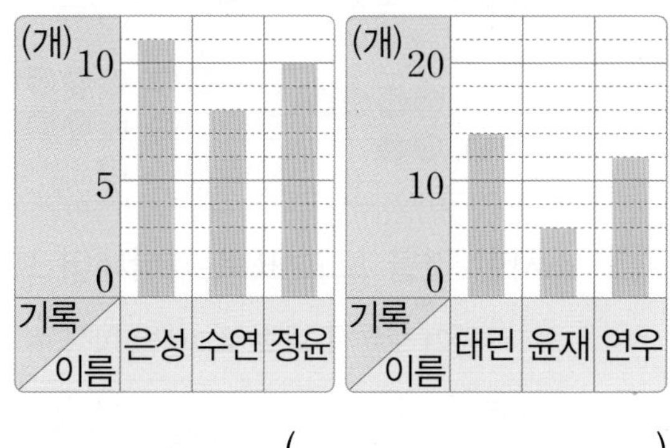

(　　　　　　　　)

AI가 뽑은 정답률 낮은 문제　　서술형

20 어느 지역 산책로의 거리를 조사하여 나타낸 막대그래프입니다. C 코스의 거리가 24 km라면 A 코스와 D 코스의 거리의 합은 몇 km인지 풀이 과정을 쓰고 답을 구해 보세요.

98쪽 유형 1

코스별 산책로의 거리

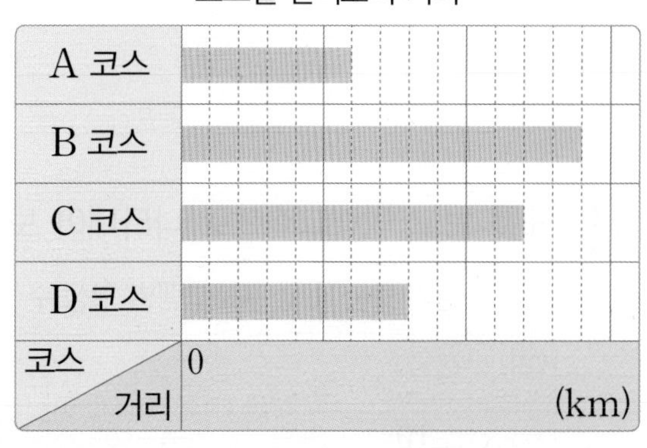

풀이

답

점수

98~103쪽에서 같은 유형의 문제를 더 풀 수 있어요.

01~03 예성이네 반 학생들이 즐겨 보는 TV 프로그램을 조사하여 붙임딱지를 1장씩 붙인 것입니다. 물음에 답해 보세요.

즐겨 보는 TV 프로그램

드라마	뉴스	예능	스포츠
●●●● ●●●●	●●●● ●●	●●●● ●●●● ●●●	●●●● ●●●● ●

01 조사한 것을 보고 표로 나타내어 보세요.

즐겨 보는 TV 프로그램별 학생 수

프로그램	드라마	뉴스	예능	스포츠	합계
학생 수(명)					

02 세로에 학생 수를 나타낸다면 가로에는 무엇을 나타내어야 하는지 써 보세요.

( )

03 표를 보고 막대그래프로 나타내어 보세요.

즐겨 보는 TV 프로그램별 학생 수

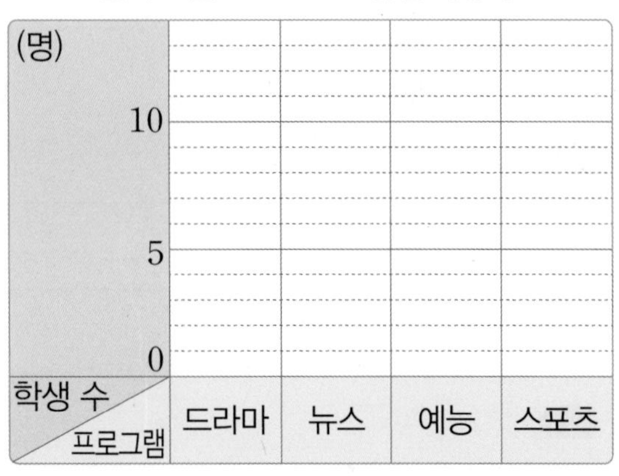

04~07 민희의 과목별 평가 점수를 조사하여 나타낸 막대그래프입니다. 물음에 답해 보세요.

과목별 평가 점수

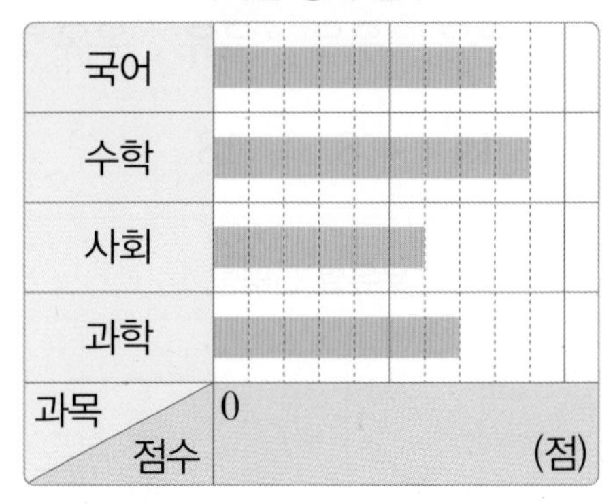

AI가 뽑은 정답률 낮은 문제

04 국어 점수가 80점일 때 가로 눈금 한 칸은 몇 점을 나타내는지 구해 보세요.

98쪽 유형 1

( )

05 가장 높은 점수를 받은 과목은 무엇인지 구해 보세요.

( )

06 점수가 80점보다 낮은 과목은 몇 개인지 구해 보세요.

( )

07 국어 점수는 과학 점수보다 몇 점 더 높은지 구해 보세요.

( )

08~11 세빈이네 학교 4학년 학생들이 좋아하는 급식 종류를 조사하여 나타낸 표입니다. 물음에 답해 보세요.

좋아하는 급식 종류별 학생 수

종류	불고기	치킨	돈가스	김치찌개	합계
학생 수 (명)	21	27	18	9	75

08 표를 보고 막대그래프로 나타낼 때 학생 수를 몇 명까지 나타낼 수 있어야 하는지 써 보세요.

( )

09 표를 보고 막대그래프로 나타내어 보세요.

좋아하는 급식 종류별 학생 수

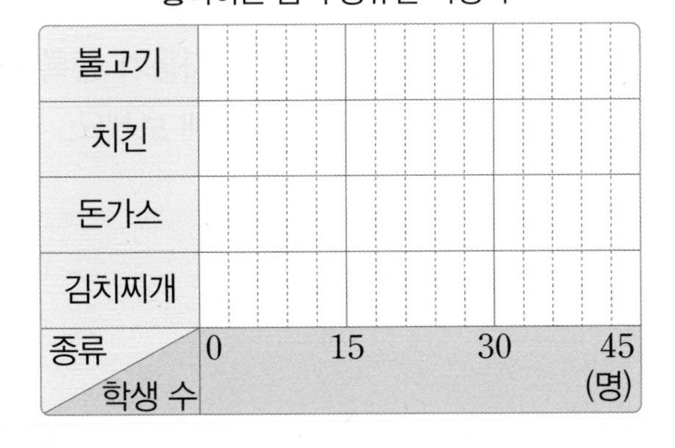

10 두 번째로 많은 학생들이 좋아하는 급식 종류는 무엇인지 구해 보세요.

( )

AI가 뽑은 정답률 낮은 문제

11 치킨을 좋아하는 학생 수는 김치찌개를 좋아하는 학생 수의 몇 배인지 구해 보세요.

98쪽 유형 2

( )

12~14 어떤 운동 종목의 나라별 금메달 수를 나타낸 막대그래프입니다. 물음에 답해 보세요.

나라별 금메달 수

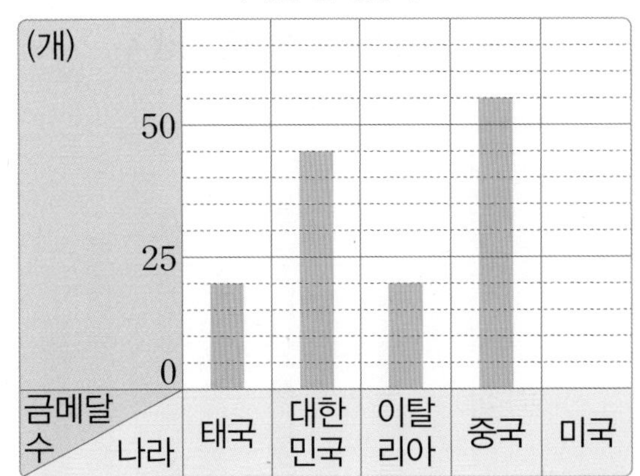

AI가 뽑은 정답률 낮은 문제 서술형

12 미국의 금메달 수가 대한민국의 금메달 수보다 15개 더 많다면 다섯 나라의 금메달 수는 모두 몇 개인지 풀이 과정을 쓰고 답을 구해 보세요.

100쪽 유형 4

풀이

답

13 금메달 수가 같은 나라를 모두 써 보세요.

(,)

14 금메달 수가 대한민국보다 많은 나라를 모두 써 보세요.

( )

5 단원

15~17 어느 학교의 그림 그리기 대회에 참가한 4학년 학생 수를 조사하여 나타낸 막대그래프입니다. 물음에 답해 보세요.

그림 그리기 대회에 참가한 학생 수

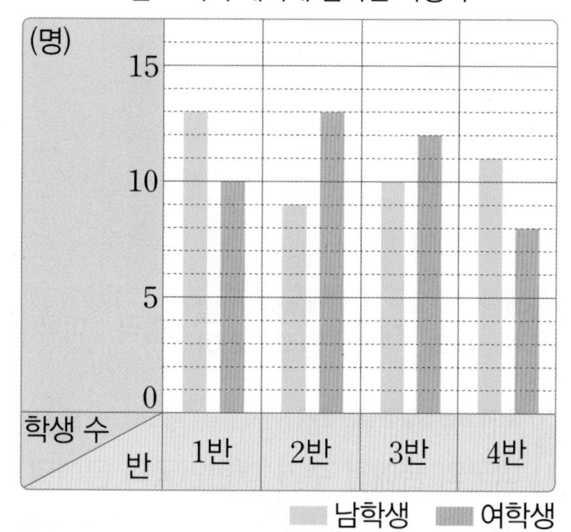

15 그림 그리기 대회에 참가한 2반 학생은 모두 몇 명인지 구해 보세요.

(　　　　　　　　　)

16 그림 그리기 대회에 참가한 여학생 수가 가장 적은 반은 어느 반인지 구해 보세요.

(　　　　　　　　　)

AI가 뽑은 정답률 낮은 문제

17 그림 그리기 대회에 참가한 남학생 수와 여학생 수의 차가 가장 적은 반은 어느 반인지 구해 보세요.

102쪽 유형 8

(　　　　　　　　　)

18~20 어느 지역의 연도별 자동차 등록 대수를 조사하여 나타낸 막대그래프입니다. 물음에 답해 보세요.

연도별 자동차 등록 대수

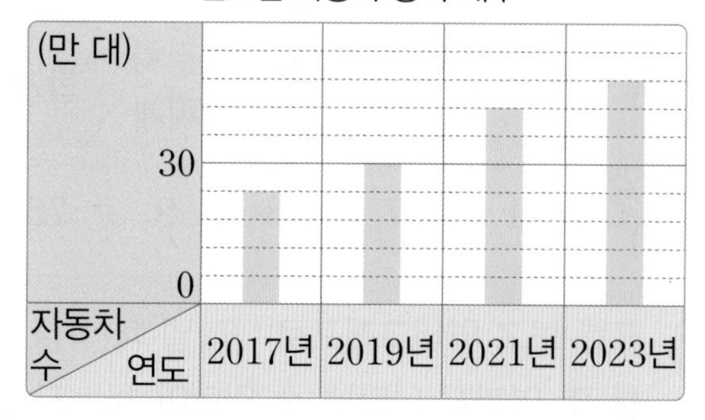

18 2017년의 자동차 등록 대수는 몇 만 대인지 구해 보세요.

(　　　　　　　　　)

19 2023년은 2017년보다 자동차 등록 대수가 몇 만 대 더 많은지 구해 보세요.

(　　　　　　　　　)

서술형

20 2025년의 자동차 등록 대수는 어떻게 변할 것이라고 예상하는지 써 보세요.

답

점수

98~103쪽에서 같은 유형의 문제를 더 풀 수 있어요.

01~04 상우네 반 학생들이 사고 싶어 하는 옷을 조사하여 나타낸 표입니다. 물음에 답해 보세요.

사고 싶어 하는 옷별 학생 수

옷	셔츠	치마	청바지	원피스	합계
학생 수 (명)	6	4	8	6	24

01 표를 보고 막대그래프로 나타낼 때 학생 수를 몇 명까지 나타낼 수 있어야 하는지 써 보세요.

( )

02 표를 보고 막대그래프로 나타내어 보세요.

사고 싶어 하는 옷별 학생 수

(명) 학생 수 / 옷	셔츠	치마	청바지	원피스
10				
5				
0				

03 조사한 전체 학생 수를 알아보려고 합니다. 표와 막대그래프 중 어느 것이 더 편리한지 써 보세요.

( )

04 사고 싶어 하는 학생 수가 같은 옷은 무엇과 무엇인지 써 보세요.

(,)

05~08 나은이네 모둠의 줄넘기 기록을 조사하여 나타낸 막대그래프입니다. 물음에 답해 보세요.

학생별 줄넘기 기록

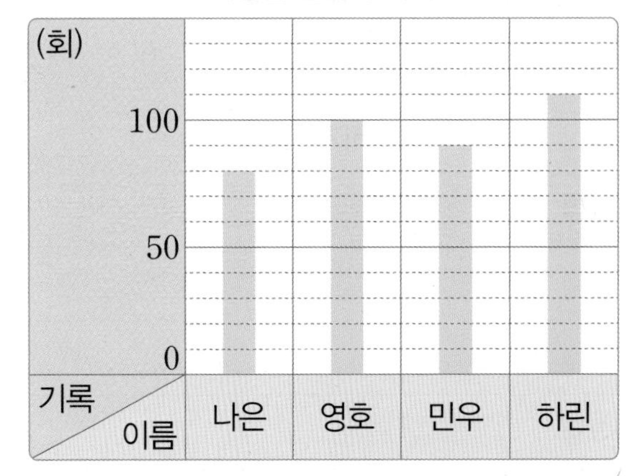

05 민우는 줄넘기를 몇 회 했는지 구해 보세요.

( )

06 줄넘기를 가장 많이 한 사람은 누구인지 구해 보세요.

( )

07 줄넘기를 두 번째로 많이 한 사람은 누구이고, 몇 회 했는지 구해 보세요.

(,)

AI가 뽑은 정답률 낮은 문제

08 네 사람이 한 줄넘기는 모두 몇 회인지 구해 보세요.

100쪽 유형 4

( )

09~11 어느 해 월별 비가 온 날수를 조사하여 나타낸 표와 막대그래프입니다. 물음에 답해 보세요.

월별 비가 온 날수

월	6월	7월	8월	9월	합계
날수(일)	8	16	12	6	42

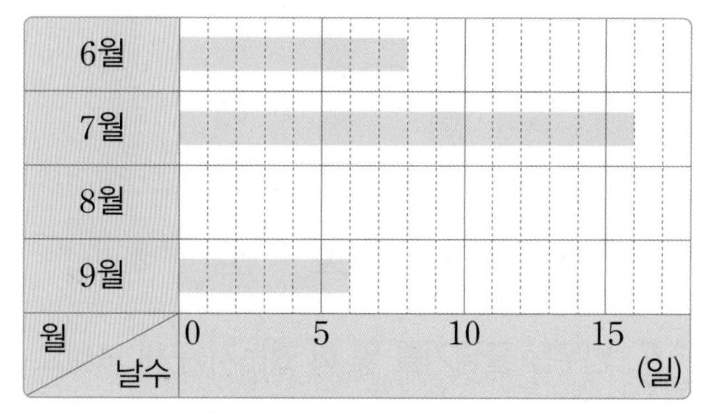

09 막대그래프에서 8월에 비가 온 날수는 몇 칸으로 나타내어야 하는지 구해 보세요.

( )

10 7월에 비가 오지 않은 날은 며칠인지 구해 보세요.

( )

AI가 뽑은 정답률 낮은 문제

11 가로 눈금 한 칸이 2일을 나타내는 막대그래프로 나타내어 보세요.

101쪽 유형 6

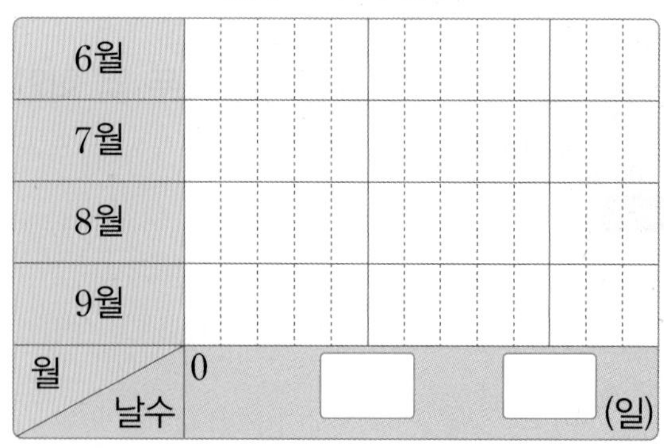

12~14 은주네 반 학생들의 혈액형을 조사하여 나타낸 막대그래프입니다. 물음에 답해 보세요.

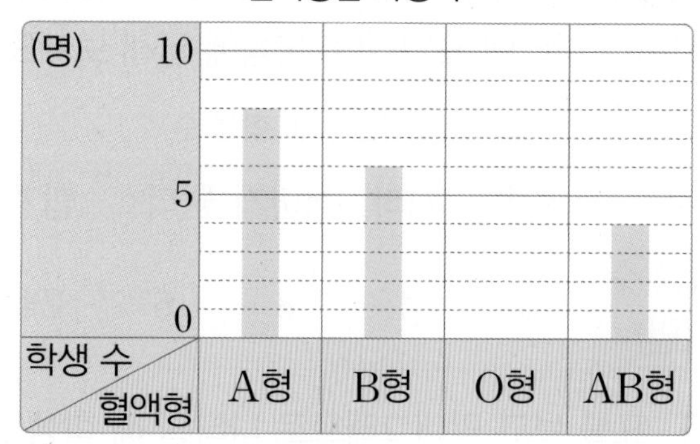

AI가 뽑은 정답률 낮은 문제

12 은주네 반 학생 수가 25명일 때 혈액형이 O형인 학생은 몇 명인지 그래프를 완성해 보세요.

100쪽 유형 5

서술형

13 그래프를 보고 잘못 설명한 것을 찾아 기호를 쓰고 바르게 고쳐 보세요.

㉠ 세로 눈금 한 칸은 1명을 나타냅니다.
㉡ A형인 학생 수는 B형인 학생 수의 2배입니다.
㉢ 학생 수가 두 번째로 많은 혈액형은 O형입니다.

답

14 학생 수가 많은 혈액형부터 차례대로 써 보세요.

( )

15~18 준혁이네 학교 4학년 학생들이 좋아하는 운동을 조사하여 나타낸 막대그래프입니다. 물음에 답해 보세요.

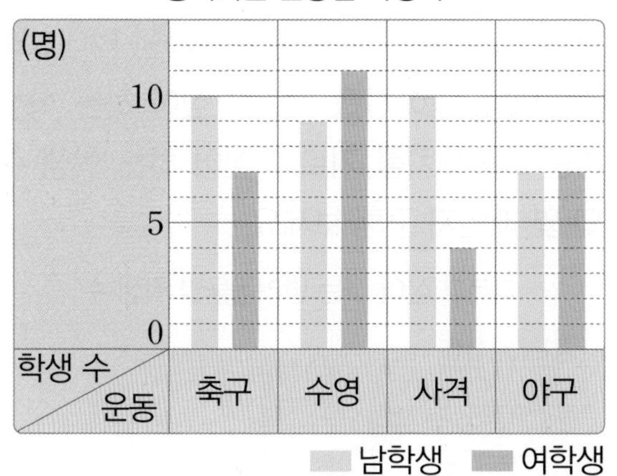

15 축구를 좋아하는 학생은 모두 몇 명인지 구해 보세요.

( )

AI가 뽑은 정답률 낮은 문제

16 좋아하는 운동별 남학생 수와 여학생 수의 차가 가장 큰 운동은 무엇인지 구해 보세요.

102쪽 유형 8

( )

서술형

17 가장 적은 남학생들이 좋아하는 운동은 무엇인지 풀이 과정을 쓰고 답을 구해 보세요.

풀이

답

18 가장 많은 여학생들이 좋아하는 운동은 무엇인지 구해 보세요.

( )

19 정현이네 아파트에서 오늘 하루 동안 배출된 동별 일반 쓰레기 양을 조사하여 나타낸 막대그래프입니다. 각 동의 사람 수가 같을 때 일반 쓰레기의 양을 줄이는 데 가장 많이 노력해야 하는 동은 어느 동인지 구해 보세요.

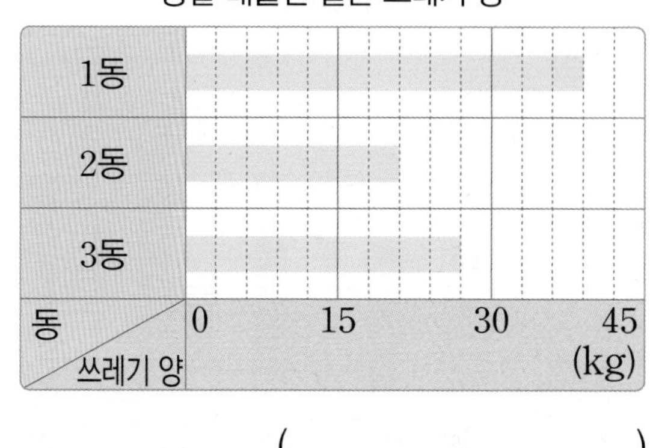

( )

AI가 뽑은 정답률 낮은 문제

20 승윤이네 반 학생들이 좋아하는 색깔을 조사하여 나타낸 막대그래프입니다. 조사한 학생은 모두 24명이고, 빨강을 좋아하는 학생은 노랑을 좋아하는 학생보다 2명 더 많습니다. 막대그래프를 완성해 보세요.

103쪽 유형 9

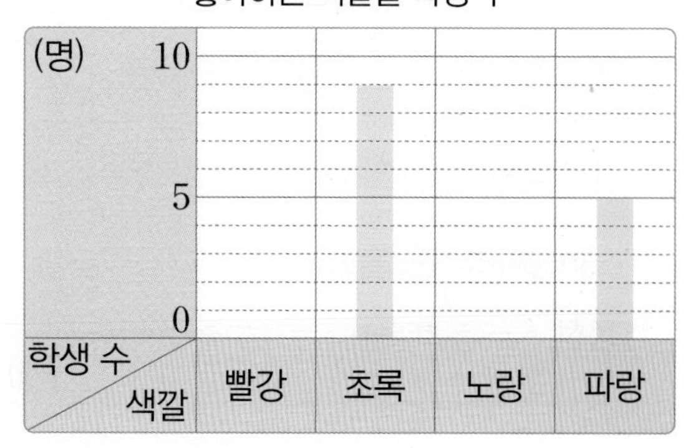

1회 8번 2회 20번 3회 4번

유형 1 눈금 한 칸의 크기 구하기

유빈이네 학교 4학년의 반별 학생 수를 조사하여 나타낸 막대그래프입니다. 세로 눈금 한 칸은 몇 명을 나타내는지 구해 보세요.

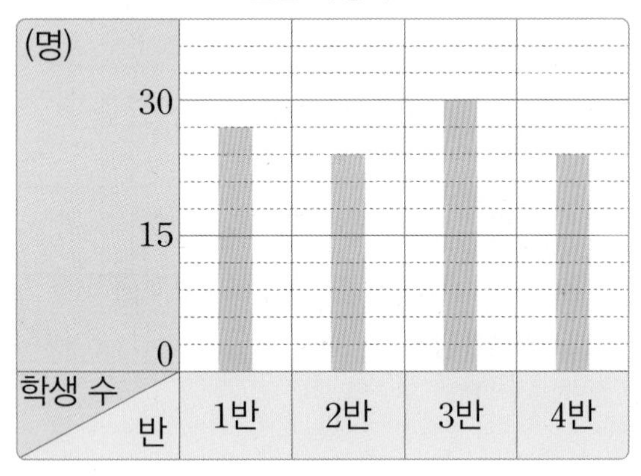

( )

Tip 세로 눈금 ▲칸이 ●명을 나타내면
(세로 눈금 한 칸의 크기)=●÷▲(명)이에요.

1-1 민수의 돼지 저금통에 들어 있는 동전 수를 조사하여 나타낸 막대그래프입니다. 500원짜리 동전이 50개라면 가로 눈금 한 칸은 몇 개를 나타내는지 구해 보세요.

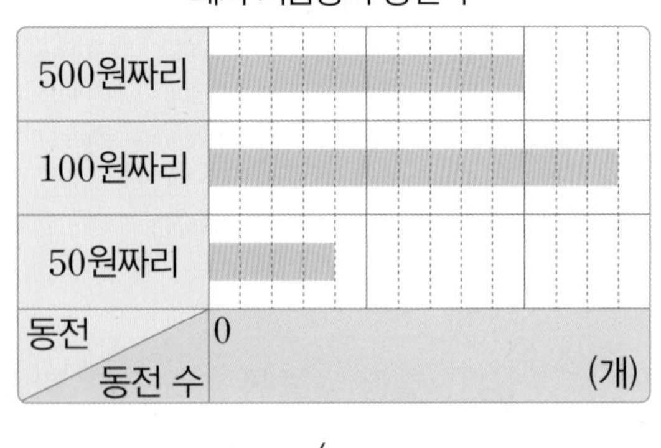

( )

1회 14번 2회 10번 3회 11번

유형 2 항목 사이의 수 비교하기

지호네 학교 4학년 학생들이 기르고 싶어 하는 반려동물을 조사하여 나타낸 막대그래프입니다. 강아지를 기르고 싶어 하는 학생 수는 고슴도치를 기르고 싶어 하는 학생 수의 몇 배인지 구해 보세요.

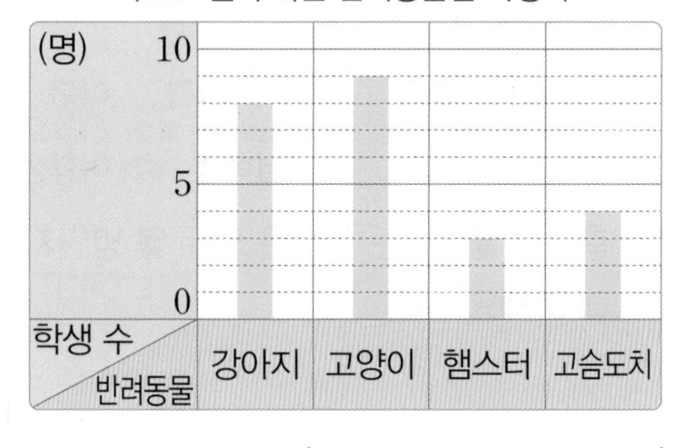

( )

Tip 강아지를 기르고 싶어 하는 학생 수와 고슴도치를 기르고 싶어 하는 학생 수를 알고
(강아지를 기르고 싶어 하는 학생 수)
÷(고슴도치를 기르고 싶어 하는 학생 수)로 계산해요.

2-1 어느 문구점의 월별 연필 판매량을 조사하여 나타낸 막대그래프입니다. 3월의 판매량은 6월의 판매량의 몇 배인지 구해 보세요.

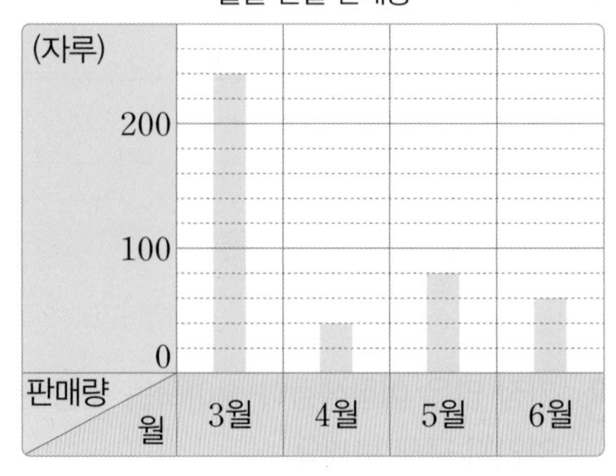

( )

2-2 효주네 반 학생들이 좋아하는 채소를 조사하여 나타낸 막대그래프입니다. 호박을 좋아하는 학생은 당근을 좋아하는 학생보다 몇 명 더 많은지 구해 보세요.

좋아하는 채소별 학생 수

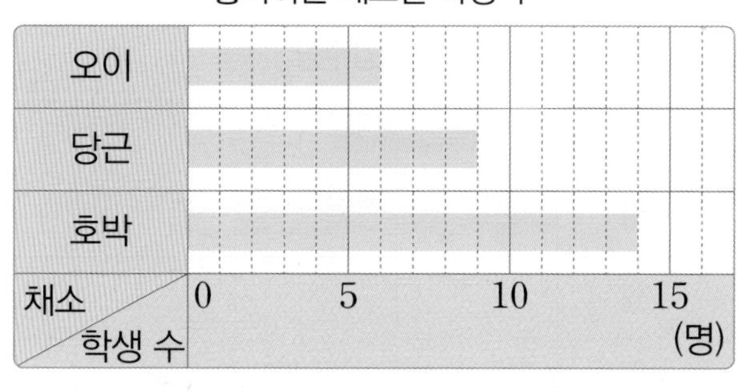

(　　　　　　　　)

🔗 2회 16번

유형 3 표와 막대그래프 완성하기

태형이네 반 학생들이 좋아하는 음식을 조사하여 나타낸 표입니다. 표를 완성하고 막대그래프로 나타내어 보세요.

좋아하는 음식별 학생 수

음식	떡국	비빔밥	불고기	닭갈비	합계
학생 수(명)	4	5	8		23

좋아하는 음식별 학생 수

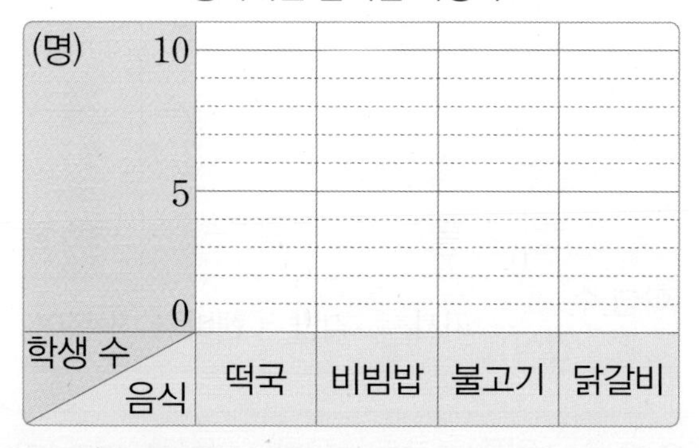

Tip 표에서 합계를 이용하여 모르는 항목의 수를 구하고 막대그래프로 나타내요.

3-1 어느 편의점의 일별 삼각김밥 판매량을 조사하여 나타낸 표입니다. 표를 완성하고 막대그래프로 나타내어 보세요.

일별 삼각김밥 판매량

일	1일	2일	3일	4일	합계
판매량(개)	14		10	16	52

일별 삼각김밥 판매량

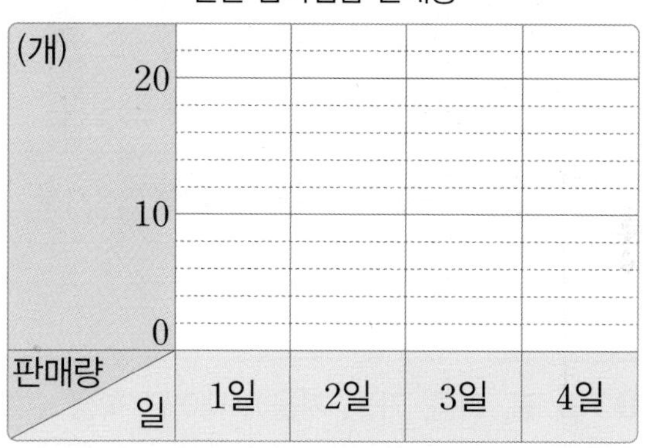

3-2 도연이네 학교 4학년 반별 안경을 쓴 학생 수를 조사하여 나타낸 표입니다. 표를 완성하고 막대그래프로 나타내어 보세요.

반별 안경을 쓴 학생 수

반	1반	2반	3반	합계
학생 수(명)		15	12	38

반별 안경을 쓴 학생 수

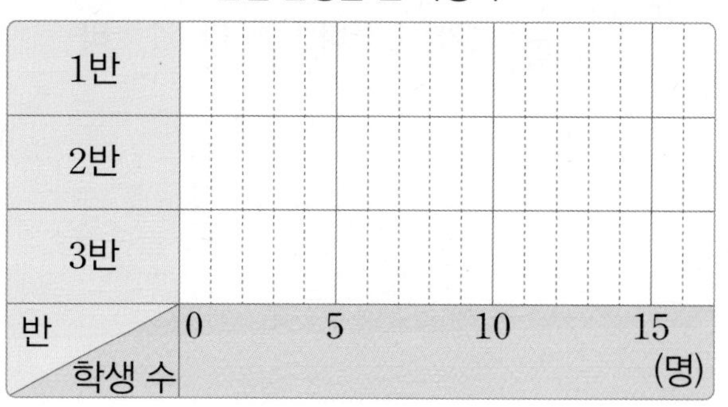

5 단원

2회 15번 3회 12번 4회 8번

유형 4 막대그래프에서 합계 구하기

영준이네 반 학생들이 태어난 계절을 조사하여 나타낸 막대그래프입니다. 영준이네 반 학생은 모두 몇 명인지 구해 보세요.

계절별 태어난 학생 수

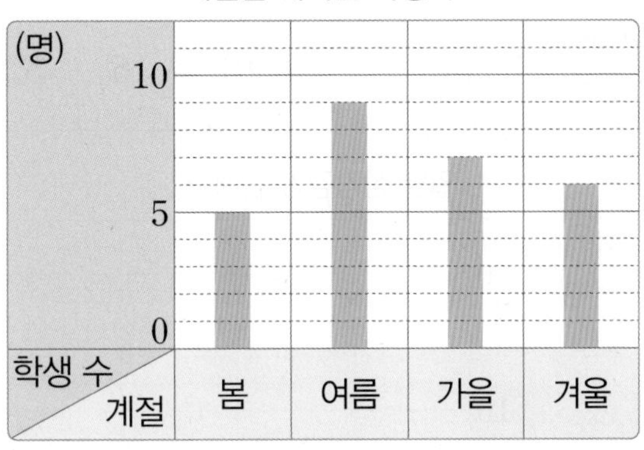

(　　　　　　　　　　)

Tip 봄, 여름, 가을, 겨울에 태어난 학생 수를 각각 구하여 모두 더하면 영준이네 반 전체 학생 수를 구할 수 있어요.

4-1 어느 마을의 고추 생산량을 조사하여 나타낸 막대그래프입니다. 네 마을에서 생산한 고추는 모두 몇 kg인지 구해 보세요.

마을별 고추 생산량

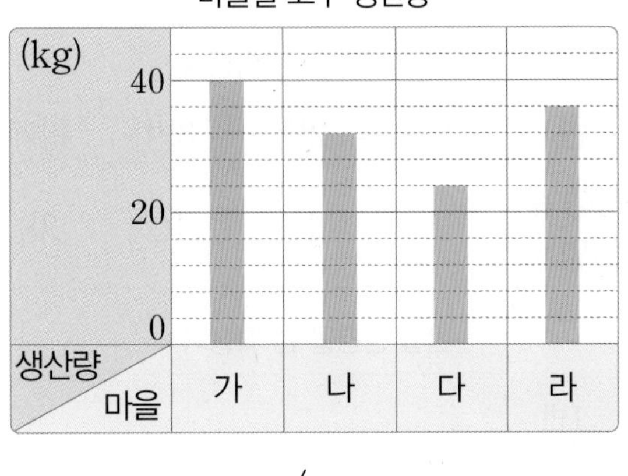

(　　　　　　　　　　)

4-2 어느 도시의 5월부터 8월까지의 강수량을 조사하여 나타낸 막대그래프입니다. 7월은 8월보다 비가 30 mm 더 많이 왔다면 5월부터 8월까지 강수량은 모두 몇 mm인지 구해 보세요.

월별 강수량

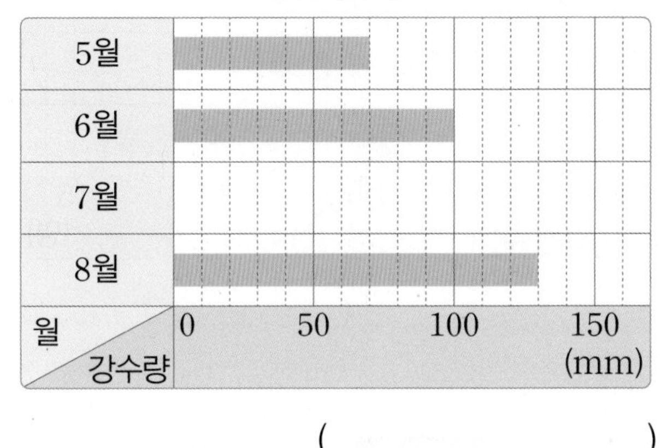

(　　　　　　　　　　)

4회 12번

유형 5 막대그래프 완성하기

태린이네 학교 학생 25명이 좋아하는 간식별 학생 수를 조사하여 나타낸 막대그래프입니다. 막대그래프를 완성해 보세요.

좋아하는 간식별 학생 수

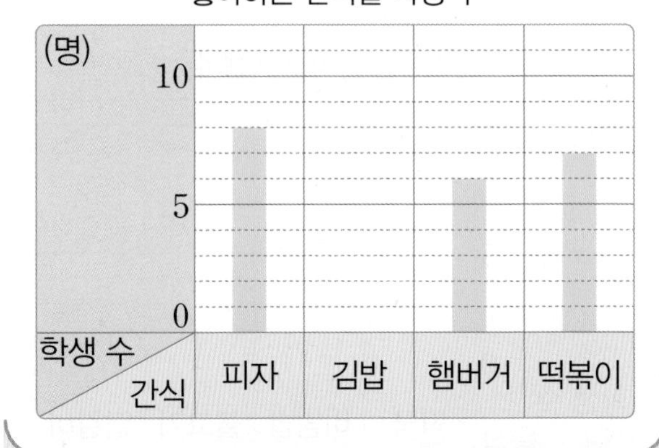

Tip 피자, 김밥, 햄버거, 떡볶이를 좋아하는 학생은 모두 25명이에요. 김밥을 좋아하는 학생 수를 구하여 막대그래프를 완성해요.

5-1 수현이가 요일별 운동한 시간을 조사하여 나타낸 막대그래프입니다. 5일 동안 운동한 시간이 250분일 때 막대그래프를 완성해 보세요.

요일별 운동한 시간

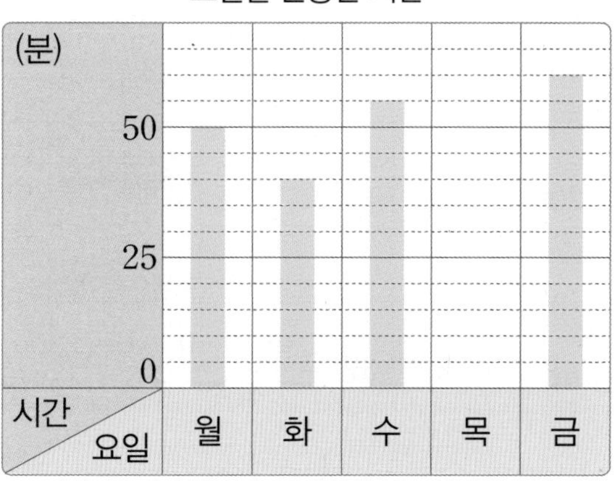

5-2 꽃집에 있는 꽃을 조사하여 나타낸 막대그래프입니다. 꽃집에 있는 꽃이 92송이일 때 막대그래프를 완성해 보세요.

종류별 꽃 수

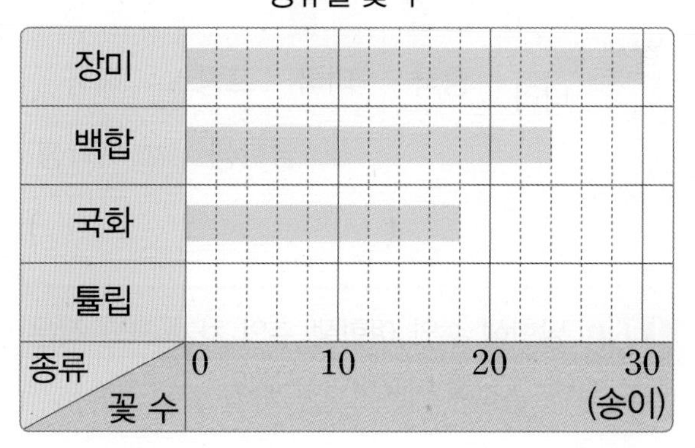

1회 20번 | 4회 11번

유형 6 눈금 한 칸의 크기가 다른 막대그래프로 나타내기

막대그래프를 보고 세로 눈금 한 칸이 2일을 나타내는 막대그래프로 나타내어 보세요.

날씨별 날수

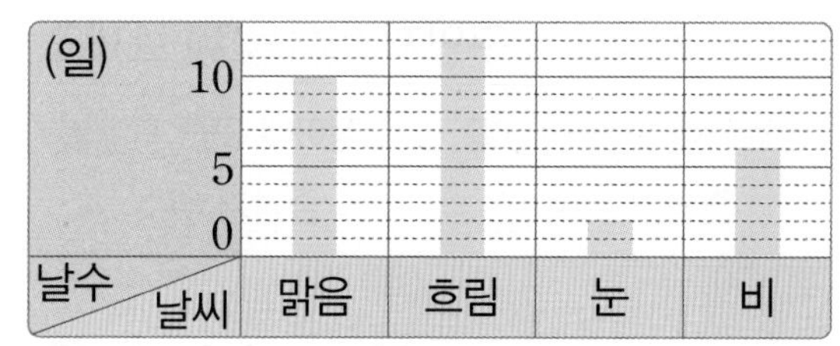

날씨별 날수

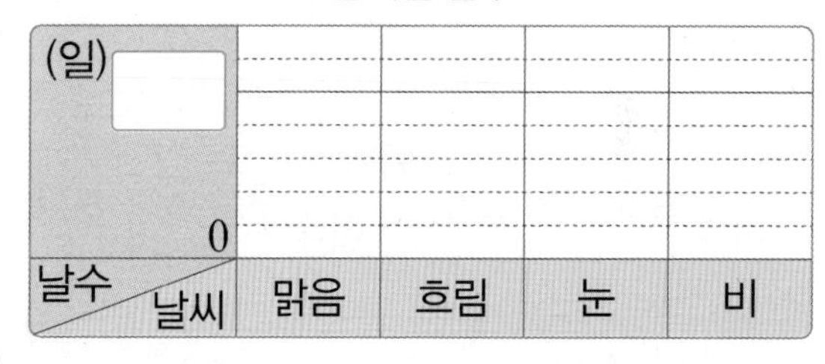

Tip 세로 눈금 한 칸이 1일일 때 4일은 4칸으로 나타내고 세로 눈금 한 칸이 ●일일 때 4일은 (4 ÷ ●)칸으로 나타내요.

6-1 막대그래프를 보고 가로 눈금 한 칸이 3명을 나타내는 막대그래프로 나타내어 보세요.

받고 싶어 하는 선물별 학생 수

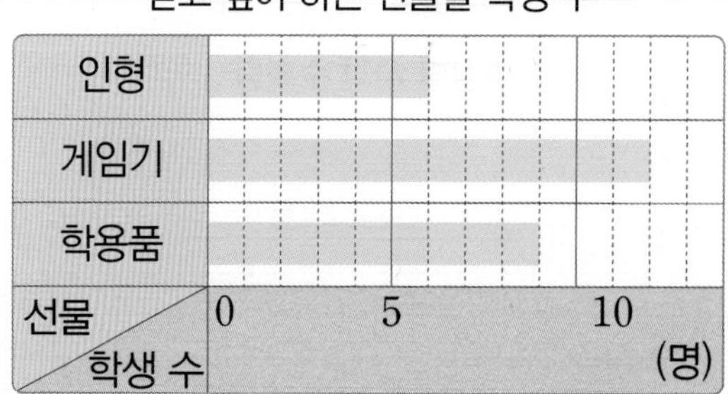

받고 싶어 하는 선물별 학생 수

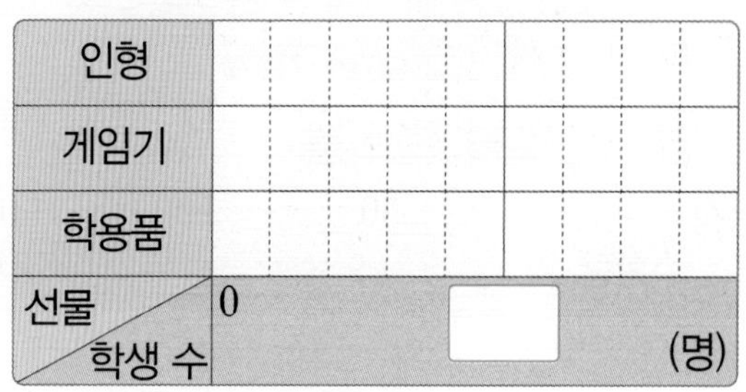

1회 18번 2회 19번

유형 7 눈금 한 칸의 크기가 다른 막대그래프의 내용 알아보기

상윤이네 모둠과 수정이네 모둠 학생들의 줄넘기 횟수를 조사하여 나타낸 막대그래프입니다. 두 모둠 학생 중에서 줄넘기를 가장 많이 한 사람은 누구인지 이름을 써 보세요.

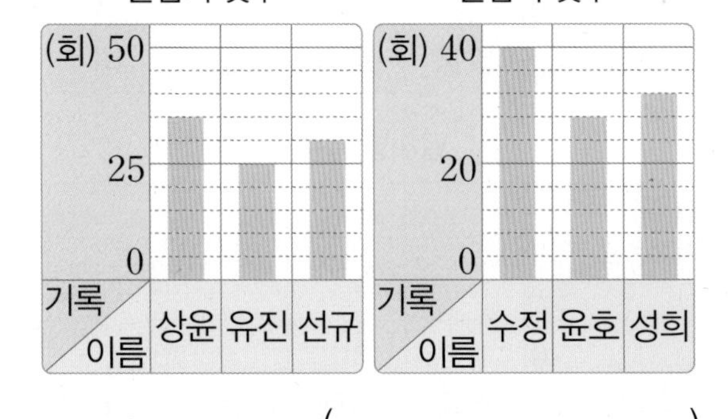

( )

Tip 칸의 수가 같아도 세로 눈금 한 칸의 크기가 다르면 횟수가 다름을 생각하여 줄넘기 횟수를 각각 구해요.

7-1 농장별 사과 수확량을 조사하여 나타낸 막대그래프입니다. 사과 수확량이 가장 적은 농장을 찾아 써 보세요.

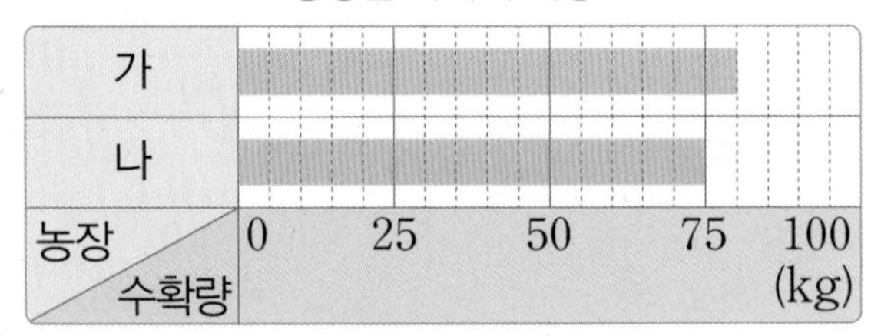

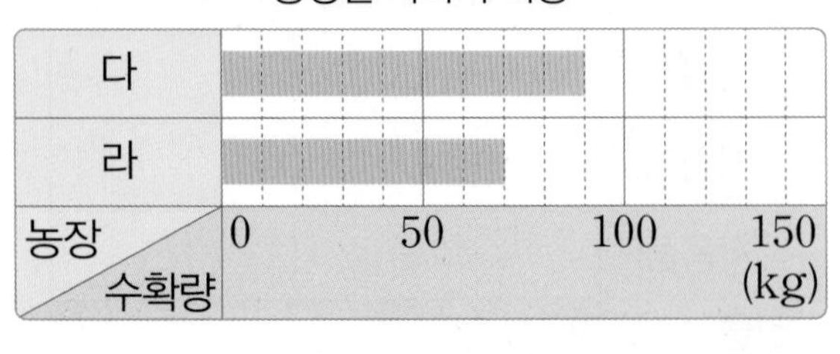

( )

7-2 연호네 학교 4학년 반별 학급 문고에 있는 책 수를 조사하여 나타낸 막대그래프입니다. 책 수가 가장 많은 반은 가장 적은 반보다 몇 권 더 많은지 구해 보세요.

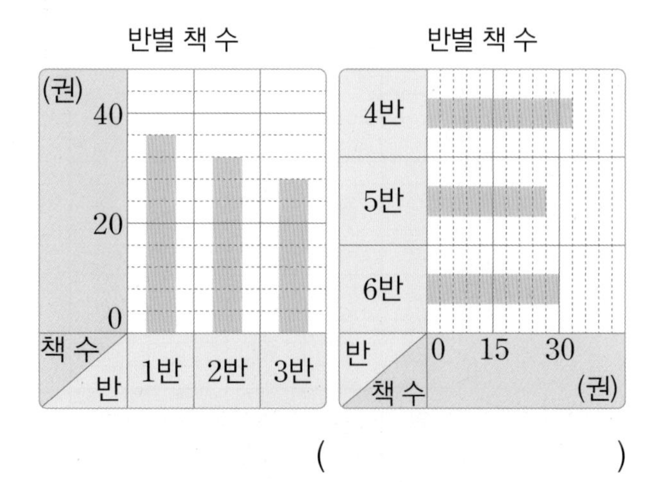

( )

3회 17번 4회 16번

유형 8 두 가지 항목을 나타낸 막대그래프 해석하기

나은이네 학교 4학년 학생들이 여행 가고 싶어 하는 나라를 조사하여 나타낸 막대그래프입니다. 남학생 수와 여학생 수의 차가 가장 큰 나라는 어디인지 구해 보세요.

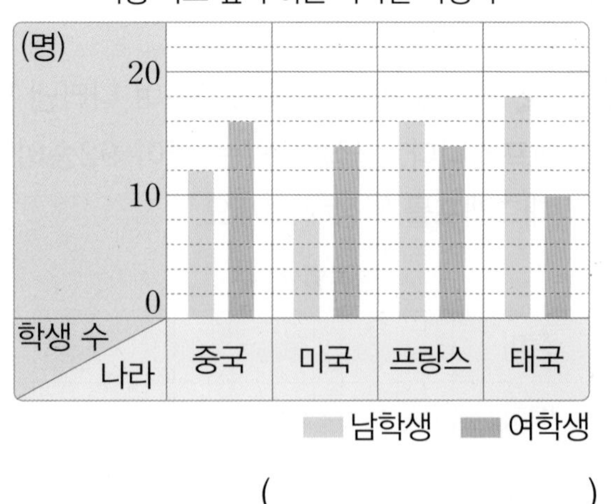

( )

Tip 남학생 수와 여학생 수의 차가 크고 작은 것은 막대 칸 수를 비교하여 구해요.

8-1 정호네 모둠 학생들의 국어와 수학 점수를 조사하여 나타낸 막대그래프입니다. 국어 점수와 수학 점수의 차가 가장 작은 학생은 누구인지 구해 보세요.

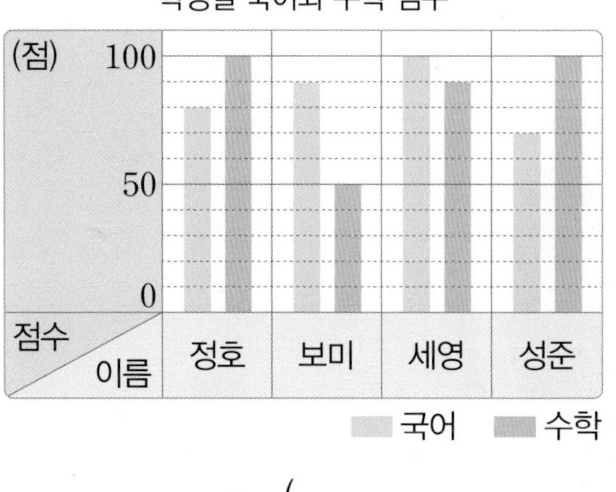

(　　　　　　　　　)

8-2 상현이네 학교 4학년 반별로 딸기 수확 체험 학습에 참여한 남학생과 여학생 수를 조사하여 나타낸 막대그래프입니다. 체험 학습에 참여한 남학생 수와 여학생 수의 차가 가장 큰 반은 몇 반인지 구해 보세요.

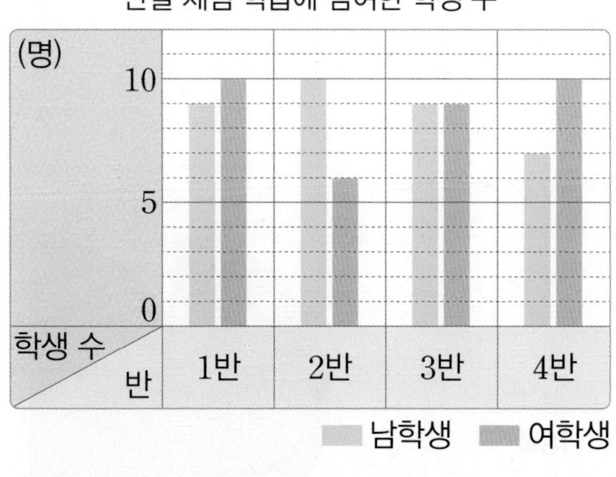

(　　　　　　　　　)

4회 20번

유형 9 조건에 맞게 막대그래프 그리기

승재네 반 학생들의 장래 희망을 조사하여 나타낸 막대그래프입니다. 조사한 학생은 모두 28명이고, 장래 희망이 운동 선수인 학생은 기자인 학생보다 3명 더 많습니다. 막대그래프를 완성해 보세요.

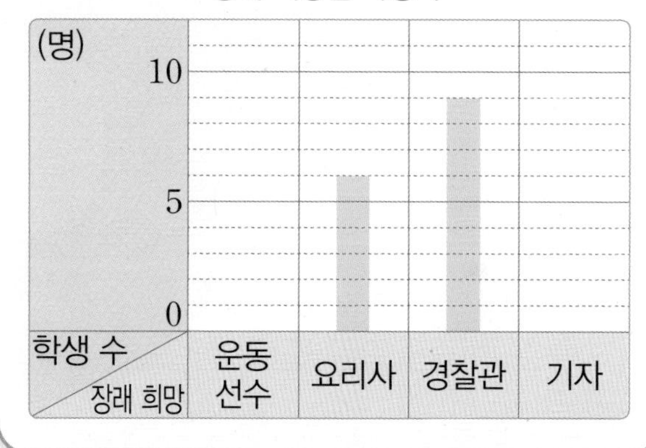

Tip 장래 희망이 기자인 학생 수를 □명이라 하면 운동 선수인 학생은 (□+3)명으로 나타내요.

9-1 어느 영화 상영관의 입장객 수를 조사하여 나타낸 막대그래프입니다. 입장객은 모두 300명이고, 2관 입장객 수는 3관 입장객 수보다 20명 더 많습니다. 막대그래프를 완성해 보세요.

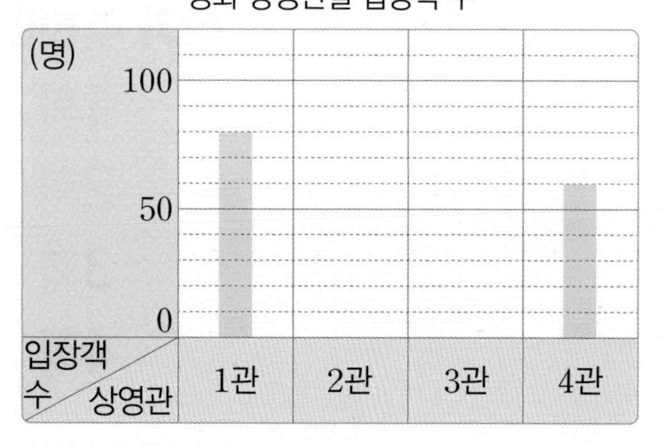

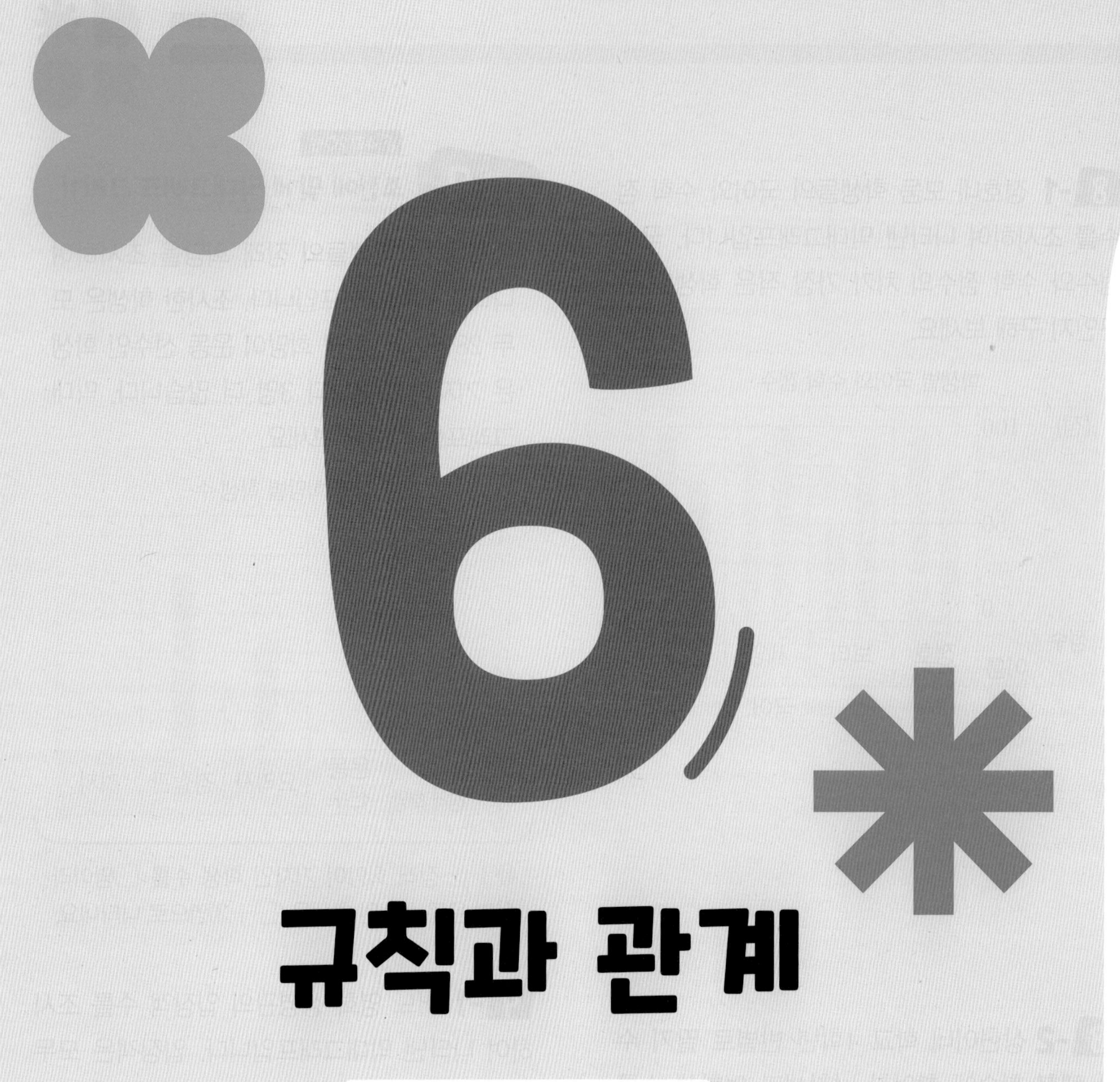

6 규칙과 관계

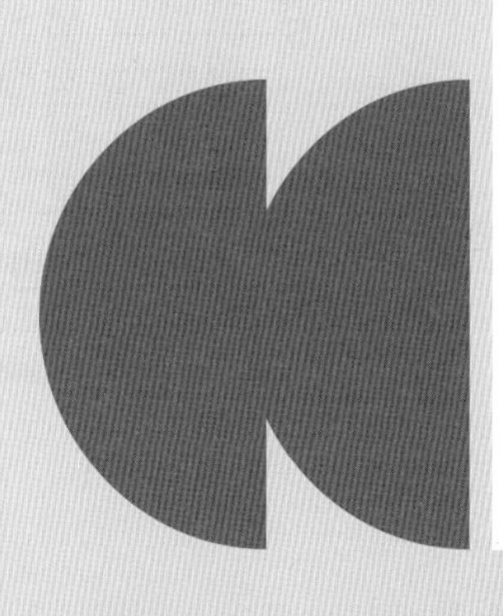

개념정리 6단원 규칙과 관계

개념 1 수의 배열에서 규칙 찾기

◆수의 배열에서 규칙 찾기

103	104	105	106	107	108
203	204	205	206	207	208
303	304	305	306	307	308

• → 방향으로 1씩 커집니다.

• ↓ 방향으로 ☐씩 커집니다.

◆수의 배열에서 규칙을 찾아 식으로 나타내기

4	8	16	32	64
12	24	48	96	192
36	72	144	288	576

• → 방향으로 2배가 됩니다.
➜ $4\times2=8$, $8\times2=16$, $16\times2=32$……

• ↓ 방향으로 3배가 됩니다.
➜ $4\times3=12$, $8\times3=24$, $16\times3=48$……

개념 2 도형의 배열에서 규칙 찾기

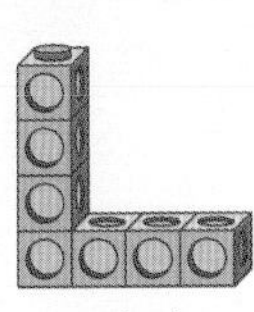

첫째 둘째 셋째 넷째

◆도형의 배열에서 규칙 찾기

모형의 수는 1개, 3개, 5개, 7개……로 ☐개씩 늘어나는 규칙입니다.

◆도형의 배열에서 규칙을 찾아 식으로 나타내기

	첫째	둘째	셋째	넷째
모형의 수	1	1+2	1+2+2	1+2+2+2

개념 3 덧셈식과 뺄셈식에서 규칙 찾기

$1+5=6$
$2+4=6$
$3+3=6$

합이 같을 때 더해지는 수가 1씩 커지면 더하는 수는 1씩 작아집니다.

$5-1=4$
$6-2=4$
$7-3=4$

차가 같을 때 빼지는 수가 1씩 커지면 빼는 수도 ☐씩 커집니다.

개념 4 곱셈식과 나눗셈식에서 규칙 찾기

$10\times20=200$
$20\times20=400$
$30\times20=600$

10씩 커지는 수에 20을 곱하면 계산 결과는 ☐씩 커집니다.

$600\div2=300$
$600\div4=150$
$600\div8=75$

600을 2배씩 커지는 수로 나누면 계산 결과는 반으로 줄어듭니다.

개념 5 크기가 같은 두 양을 등호로 나타내기

$4+11=5+10$과 같이 크기가 같은 두 양의 관계를 ☐을/를 사용하여 식으로 나타낼 수 있습니다.

정답 ❶ 100 ❷ 2 ❸ 1 ❹ 200 ❺ 등호

6 단원

점수

118~123쪽에서 같은 유형의 문제를 더 풀 수 있어요.

01~02 수 배열표를 보고 물음에 답해 보세요.

1001	1011	1021	1031
2001	2011	2021	2031
3001	3011	3021	

01 □로 표시된 칸에서 규칙을 찾아보세요.

규칙 ▶ 2001부터 오른쪽으로 □씩 커집니다.

02 빈칸에 알맞은 수를 써넣으세요.

03 보기에서 □ 안에 알맞은 식을 골라 등호를 사용한 식을 완성해 보세요.

보기

$16-5$ 2×6 $7+6$

$4+9=$□

04 수 배열표를 보고 바르게 설명한 것에 ○표 해 보세요.

3	9	27	81
12	36	108	324
48	144	432	1296
192	576	1728	5184

3부터 4씩 곱한 수가 ↓ 방향에 있습니다. ( )

3부터 6씩 곱한 수가 ↘ 방향에 있습니다. ( )

05~06 덧셈을 이용한 수 배열표를 보고 물음에 답해 보세요.

+	5	6	7	8	9
11	16	17	18	19	20
22	27	28	29	30	31
33	38	39	40	41	
44	49	50			■

05 수 배열의 규칙을 찾아보세요.

규칙 ▶ 16부터 ↘ 방향으로 □씩 커집니다.

06 ■에 알맞은 수를 구해 보세요.

( )

07 곱셈식의 규칙에 따라 □ 안에 알맞은 수를 써넣으세요.

$111\times2=222$

$111\times4=444$

$111\times6=$□

AI가 뽑은 정답률 낮은 문제

08 좌석표에서 좌석 번호의 규칙을 찾아 빈 곳에 알맞은 좌석을 써넣으세요.

119쪽 유형 3

라6	라7	라8	라9	
다6	다7	다8	다9	다10
나6	나7	나8	나9	나10
가6	가7	가8	가9	가10

09~10 도형의 배열을 보고 물음에 답해 보세요.

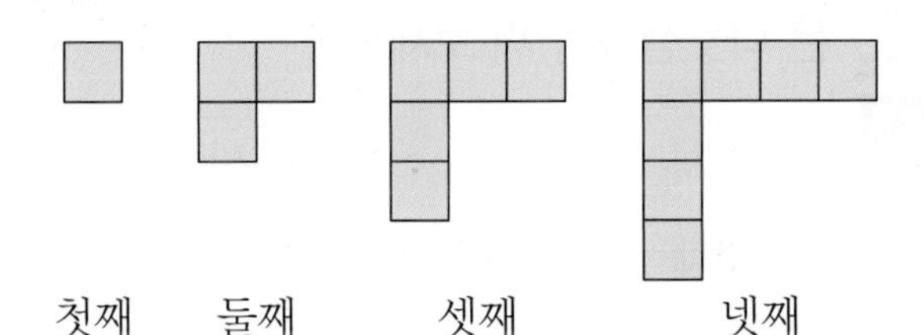

첫째 둘째 셋째 넷째

09 도형의 배열에서 규칙을 찾아보세요.

규칙 ▶ 사각형은 1개에서 시작하여 앞의 도형보다 오른쪽과 아래쪽에 각각 □개씩 늘어납니다.

10 다섯째에 알맞은 도형에 ○표 해 보세요.

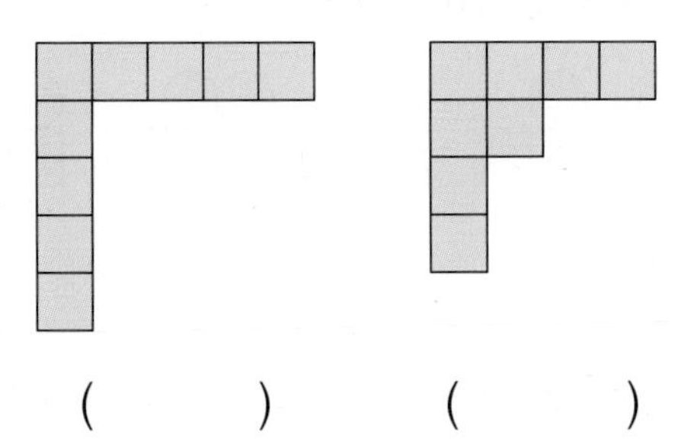

(　　　) (　　　)

AI가 뽑은 정답률 낮은 문제 서술형

11 수의 배열에서 규칙을 찾아 쓰고 빈 곳에 알맞은 수를 써넣으세요.

118쪽 유형 1

9 - 45 - 225 - □ - 5625

규칙 ▶

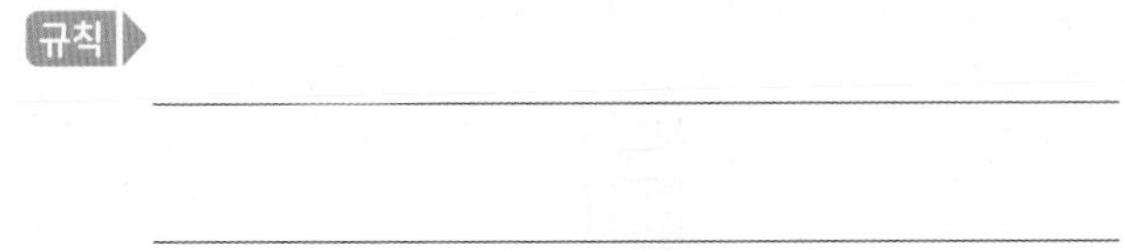

12 □ 안에 알맞은 수를 써넣어 등호를 사용한 식을 완성해 보세요.

$1+15=4+\square$

$3+16=\square+13$

$5+17=8+\square$

13~14 계산식을 보고 설명에 맞는 계산식을 찾아 기호를 써 보세요.

㉠	㉡
$312+220=532$ $312+320=632$ $312+420=732$	$458-111=347$ $468-121=347$ $478-131=347$

㉢	㉣
$101+130=231$ $201+230=431$ $301+330=631$	$767-103=664$ $766-104=662$ $765-105=660$

13 더해지는 수가 일정하고 더하는 수가 100씩 커지는 두 수의 합은 100씩 커집니다.

(　　　　　　)

14 빼지는 수가 1씩 작아지고 빼는 수가 1씩 커지는 두 수의 차는 2씩 작아집니다.

(　　　　　　)

6 단원

15~16 걷기 대회 참가 번호의 배열을 보고 물음에 답해 보세요.

610	510	410	310
611	511	411	311
612	512	412	312
613	513	413	313
614	514	414	314

15 파란색으로 색칠된 수에서 규칙을 찾아 알맞은 말에 ○표 해 보세요.

규칙 → 방향으로 연속된 두 수의 차는 (같습니다 , 다릅니다).

AI가 뽑은 정답률 낮은 문제

16 → 방향에서 규칙적인 계산식을 찾아 □ 안에 알맞은 수를 써넣으세요.

123쪽 유형10

$510-410=411-311$

$511-411=\square-312$

$512-\square=413-313$

AI가 뽑은 정답률 낮은 문제

17 규칙적인 덧셈식을 보고 □ 안에 알맞은 덧셈식을 써넣으세요.

122쪽 유형 8

$4000+8000=12000$

$4000+18000=22000$

$4000+28000=32000$

$4000+38000=42000$

□

AI가 뽑은 정답률 낮은 문제

18 규칙적인 나눗셈식을 보고 다섯째에 알맞은 나눗셈식을 써 보세요.

122쪽 유형 9

순서	나눗셈식
첫째	$111111\div11=10101$
둘째	$222222\div11=20202$
셋째	$333333\div11=30303$
넷째	$444444\div11=40404$
다섯째	

19~20 도형으로 만든 모양의 배열에서 규칙을 찾아 물음에 답해 보세요.

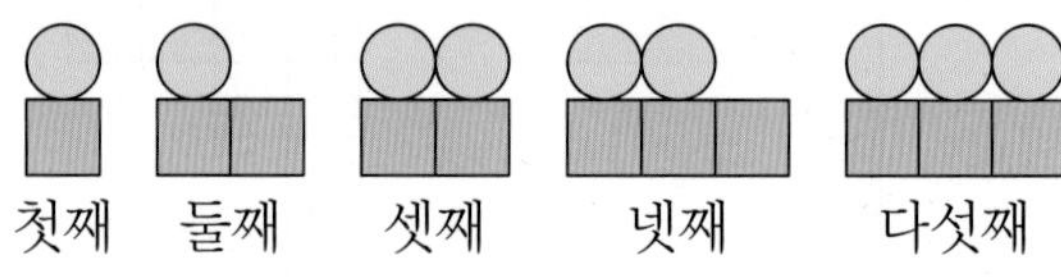

서술형

19 도형의 배열의 규칙을 찾아 써 보세요.

규칙

20 여섯째에 알맞은 모양은 ○과 □이 각각 몇 개인지 구해 보세요.

○ (　　　　)

□ (　　　　)

점수

118~123쪽에서 같은 유형의 문제를 더 풀 수 있어요.

01~02 수 배열표를 보고 물음에 답해 보세요.

425	525	625	725
2425	2525	2625	2725
4425	4525	4625	4725

01 ← 방향에서 규칙을 찾아보세요.

규칙 ▶ 2725부터 ← 방향으로 □ 씩 작아집니다.

02 ↑ 방향에서 규칙을 찾아보세요.

규칙 ▶ 4625부터 ↑ 방향으로 □ 씩 작아집니다.

03 규칙적인 덧셈식을 보고 □ 안에 알맞은 수를 써넣으세요.

$105+213=318$
$115+223=338$
$125+233=358$
$135+243=378$

규칙 ▶ 더해지는 수가 □ 씩 커지고, 더하는 수가 □ 씩 커지는 두 수의 합은 □ 씩 커집니다.

04 보기에서 크기가 같은 두 양을 골라 등호를 사용한 식으로 나타내어 보세요.

보기
$5+8$ 4×3 $20-7$

□ = □

05 색칠된 칸에서 규칙적인 계산식을 찾아 □ 안에 알맞은 식을 써넣으세요.

2	6	10	14	18	22
3	7	11	15	19	23
4	8	12	16	20	24

$22-14=18-10$
$19-11=15-7$
□

06 ●에 알맞은 수를 구하려고 합니다. □ 안에 알맞은 수를 써넣으세요.

$50-25=40-●$

빼지는 수가 50에서 40으로 10만큼 작아졌으므로 빼는 수도 25에서 □ 만큼 작아져야 합니다. 따라서 ●에 알맞은 수는 □ 입니다.

AI가 뽑은 정답률 낮은 문제

07 수의 배열에서 규칙을 찾아 빈 곳에 알맞은 수를 써넣으세요.

118쪽 유형 1

4155 — 4165 — 4175 — ( ) — 4195 — ( )

08 □ 안에 알맞은 수를 써넣어 등호를 사용한 식을 완성해 보세요.

$48\div8=12\div□$

6 단원

09~10 나눗셈을 이용한 수 배열표를 보고 물음에 답해 보세요.

÷	60	120	180	240
60	1	2	3	4
30	2	4	6	8
20	3	6		12

09 수 배열표의 규칙을 찾아보세요.

규칙 ▶ 두 수의 나눗셈의 ☐ 을/를 썼습니다.

AI가 뽑은 정답률 낮은 문제

10 수 배열표의 빈칸에 알맞은 수를 써넣으세요.

118쪽 유형 2

AI가 뽑은 정답률 낮은 문제 서술형

11 달력을 보고  안에 있는 수를 이용하여 규칙적인 계산식을 만든 것입니다. 계산식이 될 수 없는 것을 찾아 기호를 쓰고 바르게 고쳐 보세요.

120쪽 유형 6

일	월	화	수	목	금	토
	1	2	3	4	5	6
7	8	9	10	11	12	13
14	15	16	17	18	19	20
21	22	23	24	25	26	27
28	29	30				

㉠ $22+14=21+15$
㉡ $23+15=22+16$
㉢ $24+18=23+17$

답 ▶

12~13 계산식을 보고 설명에 맞는 계산식을 찾아 기호를 써 보세요.

㉠
$30\times20=600$
$30\times21=630$
$30\times22=660$

㉡
$360\div3=120$
$660\div3=220$
$960\div3=320$

㉢
$10\times40=400$
$20\times40=800$
$30\times40=1200$

㉣
$280\div2=140$
$560\div4=140$
$840\div6=140$

12 300씩 커지는 수를 3으로 나누면 계산 결과는 100씩 커집니다.

( )

13 30에 1씩 커지는 수를 곱하면 계산 결과는 30씩 커집니다.

( )

14 규칙적인 계산식을 보고 다섯째 빈칸에 알맞은 계산식을 써넣으세요.

순서	계산식
첫째	$600-100+200=700$
둘째	$500-100+300=700$
셋째	$400-100+400=700$
넷째	$300-100+500=700$
다섯째	

15~16 사각형으로 만든 모양의 배열을 보고 물음에 답해 보세요.

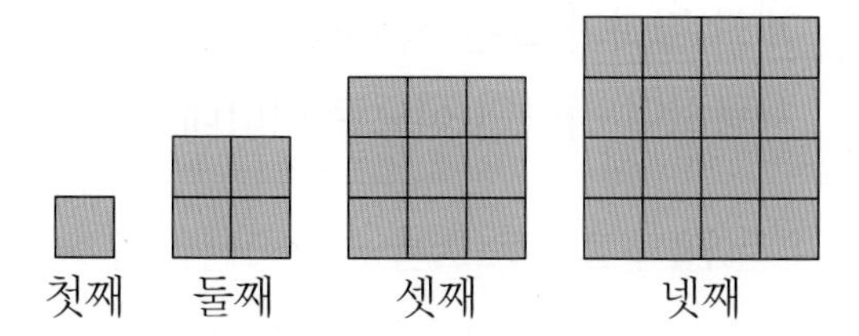

15 규칙에 따라 사각형의 수를 식으로 나타낸 것입니다. 빈 곳에 알맞은 식을 써넣으세요.

첫째	둘째	셋째	넷째
1×1	2×2	3×3	

AI가 뽑은 정답률 낮은 문제

16 다섯째에 알맞은 모양을 그려 보세요.

119쪽 유형 4

AI가 뽑은 정답률 낮은 문제

17 규칙적인 나눗셈식을 보고 ☐ 안에 알맞은 나눗셈식을 써넣으세요.

122쪽 유형 9

$111\div37=3$
$222\div37=6$
$333\div37=9$
$444\div37=12$
$555\div37=15$
☐

AI가 뽑은 정답률 낮은 문제 

18 수 배열표에서 규칙에 따라 ●에 알맞은 수를 구하려고 합니다. 풀이 과정을 쓰고 답을 구해 보세요.

120쪽 유형 5

2105	2106	2107	2108
3205	3206	3207	3208
4305	4306	4307	
5405	●		
6505			

풀이

답

19~20 도형으로 만든 정사각형 모양의 배열을 보고 물음에 답해 보세요.

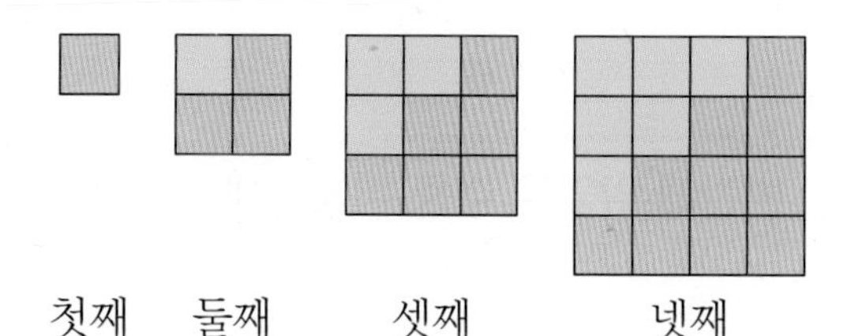

19 다섯째에 알맞은 모양의 기호를 써 보세요.

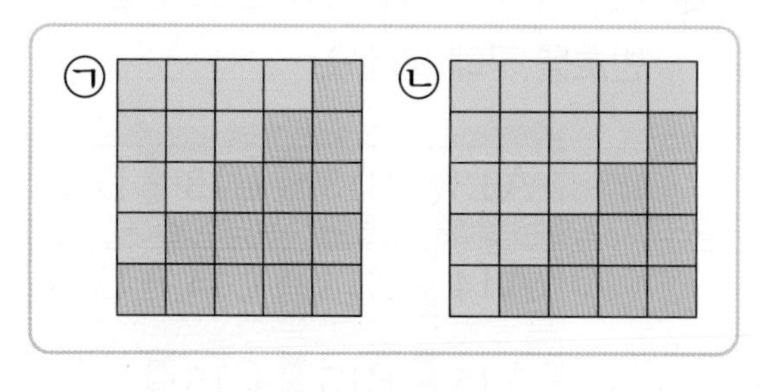

(　　　　　)

AI가 뽑은 정답률 낮은 문제

20 여섯째에 알맞은 모양에서 파란색 사각형은 몇 개인지 구해 보세요.

121쪽 유형 7

(　　　　　)

6 단원

점수

118~123쪽에서 같은 유형의 문제를 더 풀 수 있어요.

01~03 수 배열표를 보고 물음에 답해 보세요.

3004	3014	3024	3034	
4004	4014	4024	4034	4044
5004	5014		5034	5044
6004	6014	6024	6034	6044

01 ☐로 표시된 칸에서 규칙을 찾아보세요.

규칙 3034부터 아래쪽으로 ☐ 씩 커집니다.

02 색칠된 칸에서 규칙을 찾아보세요.

규칙 6044부터 ↖ 방향으로 ☐ 씩 작아집니다.

03 빈칸에 알맞은 수를 써넣으세요.

04 카드에서 규칙을 찾고 빈 곳에 알맞은 카드 번호를 구해 보세요.

A13	B13	C13	D13
A14	B14	C14	D14
A15	B15	C15	
A16	B16	C16	D16

( )

05 계산 결과가 같은 식끼리 이어 보고 등호를 사용하여 하나의 식으로 나타내어 보세요.

$14+2$ 7×2

$22-8$ 4×4

식

06~07 곱셈을 이용한 수 배열표를 보고 물음에 답해 보세요.

	201	203	205	207	209
2	2	6	0	4	8
4	4	2	0	■	6
6	6	8	0	2	4
8	8	●	0	6	2

06 수 배열의 규칙을 찾아 알맞은 말에 ○표 해 보세요.

규칙 두 수의 곱에서 (일 , 십 , 백)의 자리 숫자를 씁니다.

AI가 뽑은 정답률 낮은 문제

07 ■, ●에 알맞은 수를 각각 구해 보세요.

118쪽 유형 2

■ ( ), ● ( )

08 뺄셈식의 규칙에 따라 ☐ 안에 알맞은 수를 써넣으세요.

$627-113=514$

$527-113=414$

$\square-113=314$

$327-113=\square$

09~10 바둑돌의 배열을 보고 물음에 답해 보세요.

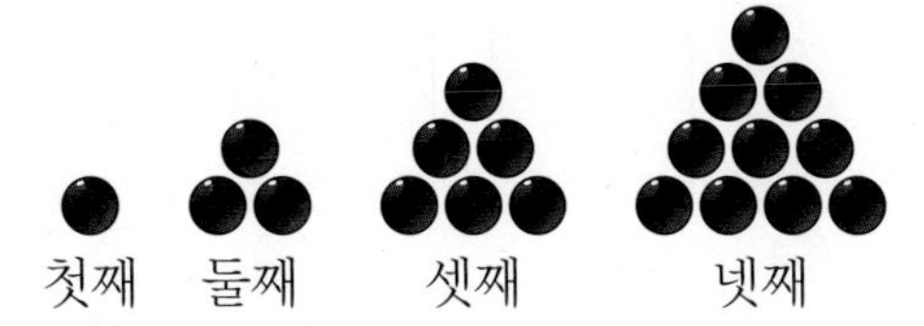

09 바둑돌의 배열에서 규칙을 찾아보세요.

규칙▶ 바둑돌의 수가 ☐개에서 시작하여 3개, 6개, ☐개……로 바둑돌의 수가 2개, 3개, ☐개…… 늘어납니다.

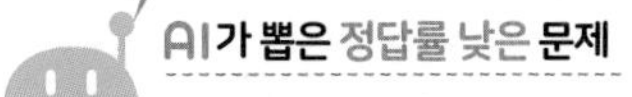

10 일곱째에 올 모양에서 바둑돌은 몇 개인지 풀이 과정을 쓰고 답을 구해 보세요.

풀이▶

답▶

11 등호를 사용한 식을 잘못 나타낸 것의 기호를 쓰고, 그 이유를 써 보세요.

㉠ $8\times3=4\times9$
㉡ $16+4=13+7$

답▶

12~13 계산식을 보고 물음에 답해 보세요.

㉠	㉡
$481-211=270$	$101+157=258$
$581-211=370$	$201+257=458$
$681-211=470$	$301+357=658$

12 설명에 맞는 계산식을 찾아 기호를 써 보세요.

더하는 수와 더해지는 수가 각각 100씩 커지는 두 수의 합은 200씩 커집니다.

(　　　　　　)

13 바르게 말한 사람은 누구인지 이름을 써 보세요.

- 하준: ㉠에서 다음에 올 계산식은 $781-211=470$이야.
- 영미: ㉡에서 다음에 올 계산식은 $401+457=858$이야.

(　　　　　　)

AI가 뽑은 정답률 낮은 문제

14 사물함 번호의 배열에서 규칙적인 계산식을 찾아 써 보세요.

123쪽 유형10

42	43	44	45	46
52	53	54	55	56
62	63	64	65	66

$42+43+44+45+46=44\times5$

$52+53+54+55+56=$ ☐ $\times5$

6 단원

AI가 뽑은 정답률 낮은 문제

15 수 배열표에서 규칙에 따라 ★에 알맞은 수를 구해 보세요.

120쪽 유형 5

★			
	15487	16487	
	25487	26487	27487	28487
	35487	36487	37487	38487
		46487	47487	48487

(　　　　　　　　)

16 등호가 있는 식을 완성하려고 합니다. □ 안에 알맞은 수가 더 큰 것의 기호를 써 보세요.

㉠ $20 \div 4 = 10 \div \square$
㉡ $17 - 6 = 15 - \square$

(　　　　　　　　)

AI가 뽑은 정답률 낮은 문제

17 규칙적인 곱셈식을 보고 규칙에 따라 계산 결과가 7722가 되는 곱셈식을 써 보세요.

123쪽 유형 11

순서	곱셈식
첫째	$99 \times 12 = 1188$
둘째	$99 \times 23 = 2277$
셋째	$99 \times 34 = 3366$
넷째	$99 \times 45 = 4455$

식 ▶

18~19 도형으로 만든 모양의 배열을 보고 물음에 답해 보세요.

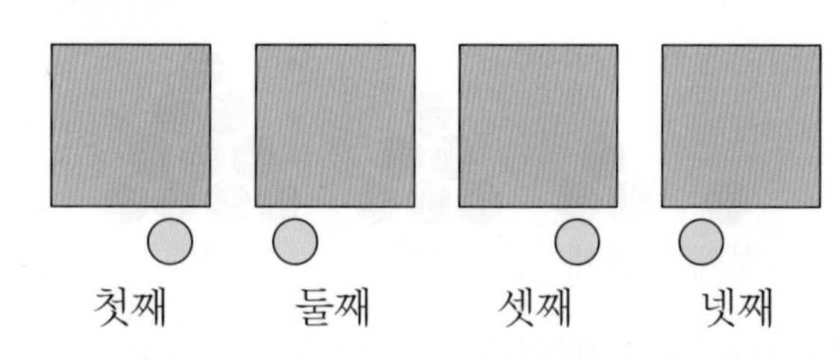

18 도형의 배열을 보고 규칙을 찾아보세요.

규칙 ▶ 원이 오른쪽, □(으)로 위치가 바뀝니다.

AI가 뽑은 정답률 낮은 문제

19 다섯째에 알맞은 모양을 그려 보세요.

119쪽 유형 4

20 보기의 규칙을 이용하여 나누는 수가 5일 때 □ 안에 알맞은 식을 써넣으세요.

보기

$2 \div 2 = 1$
$4 \div 2 \div 2 = 1$
$8 \div 2 \div 2 \div 2 = 1$
$16 \div 2 \div 2 \div 2 \div 2 = 1$

$5 \div 5 = 1$
$25 \div 5 \div 5 = 1$
$125 \div 5 \div 5 \div 5 = 1$
□

점수

118~123쪽에서 같은 유형의 문제를 더 풀 수 있어요.

01~02 수 배열표를 보고 물음에 답해 보세요.

10131	10132	10133	10134	10135
20131	20132	20133	20134	20135
30131	30132	30133	30134	30135

01 □로 표시된 칸에서 규칙을 찾아보세요.

30132부터 위쪽으로 [ ]씩 작아집니다.

02 색칠된 칸에서 규칙을 찾아보세요.

규칙 ▶ 10131부터 ↘ 방향으로 [ ]씩 커집니다.

03 규칙적인 곱셈식을 보고 □ 안에 알맞은 수나 말을 써넣으세요.

$11 \times 10 = 110$
$22 \times 10 = 220$
$33 \times 10 = 330$

규칙 ▶ 십의 자리 수와 일의 자리 숫자가 같은 두 자리 수에 □을/를 곱하면 백의 자리 숫자와 □의 자리 숫자가 같은 세 자리 수가 나옵니다.

04 등호를 사용한 식을 잘못 나타낸 것을 찾아 기호를 써 보세요.

㉠ $30-20=5+5$
㉡ $15+3=9\times2$
㉢ $24-4=32-2$

(　　　　)

05~06 수 배열표를 보고 물음에 답해 보세요.

1	2	3	4	5	6
7	8	9	10	11	12
13	14	15	16	17	18
19	20	21	22	23	24

05 □로 표시된 칸에서 규칙적인 계산식을 찾아 □ 안에 알맞은 수를 써넣으세요.

$21-15=6$
$15-\square=6$
$9-3=\square$

06 색칠된 칸에서 규칙적인 계산식을 찾아 □ 안에 알맞은 식을 써넣으세요.

$8+22=10+20$
$9+23=11+21$
[ ]

07 모형의 배열에서 규칙을 찾아 다섯째에 알맞은 모양의 기호를 써 보세요.

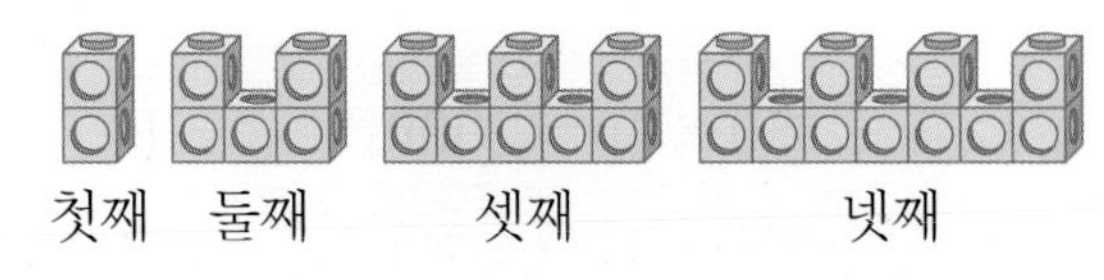

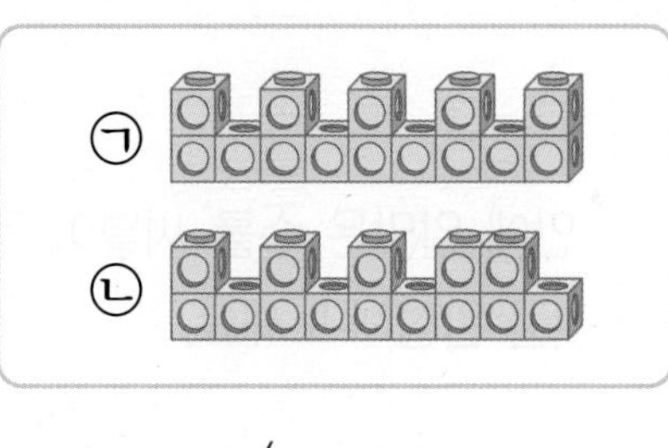

(　　　　)

6 단원

AI가 뽑은 정답률 낮은 문제

08 수의 배열에서 규칙을 찾아 빈 곳에 알맞은 수를 써넣으세요.

118쪽 유형 1

224 — 112 — ( )

28 — 14 — ( )

09~10 계산식을 보고 물음에 답해 보세요.

㉠	㉡
$11\times22=242$ $11\times33=363$ $11\times44=484$	$50\times10=500$ $50\times20=1000$ $50\times30=1500$

09 설명에 맞는 계산식을 찾아 기호를 써 보세요.

> 11에 22부터 11씩 커지는 수를 곱하면 그 곱은 121씩 커집니다.

( )

10 ㉡ 계산식에서 다음에 올 식을 찾아 ○표 해 보세요.

$50\times35=1750$ ( )

$50\times40=2000$ ( )

11 □ 안에 알맞은 수를 써넣어 등호를 사용한 식을 완성해 보세요.

$10+4+3=\square+3$

12~13 모양의 배열을 보고 물음에 답해 보세요.

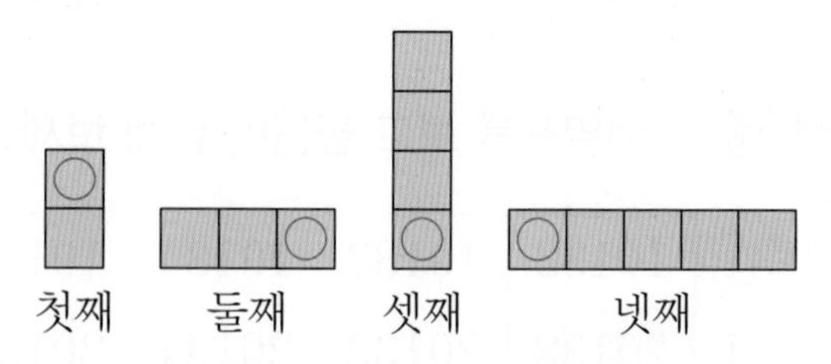

12 모양의 배열을 보고 규칙을 찾아보세요.

규칙 빨간색 원이 있는 사각형을 기준으로 시계 방향으로 □° 만큼 돌아가고 사각형의 수는 □개씩 늘어납니다.

AI가 뽑은 정답률 낮은 문제

13 다섯째에 알맞은 모양을 그려 보세요.

119쪽 유형 4

AI가 뽑은 정답률 낮은 문제

14 규칙적인 뺄셈식을 보고 □ 안에 알맞은 뺄셈식을 써넣으세요.

122쪽 유형 8

$760-520=240$
$660-420=240$
$560-320=240$
$460-220=240$
□

15 규칙적인 수의 배열에서 ㉠과 ㉡에 알맞은 수는 얼마인지 풀이 과정을 쓰고 답을 구해 보세요.

1428	1528	1628	㉠			
		2628	2728	2828	2928	
	3528	3628	3728	㉡		

풀이

답 ㉠: , ㉡:

16 등호가 있는 식을 완성하려고 합니다. ■와 ▲에 알맞은 수의 차를 구해 보세요.

$33+14=30+$■

$3\times2=6\times$▲

( )

AI가 뽑은 정답률 낮은 문제

17 달력을 보고 □ 안에 있는 수를 이용하여 만든 규칙을 보고 □ 안에 알맞은 수를 써넣으세요.

120쪽 유형 6

일	월	화	수	목	금	토
					1	2
3	4	5	6	7	8	9
10	11	12	13	14	15	16
17	18	19	20	21	22	23
24	25	26	27	28	29	30

규칙 □ 안에 있는 9개의 수의 합은 어떤 수의 9배와 같습니다.

$6+7+8+13+14+15+20+21+22$

$=\square\times9$

18~19 삼각형 모양의 배열을 보고 물음에 답해 보세요.

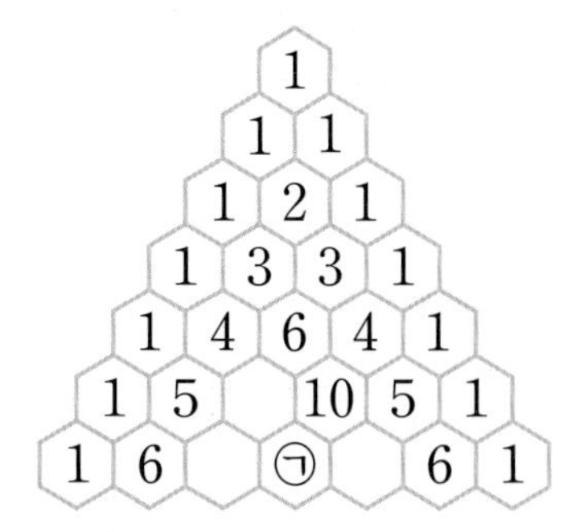

18 규칙을 찾아 알맞은 말에 ○표 해 보세요.

규칙 왼쪽과 오른쪽의 끝에는 숫자 1이 반복되고 윗줄의 두 수의 (합 , 차)은/는 아랫줄의 수와 (같습니다, 다릅니다).

19 규칙에 맞게 수를 써넣었을 때 ㉠에 알맞은 수를 구해 보세요.

( )

AI가 뽑은 정답률 낮은 문제

20 규칙에 따라 계산 결과가 7654321이 되는 나눗셈식을 써 보려고 합니다. 풀이 과정을 쓰고 답을 구해 보세요.

123쪽 유형 11

순서	나눗셈식
첫째	$189\div9=21$
둘째	$2889\div9=321$
셋째	$38889\div9=4321$
넷째	$488889\div9=54321$

풀이

답

1회 11번 2회 7번 4회 8번

유형 1 수의 배열에서 규칙을 찾아 수 구하기

수의 배열에서 규칙을 찾아 빈 곳에 알맞은 수를 써넣으세요.

3 - 9 - 27 - 81 - 243 - 729 - ( ) - 6561

Tip 수의 크기가 커지므로 덧셈 또는 곱셈을 활용하여 규칙을 찾아봐요.

1-1 수의 배열에서 규칙을 찾아 빈 곳에 알맞은 수를 써넣으세요.

2048 - 1024 - 512 - ( ) - 128 - 64 - 32 - 16

1-2 수의 배열에서 규칙을 찾아 빈 곳에 알맞은 수를 써넣으세요.

1202 - 1312 - 1422 - 1532 - 1642 - ( ) - 1862 - ( )

1-3 수의 배열에서 규칙을 찾아 빈 곳에 알맞은 수를 써넣으세요.

8277 - 7276 - 6275 - ( ) - 4273 - 3272 - ( ) - 1270

2회 10번 3회 7번

유형 2 곱셈, 나눗셈을 이용한 수 배열표에서 규칙 찾기

곱셈을 이용한 수 배열표에서 규칙을 찾아 ■, ●에 알맞은 수를 각각 구해 보세요.

	101	102	103	104	105
21	1	2	3	4	5
22	2	4	6	■	0
23	3	●	9	2	5

■ ( ), ● ( )

Tip 두 수를 곱했을 때 수 배열표에 있는 수가 어떻게 나오는지 찾아봐요.

2-1 나눗셈을 이용한 수 배열표에서 규칙을 찾아 ■, ●에 알맞은 수를 각각 구해 보세요.

÷	80	160	320	640	1280
80	1	2	4	8	16
40	2	4	8	16	■
20	4	8	16	32	64
10	8	●	32	64	128

■ ( ), ● ( )

2-2 곱셈을 이용한 수 배열표에서 규칙을 찾아 빈칸에 알맞은 수를 써넣으세요.

	201	202	203	204	205
16	6	2	8	4	0
17	7		1	8	5
18	8	6	4		0
19	9	8		6	5

1회 8번

유형 3 좌석 번호의 규칙 찾기

좌석표에서 좌석 번호의 규칙을 찾아 빈 곳에 알맞은 좌석을 써넣으세요.

G4	G5	G6	G7		G9
F4	F5		F7	F8	F9
E4	E5	E6	E7	E8	E9
D4	D5	D6	D7	D8	D9

Tip 좌석 번호의 규칙을 찾을 때 알파벳의 규칙과 숫자의 규칙을 나눠서 생각해요.

3-1 좌석표에서 좌석 번호의 규칙을 찾아 빈 곳에 알맞은 좌석을 써넣으세요.

		E6	E7	E8	E9	E10
	D6	D7	D8	D9		
C6	C7	C8		C10		
B7	B8	B9				

3-2 좌석표에서 좌석 번호의 규칙을 찾아 '마19'의 자리를 찾아 ○표 해 보세요.

바16					
마16	마17				
라16	라17	라18			
다16	다17	다18	다19	다20	다21

2회 16번 3회 19번 4회 13번

유형 4 규칙에 따라 빈칸에 알맞은 도형 그리기

사각형으로 만든 모양의 배열을 보고 넷째에 알맞은 모양을 그려 보세요.

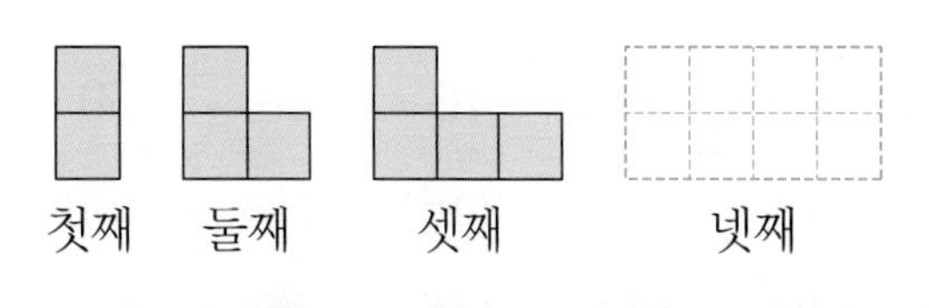

Tip 어느 방향으로 도형이 몇 개씩 늘어나는지 또는 줄어드는지 살펴봐요.

4-1 사각형으로 만든 모양의 배열을 보고 넷째에 알맞은 모양을 그려 보세요.

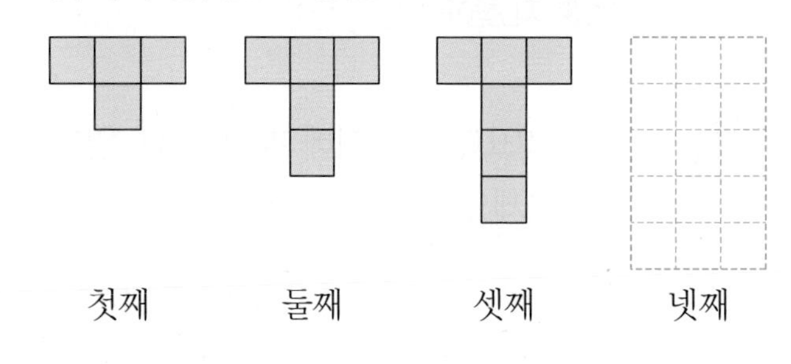

4-2 사각형으로 만든 모양의 배열을 보고 셋째에 알맞은 모양을 그려 보세요.

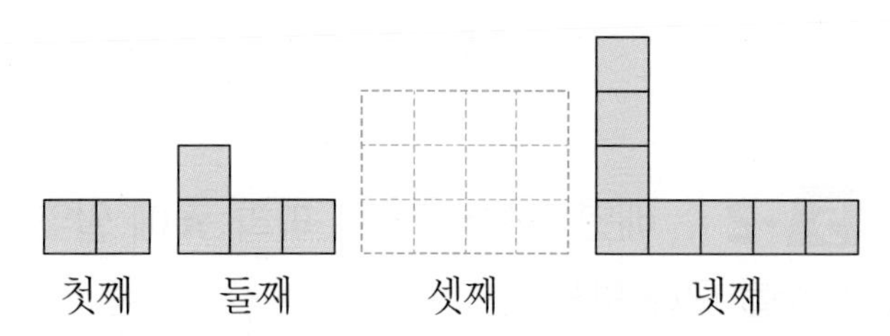

4-3 사각형으로 만든 모양의 배열을 보고 넷째에 알맞은 모양을 그려 보세요.

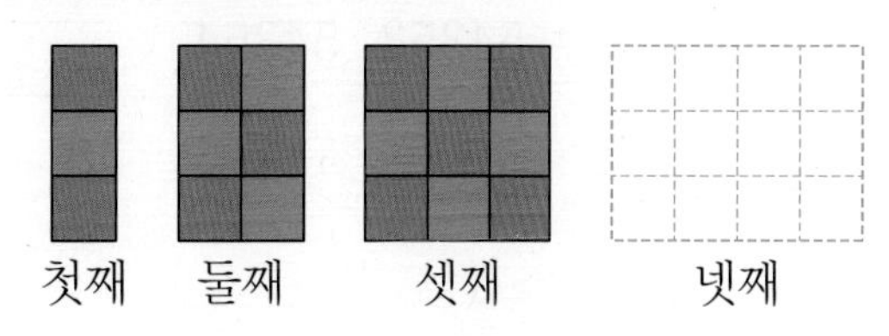

2회 18번 3회 15번

유형 5 수 배열표에서 규칙을 찾아 수 구하기

수 배열표에서 규칙에 따라 ●에 알맞은 수를 구해 보세요.

42	44	46	48	50
242	244	246	248	250
442	444	446	●	
642	644	646		

(　　　　　　　　)

Tip 먼저 수 배열표에서 →, ↓, ↘ 방향으로 어떤 규칙이 있는지 찾아봐요.

5-1 수 배열표에서 규칙에 따라 ▲에 알맞은 수를 구해 보세요.

5100	5110	5120	5130	5140
6100	6110	6120	6130	6140
7100	7110	7120	7130	7140
8100	8110	▲	8130	

(　　　　　　　　)

5-2 수 배열표에서 규칙에 따라 ★에 알맞은 수를 구해 보세요.

24351	24352	24353		
34351	34352	34353	34354	
44351	44352	44353	44354	
		54353	54354	
				★

(　　　　　　　　)

2회 11번 4회 17번

유형 6 달력에서 규칙적인 계산식 찾기

달력을 보고 ▭ 안에 있는 수를 이용하여 규칙적인 계산식을 만든 것입니다. □ 안에 알맞은 수를 써넣으세요.

일	월	화	수	목	금	토
		1	2	3	4	5
6	7	8	9	10	11	12
13	14	15	16	17	18	19
20	21	22	23	24	25	26
27	28	29	30			

$14+15+16=15\times3$

$22+23+24=23\times\square$

$17+\square+19=18\times3$

Tip → 방향으로 연속된 세 수의 합과 가운데 수의 관계에서 규칙을 찾아요.

6-1 달력을 보고 ▭ 안에 있는 수를 이용하여 규칙적인 계산식을 만든 것입니다. □ 안에 알맞은 수를 써넣으세요.

일	월	화	수	목	금	토
				1	2	3
4	5	6	7	8	9	10
11	12	13	14	15	16	17
18	19	20	21	22	23	24
25	26	27	28	29	30	31

$1+9+17=3+9+15$

$8+16+\square=10+16+22$

$15+23+31=17+\square+29$

6-2 달력을 보고 연두색으로 색칠된 수의 배열에서 규칙을 찾아 규칙적인 계산식을 만들어 보세요.

일	월	화	수	목	금	토
1	2	3	4	5	6	7
8	9	10	11	12	13	14
15	16	17	18	19	20	21
22	23	24	25	26	27	28
29	30					

$15-9=16-10$

$16-10=17-11$

$17-11=18-12$

2회 20번 3회 10번

유형 7 도형의 배열에서 모형의 수 구하기

모형으로 만든 모양의 배열에서 규칙을 찾아 다섯째에 올 모양에서 모형은 몇 개인지 구해 보세요.

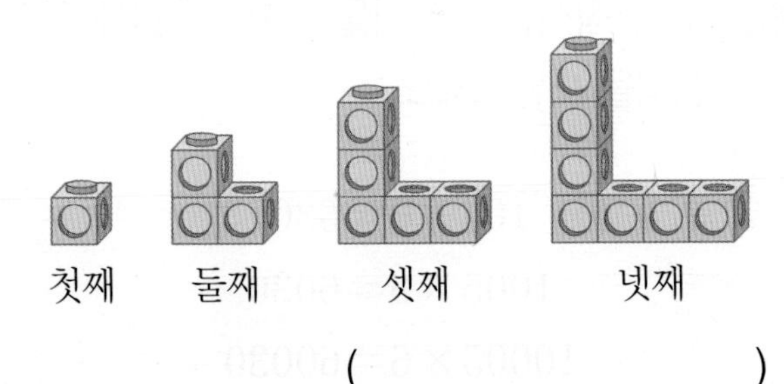

(　　　　　　　　)

Tip 모형이 어느 방향으로 몇 개씩 늘어나는지 세어 봐요.

7-1 모형으로 만든 모양의 배열에서 규칙을 찾아 여섯째에 올 모양에서 모형은 몇 개인지 구해 보세요.

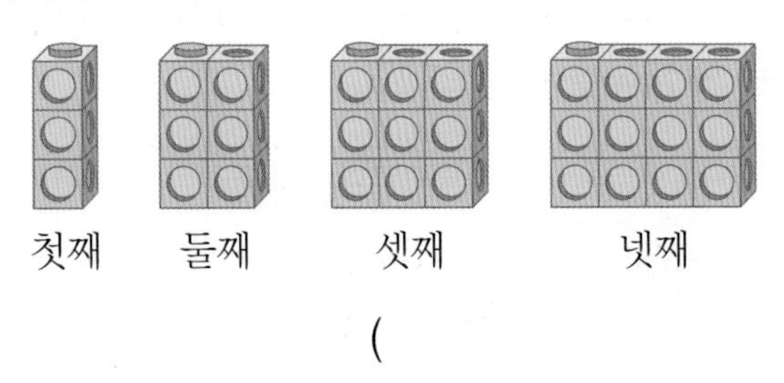

(　　　　　　　　)

7-2 모형으로 만든 모양의 배열에서 규칙을 찾아 일곱째에 올 모양에서 모형은 몇 개인지 구해 보세요.

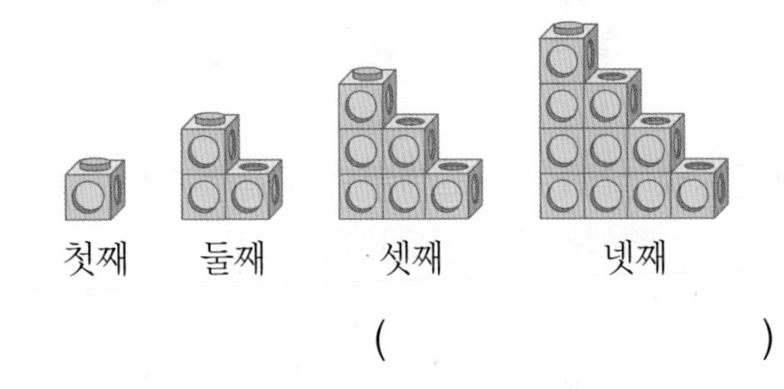

(　　　　　　　　)

7-3 사각형으로 만든 모양의 배열에서 규칙을 찾아 여섯째에 올 모양에서 파란색 사각형과 연두색 사각형의 수의 합은 몇 개인지 구해 보세요.

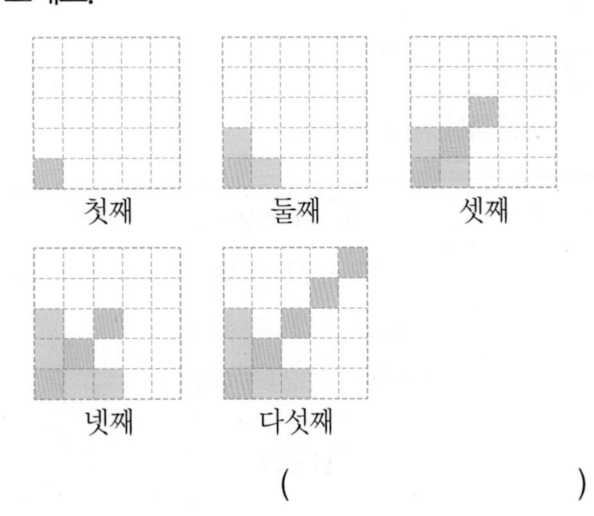

(　　　　　　　　)

1회 17번 4회 14번

유형 8 덧셈식, 뺄셈식의 배열에서 규칙 찾기

규칙적인 덧셈식을 보고 넷째 빈칸에 알맞은 덧셈식을 써넣으세요.

순서	덧셈식
첫째	$123+250=373$
둘째	$123+350=473$
셋째	$123+450=573$
넷째	

Tip 더하고 빼는 수가 얼마씩 커지는지 또는 작아지는지 알아보고 식에 있는 규칙과 계산 결과에 있는 규칙을 모두 찾아 식을 구해요.

8-1 규칙적인 뺄셈식을 보고 넷째 빈칸에 알맞은 뺄셈식을 써넣으세요.

순서	뺄셈식
첫째	$840-530=310$
둘째	$740-430=310$
셋째	$640-330=310$
넷째	

8-2 규칙적인 덧셈식을 보고 □ 안에 알맞은 덧셈식을 써넣으세요.

$1+1=2$
$12+21=33$
$123+321=444$
$1234+4321=5555$
□

1회 18번 2회 17번

유형 9 곱셈식, 나눗셈식의 배열에서 규칙 찾기

규칙적인 곱셈식을 보고 넷째 빈칸에 알맞은 곱셈식을 써넣으세요.

순서	곱셈식
첫째	$1\times12=12$
둘째	$101\times12=1212$
셋째	$10101\times12=121212$
넷째	

Tip 곱해지는 수와 곱하는 수, 나누어지는 수와 나누는 수의 규칙과 계산 결과에 있는 규칙을 모두 찾아 식을 구해요.

9-1 규칙적인 나눗셈식을 보고 넷째 빈칸에 알맞은 나눗셈식을 써넣으세요.

순서	나눗셈식
첫째	$393\div3=131$
둘째	$3993\div3=1331$
셋째	$39993\div3=13331$
넷째	

9-2 규칙적인 곱셈식을 보고 □ 안에 알맞은 곱셈식을 써넣으세요.

$105\times6=630$
$1005\times6=6030$
$10005\times6=60030$
$100005\times6=600030$
□

1회 16번 3회 14번

유형 10 실생활의 수의 배열에서 규칙적인 계산식 찾기

우편함 호수의 배열에서 (모양) 안에 있는 수를 이용하여 만든 규칙을 보고 □ 안에 알맞은 수를 써넣으세요.

301	302	303	304	305
201	202	203	204	205
101	102	103	104	105

규칙 (모양) 안에 있는 5개의 수의 합은 어떤 수의 5배와 같습니다.

$103+105+204+303+305$
$=\square\times5$

Tip 우편함 호수의 배열은 가로로 1씩 커지고, 위로 100씩 커지는 규칙이에요.

10-1 승강기 버튼의 수 배열에서 규칙적인 계산식을 찾아 □ 안에 알맞은 수를 써넣으세요.

19	20	21	22	23	24	25
12	13	14	15	16	17	18
5	6	7	8	9	10	11
◁▷	▷◁		1	2	3	4

$7+13=6+14$

$8+\square=7+15$

$9+15=\square+16$

3회 17번 4회 20번

유형 11 결과에 해당하는 식 찾기

규칙적인 덧셈식을 보고 규칙에 따라 계산 결과가 64가 되는 덧셈식을 써 보세요.

순서	덧셈식
첫째	$1+3=4$
둘째	$1+3+5=9$
셋째	$1+3+5+7=16$
넷째	$1+3+5+7+9=25$

식

Tip 식에서 규칙을 찾아 계산 결과가 몇째 계산식인지 찾아요.

11-1 규칙적인 곱셈식을 보고 규칙에 따라 계산 결과가 144443이 되는 곱셈식을 써 보세요.

순서	곱셈식
첫째	$1\times13=13$
둘째	$11\times13=143$
셋째	$111\times13=1443$
넷째	$1111\times13=14443$

식

11-2 규칙적인 뺄셈식을 보고 규칙에 따라 계산 결과가 60이 되는 뺄셈식을 써 보세요.

순서	뺄셈식
첫째	$30-10=20$
둘째	$50-10-10=30$
셋째	$70-10-10-10=40$

식

6 단원

MEMO

아이와 평생 함께할 습관을 만듭니다.

아이스크림 홈런 2.0

공부를 좋아하는 습관

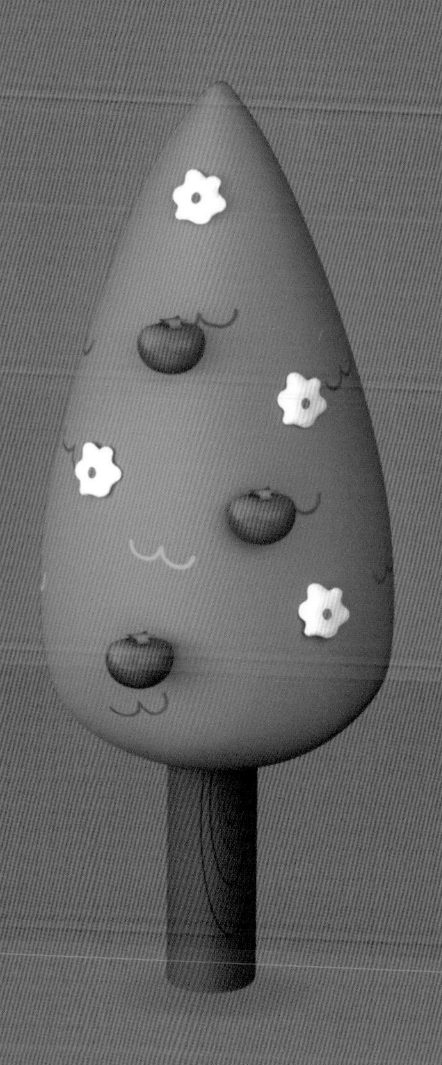

기본을 단단하게
나만의 속도로
무엇보다 재미있게

i-Scream edu

아이스크림 더 실전

i-Scream edu

정답 및 풀이

1단원 큰 수

6~8쪽 AI가 추천한 단원 평가 1회

01 10000(또는 1만)
02 삼만 칠천팔백구십이
03 5000, 20
04 2741953(또는 274만 1953)
05 2, 2000000
06 770억, 870억, 970억
07 $>$
08 ㉡
09 250
10 ㉡
11 257조, 277조, 317조
12 100배
13 ㉠, ㉡, ㉢
14 풀이 참고
15 4억 7000만
16 5080억 원
17 풀이 참고, 297000원
18 0, 1, 2
19 토성, 목성, 화성
20 32154

08 ㉠ 67520 → 7 ㉡ 85104 → 5
따라서 천의 자리 숫자가 5인 수는 ㉡입니다.

09 250조는 1조가 250개인 수입니다.

10 ㉡ 1000000000 → 10억

11 십조의 자리 숫자가 2씩 커지므로 20조씩 뛰어 센 것입니다.

12 ㉠이 나타내는 값은 600000000이고, ㉡이 나타내는 값은 6000000입니다.
따라서 ㉠이 나타내는 값은 ㉡이 나타내는 값의 100배입니다.

13 ㉠은 11자리 수이고 ㉡, ㉢은 12자리 수이므로 ㉠이 가장 작습니다. ㉡과 ㉢의 천억의 자리 수가 같으므로 백억의 자리를 비교하면 $0<4$이므로 ㉡$<$㉢입니다.
따라서 작은 수부터 차례대로 기호를 쓰면 ㉠, ㉡, ㉢입니다.

14 예 1억이 10000개인 수입니다.」❶
9900억보다 100억만큼 더 큰 수입니다.」❷

채점 기준

채점 기준	점수
❶ 보기와 같이 1조를 설명하기	2점
❷ ❶과 다르게 1조를 설명하기	3점

15 1000만씩 뛰어 세면 천만의 자리 숫자가 1씩 커집니다.
4억 3000만 — 4억 4000만 — 4억 5000만 — 4억 6000만 — 4억 7000만

16 올해 자산: 5080000000원
1년 후 자산: 50800000000원
2년 후 자산: 508000000000원
참고 어떤 수의 10배인 수, 100배인 수는 어떤 수 뒤에 0을 1개, 2개 붙인 수입니다.

17 예 50000원짜리 지폐 3장은 150000원이고, 10000원짜리 지폐 14장은 140000원, 1000원짜리 지폐 7장은 7000원입니다.」❶
따라서 저금통에 들어 있는 돈은 297000원입니다.」❷

채점 기준

채점 기준	점수
❶ 각 지폐가 얼마인지 구하기	3점
❷ 저금통에 들어 있는 돈은 모두 얼마인지 구하기	2점

18 $4294000>4\square80000$에서 백만의 자리 수가 같고 만의 자리를 비교하면 $9>8$이므로 □는 2와 같거나 2보다 작은 수가 들어갈 수 있습니다.
따라서 □ 안에 들어갈 수 있는 수는 0, 1, 2입니다.

19 토성: 십사억 삼천백만
→ 14억 3100만 → 1431000000
780000000, 1431000000, 228000000에서 1431000000이 10자리 수이므로 토성이 가장 멉니다.
780000000, 228000000에서 억의 자리를 비교하면 $7>2$이므로
$780000000>228000000$으로 목성이 화성보다 더 멉니다.
따라서 태양과의 거리가 먼 행성부터 차례대로 이름을 쓰면 토성, 목성, 화성입니다.

20 32100보다 크고 32500보다 작은 수이므로 32□□□입니다.
일의 자리 수는 1부터 5까지의 수 중 3과 2를 사용했으므로 남은 수 중에서 짝수인 4입니다.
32□□4가 32500보다 작으므로 조건을 만족하는 수는 32154입니다.

9~11쪽 AI가 추천한 단원 평가 2회

01 1000
02 6804만 2167, 육천팔백사만 이천백육십칠
03 10억, 100억
04 1420, 6572 05 36300, 56300, 76300
06 1억, 100억 07 47038 08 ④
09 세영 10 ㉡
11 400000000, 40000000 12 >
13 억의 자리 숫자 14 6개
15 3000억 원 16 풀이 참고, 520만
17 565000원 18 풀이 참고, ㉠
19 ㉢ 20 24579

04 1420657200000000 → 1420조 6572억
1조가 1420개, 1억이 6572개인 수입니다.

05 10000씩 뛰어 세면 만의 자리 숫자가 1씩 커집니다.

06 수를 100배 하면 수의 뒤에 0을 2개 붙인 것과 같습니다.
1000000의 100배 → 100000000 (1억)
1억의 100배 → 100억

07
10000이 4개 → 40000
1000이 7개 → 7000
10이 3개 → 30
1이 8개 → 8
47038

08 숫자 8이 나타내는 수를 알아보면
① 800, ② 8000, ③ 80, ④ 80000, ⑤ 8입니다.
따라서 숫자 8이 80000을 나타내는 수는 ④입니다.

09 도윤: 25억 074만 < 25억 201만 (0 < 2)

10 백억의 자리 숫자가 1씩 커지므로 100억씩 뛰어 센 것입니다.

11 ㉠ 8437536015에서 숫자 4는 억의 자리 숫자이므로 400000000을 나타냅니다.
㉡ 12945382570에서 숫자 4는 천만의 자리 숫자이므로 40000000을 나타냅니다.

12 자리 수가 같으므로 높은 자리 수부터 비교합니다.
백조의 자리 수가 같고, 십조의 자리를 비교하면 4 > 1이므로 240조 38억 > 213조 590억입니다.

13 억이 2409개, 만이 1600개인 수
→ 2409억 1600만 → 240916000000
따라서 숫자 9는 억의 자리 숫자입니다.

14 2007만 → 20070000
따라서 수로 쓸 때 0은 모두 6개입니다.

15 1조는 7000억보다 3000억만큼 더 큰 수이므로 작년보다 3000억 원을 더 수출해야 합니다.

16 예 400만과 600만 사이를 똑같이 10칸으로 나누었으므로 눈금 한 칸의 크기는 200만÷10=20만입니다.」❶
㉠은 400만에서 20만씩 6번 뛰어 세기 한 것이므로 400만 − 420만 − 440만 − 460만 − 480만 − 500만 − 520만입니다.」❷

채점 기준

❶ 수직선에서 눈금 한 칸의 크기 구하기	2점
❷ ㉠이 나타내는 수 구하기	3점

17 325000원(4월) − 365000원(5월) − 405000원(6월) − 445000원(7월) − 485000원(8월) − 525000원(9월) − 565000원(10월)
따라서 10월에 있는 돈은 565000원이 됩니다.

18 예 백만의 자리 숫자를 알아보면
㉠ 8, ㉡ 1, ㉢ 5, ㉣ 2입니다.」❶
따라서 8 > 5 > 2 > 1이므로 백만의 자리 숫자가 가장 큰 수는 ㉠입니다.」❷

채점 기준

❶ 각 수의 백만의 자리 숫자 알아보기	4점
❷ 백만의 자리 숫자가 가장 큰 수 구하기	1점

19 세 수의 자리 수가 모두 같으므로 높은 자리 수부터 비교합니다.
백억의 자리 수가 같고, 십억의 자리를 비교하면 4 > 3이므로 ㉡이 가장 작습니다.
㉠의 □에 9를 넣고 ㉢의 □에 0을 넣어도 ㉢이 ㉠보다 큽니다.
548021[9]8410 < 548[0]2486483 (1 < 4)
따라서 가장 큰 수는 ㉢입니다.

20 가장 작은 수를 만들려면 높은 자리부터 차례대로 작은 수를 놓아야 합니다.
따라서 2 < 4 < 5 < 7 < 9이므로 만들 수 있는 가장 작은 다섯 자리 수는 24579입니다.

12~14쪽 AI가 추천한 단원 평가 3회

01 3562억(또는 356200000000)
02 61794　03 600
04 천만　05 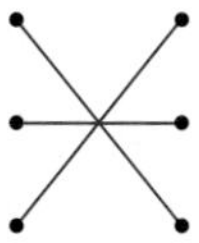
06 400000000000000, 2000000000000
07 <
08 179조 350억(또는 179035000000000)
09 (　　)　10 풀이 참고
(　○　)　11 ㉡
12 32조 20억, 36조 20억, 38조 20억
13 100개　14 풀이 참고, 청소기
15 341장　16 ㉠, ㉡, ㉢　17 ㉡
18 5　19 3억 3000만
20 26034589

02 10000이 6개이면 60000, 1000이 1개이면 1000, 100이 7개이면 700, 10이 9개이면 90, 1이 4개이면 4이므로 61794입니다.

03 10000은 9400보다 600만큼 더 큰 수입니다.

07 수직선에서 오른쪽에 있는 수가 더 큽니다.
21억 5500만<21억 7500만

08 조가 179개, 억이 350개인 수
➜ 179조 350억 ➜ 179035000000000

09 십만의 자리 숫자를 알아보면
59371624 → 3, 31750986 → 7입니다.

10 예 ㉡」 ❶
1조는 9990억보다 10억만큼 더 큰 수입니다.」 ❷

채점 기준

❶ 잘못 설명한 것을 찾아 기호 쓰기	2점
❷ 잘못 설명한 것을 바르게 고치기	3점

11 숫자 2가 나타내는 값을 알아보면
㉠ 2000000, ㉡ 20000000이므로 숫자 2가 나타내는 값이 더 큰 것은 ㉡입니다.

12 조의 자리 숫자가 2씩 커지므로 2조씩 뛰어 센 것입니다.

13 10000은 100이 100개인 수이므로 10000원이 되려면 100원짜리 동전이 100개 필요합니다.

14 예 세 수의 자리 수가 모두 같으므로 높은 자리 수부터 비교합니다. 십만의 자리를 비교하면
4>2이므로 204000이 가장 작습니다.」 ❶
453000과 472000에서 만의 자리를 비교하면
7>5이므로 472000>453000입니다.」 ❷
따라서 472000>453000>204000이므로 가장 비싼 가전제품은 청소기입니다.」 ❸

채점 기준

❶ 가장 작은 수 구하기	2점
❷ 나머지 두 수의 크기 비교하기	2점
❸ 가장 비싼 가전제품 구하기	1점

15 3410만은 10만이 341개인 수입니다.
따라서 34100000원은 10만 원짜리 수표 341장으로 찾을 수 있습니다.

16 ㉠은 13자리 수이고 ㉡, ㉢은 11자리 수이므로 가장 큰 수는 ㉠입니다. ㉡과 ㉢의 십만의 자리를 비교하면 7>4이므로 ㉡>㉢입니다.
따라서 큰 수부터 차례대로 기호를 쓰면 ㉠, ㉡, ㉢입니다.

17 ㉠ 오천만 칠백 ➜ 5000만 700 ➜ 50000700
㉡ 이십육만 사천사십 ➜ 26만 4040 ➜ 264040
따라서 ㉠은 0이 6개, ㉡은 0이 2개이므로 수로 쓸 때 0의 개수가 더 적은 것은 ㉡입니다.

18 10000이 4개이면 40000, 1000이 8개이면 8000, 10이 3개이면 30, 1이 6개이면 6이므로 48036입니다.
48536이 되려면 500이 더 있어야 하고, 500은 100이 5개인 수이므로 ★에 알맞은 수는 5입니다.

19 5억 3000만에서 4000만씩 거꾸로 5번 뛰어 세면
5억 3000만 — 4억 9000만 — 4억 5000만 — 4억 1000만 — 3억 7000만 — 3억 3000만이므로 어떤 수는 3억 3000만입니다.

20 백만의 자리 숫자가 6인 여덟 자리 수는
□6□□□□□□입니다.
0<2<3<4<5<6<8<9에서 맨 앞에는 0이 올 수 없으므로 천만의 자리에 2를 쓰고 십만의 자리에 0을 씁니다.
260□□□□□의 남은 자리 중 높은 자리부터 차례대로 작은 수를 놓아야 합니다.
따라서 만들 수 있는 여덟 자리 수 중에서 백만의 자리 숫자가 6인 가장 작은 수는 26034589입니다.

15~17쪽 AI가 추천한 단원 평가 

01 100 02 10000, 6000, 200, 7
03 9402, 3576
04 (위에서부터) 칠만 이천사백육십, 23516
05 3945만, 4045만, 4245만 06 41319
07 현우 08 >
09 52600원 10 ㉡ 11 ㉠, ㉢
12 풀이 참고, 2000원 13 1
14 10000배 15 4개월 16 ㉠, ㉢, ㉡
17 풀이 참고, 1960번 18 2510억
19 4개 20 36425

05 100만씩 뛰어 세면 백만의 자리 숫자가 1씩 커집니다.

06 숫자 3이 나타내는 값을 알아보면
41319 → 300, 23870 → 3000,
93528 → 3000, 53609 → 3000입니다.
따라서 숫자 3이 나타내는 값이 다른 하나는 41319입니다.

07 육백사십만 이백팔십 명
→ 640만 280명 → 6400280명
따라서 인구를 수로 바르게 나타낸 사람은 현우입니다.

08 62900000 > 6784500
8자리 수 7자리 수

09 10000원짜리 지폐 5장 → 50000원
1000원짜리 지폐 2장 → 2000원
100원짜리 동전 6개 → 600원
52600원

10 ㉠ 6100000000 (61억)
㉡ 610000000000 (6100억)
㉢ 6100000000 (61억)
따라서 나타내는 수가 다른 하나는 ㉡입니다.

11 ㉡ 1조는 9990억보다 10억만큼 더 큰 수입니다.

12 예 재원이가 1000원짜리 지폐 8장을 가지고 있으므로 8000원을 가지고 있습니다.」❶
10000은 8000보다 2000만큼 더 큰 수이므로 10000원이 되려면 2000원이 더 있어야 합니다.」❷

채점 기준

❶ 재원이가 가지고 있는 돈 구하기	2점
❷ 얼마가 더 있어야 하는지 구하기	3점

13 2157630249600000을 10배 한 수는 21576302496000000이므로 백조의 자리 숫자는 1입니다.

14 ㉠이 나타내는 값은 70000000000000이고, ㉡이 나타내는 값은 7000000000입니다.
70000000000000는 7000000000보다 0이 4개 더 많으므로 ㉠이 나타내는 값은 ㉡이 나타내는 값의 10000배입니다.

15 0에서 70만씩 뛰어 세면
0 — 70만 — 140만 — 210만 — 280만입니다.
4번 뛰어 세면 280만이 되므로 필요한 돈을 모으려면 4개월이 걸립니다.

16 ㉠ 2314789500 ㉡ 189300000
㉢ 1254000000
㉠과 ㉢은 10자리 수이고 ㉡은 9자리 수이므로 ㉡이 가장 작습니다. ㉠과 ㉢의 십억의 자리를 비교하면 2>1이므로 ㉠>㉢입니다.
따라서 큰 수부터 차례대로 기호를 쓰면 ㉠, ㉢, ㉡입니다.

17 예 1960000은 1000이 1960개인 수입니다.」❶
따라서 한 번에 1000개씩 포장해서 옮긴다면 1960번 옮겨야 합니다.」❷

채점 기준

❶ 196만은 1000이 몇 개인 수인지 구하기	3점
❷ 1000개씩 포장해서 몇 번 옮겨야 하는지 구하기	2점

18 십억의 자리 숫자가 1씩 커지므로 10억씩 뛰어 센 것입니다. 2480억에서 10억씩 3번 뛰어 세면
2480억 — 2490억 — 2500억 — 2510억입니다.

19 79385167>79□49261에서 천만, 백만의 자리 수가 같고 만의 자리를 비교하면 8>4이므로 □는 3과 같거나 3보다 작은 수가 들어갈 수 있습니다.
따라서 □ 안에 들어갈 수 있는 수는 0, 1, 2, 3으로 모두 4개입니다.

20 만의 자리 숫자가 3, 일의 자리 숫자가 5인 다섯 자리 수이므로 3□□□5입니다.
2부터 6까지의 수 중 3과 5를 사용했으므로 조건을 만족하는 가장 큰 수는 3□□□5의 남은 자리 중 높은 자리부터 차례대로 큰 수를 놓아야 합니다.
따라서 조건을 만족하는 가장 큰 수는 36425입니다.

18~23쪽 틀린 유형 다시 보기

유형 1 2000만, 2억
1-1 1조, 100조
1-2 3000만, 300억, 30조
1-3 6억, 600억, 6000억
유형 2 34309 2-1 1564만(또는 15640000)
2-2 2580만(또는 25800000) 2-3 5872
유형 3 ㉡ 3-1 ㉠ 3-2 ㉢
3-3 ㉢ 유형 4 5개 4-1 8개
4-2 9개 4-3 ㉠ 유형 5 1000배
5-1 10000배 5-2 100배 5-3 10000배
유형 6 4600만 6-1 4730억 6-2 187조
6-3 2조 8500억 유형 7 276장
7-1 380장 7-2 45장 7-3 2장
유형 8 650억 8-1 30조 8-2 3200만
8-3 640억, 720억
유형 9 0, 1, 2, 3 9-1 6, 7, 8, 9
9-2 3개 9-3 5개
유형 10 1억 2000만 원
10-1 280000원
10-2 8650억 원 10-3 30000원
유형 11 96531 11-1 10346789
11-2 872510 11-3 1023546789
유형 12 43152 12-1 76589 12-2 214536

유형 1 수를 10배 하면 수의 뒤에 0을 1개 붙인 것과 같습니다.
20만 — 200만 — 2000만 — 2억

1-1 수를 100배 하면 수의 뒤에 0을 2개 붙인 것과 같습니다.
1억 — 100억 — 1조 — 100조

1-2 수를 1000배 하면 수의 뒤에 0을 3개 붙인 것과 같습니다.
3만 — 3000만 — 300억 — 30조

1-3 수를 10배 하면 수의 뒤에 0을 1개 붙인 것과 같습니다.
60억은 6억을 10배 한 수입니다.
6억 — 60억 — 600억 — 6000억

유형 2 1000이 10개이면 10000이므로 1000이 14개이면 14000입니다.
10000이 2개 → 20000
1000이 14개 → 14000
100이 3개 → 300
1이 9개 → 9
34309
따라서 설명하는 수는 34309입니다.

2-1 100만이 10개이면 1000만이므로 100만이 15개이면 1500만입니다.
100만이 15개 → 1500만
10만이 6개 → 60만
1만이 4개 → 4만
1564만
따라서 설명하는 수는 1564만입니다.

2-2 10만이 10개이면 100만이므로 10만이 28개이면 280만입니다.
1000만이 2개 → 2000만
100만이 3개 → 300만
10만이 28개 → 280만
2580만
따라서 설명하는 수는 2580만입니다.

2-3 1000만이 5개 → 5000만
100만이 7개 → 700만
10만이 17개 → 170만
1만이 2개 → 2만
5872만
따라서 설명하는 수는 5872만이므로
□=5872입니다.

유형 3 숫자 5가 나타내는 값을 알아보면
㉠ 5000, ㉡ 50000입니다.
따라서 숫자 5가 나타내는 값이 더 큰 것은 ㉡입니다.
참고 높은 자리에 있을수록 나타내는 값이 큽니다.

3-1 숫자 7이 나타내는 값을 알아보면
㉠ 70000, ㉡ 7000000입니다.
따라서 숫자 7이 나타내는 값이 더 작은 것은 ㉠입니다.

3-2 ㉠ 148억 → 148|0000|0000
숫자 4가 나타내는 값을 알아보면
㉠ 40|0000|0000, ㉡ 400|0000,
㉢ 4000|0000|0000입니다.
따라서 숫자 4가 나타내는 값이 가장 큰 수는 ㉢입니다.

3-3 ㉢ 2387만 7100 → 2387|7100
숫자 2가 나타내는 값을 알아보면
㉠ 20|0000|0000, ㉡ 200|0000|0000,
㉢ 2000|0000입니다.
따라서 숫자 2가 나타내는 값이 가장 작은 수는 ㉢입니다.

유형 4 이천만 삼천사십
→ 2000만 3040
→ 2000|3040
따라서 수로 쓸 때 0은 모두 5개입니다.

4-1 육조 삼천억 이천사십팔만
→ 6조 3000억 2048만
→ 6|3000|2048|0000
따라서 수로 쓸 때 0은 모두 8개입니다.

4-2 사천오십억 육천만
→ 4050억 6000만
→ 4050|6000|0000
따라서 수로 쓸 때 0은 모두 9개입니다.

4-3 ㉠ 팔천일만
→ 8001만
→ 8001|0000
수로 쓸 때 0은 모두 6개입니다.
㉡ 이억 오천삼십만 사백
→ 2억 5030만 400
→ 2|5030|0400
수로 쓸 때 0은 모두 5개입니다.
따라서 수로 쓸 때 0의 개수가 더 많은 것은 ㉠입니다.

유형 5 ㉠은 천만의 자리 숫자이므로 나타내는 값은 2000|0000이고, ㉡은 만의 자리 숫자이므로 나타내는 값은 2|0000입니다.
따라서 ㉠이 나타내는 값은 ㉡이 나타내는 값의 1000배입니다.

5-1 ㉠은 백만의 자리 숫자이므로 나타내는 값은 400|0000이고, ㉡은 백의 자리 숫자이므로 나타내는 값은 400입니다.
따라서 ㉠이 나타내는 값은 ㉡이 나타내는 값의 10000배입니다.
참고 같은 숫자여도 각 자리 숫자가 나타내는 값이 다릅니다.

5-2 ㉠은 십만의 자리 숫자이므로 나타내는 값은 90|0000이고, ㉡은 천의 자리 숫자이므로 나타내는 값은 9000입니다.
따라서 ㉠이 나타내는 값은 ㉡이 나타내는 값의 100배입니다.
참고 수를 10배, 100배, 1000배 하면 수의 뒤에 0을 1개, 2개, 3개 붙인 것과 같습니다.

5-3 ㉠ 억이 62개, 만이 8375개인 수
→ 62억 8375만
→ 62|8375|0000
숫자 3은 백만의 자리 숫자이므로 나타내는 값은 300|0000입니다.
㉡ 만이 8941개, 일이 376개인 수
→ 8941만 376
→ 8941|0376
숫자 3은 백의 자리 숫자이므로 나타내는 값은 300입니다.
따라서 ㉠이 나타내는 값은 ㉡이 나타내는 값의 10000배입니다.

유형 6 5400만에서 200만씩 거꾸로 4번 뛰어 세기를 합니다.
5400만 — 5200만 — 5000만 — 4800만 — 4600만
따라서 어떤 수는 4600만입니다.
참고 200만씩 거꾸로 뛰어 세면 백만의 자리 숫자가 2씩 작아집니다.

6-1 4850억에서 30억씩 거꾸로 4번 뛰어 세기를 합니다.
4850억 — 4820억 — 4790억 — 4760억 — 4730억
따라서 어떤 수는 4730억입니다.

6-2 어떤 수에서 10조씩 6번 뛰어 세기를 했더니 247조가 되었으므로 247조에서 10조씩 거꾸로 6번 뛰어 세기를 합니다.
247조 − 237조 − 227조 − 217조 − 207조 − 197조 − 187조
따라서 어떤 수는 187조입니다.

6-3 어떤 수에서 500억씩 5번 뛰어 세기를 했더니 3조 1000억이 되었으므로 3조 1000억에서 500억씩 거꾸로 5번 뛰어 세기를 합니다.
3조 1000억 − 3조 500억 − 3조 − 2조 9500억 − 2조 9000억 − 2조 8500억
따라서 어떤 수는 2조 8500억입니다.

유형 7 2760000 ➔ 276만 ➔ 만이 276개인 수
따라서 2760000원은 만 원짜리 지폐 276장으로 찾을 수 있습니다.

7-1 3800만 ➔ 38000000 ➔ 10만이 380개인 수
따라서 3800만 원은 10만 원짜리 수표 380장으로 찾을 수 있습니다.
참고 3800만은
- 만이 3800개인 수
- 10만이 380개인 수
- 100만이 38개인 수

7-2 453000 ➔ 45만 3000
따라서 453000원은 만 원짜리 지폐로 45장까지 찾을 수 있습니다.
참고 3000원은 만 원짜리 지폐로 찾을 수 없습니다.

7-3 10만 원짜리 수표 25장 → 2500000
5만 원짜리 지폐 8장 → 400000
2900000
2900000 ➔ 290만
따라서 2900000원은 100만 원짜리 수표로 2장까지 바꿀 수 있습니다.

유형 8 350억과 850억 사이를 똑같이 5칸으로 나누었으므로 눈금 한 칸의 크기는
500억÷5=100억입니다.
㉠은 350억에서 100억씩 3번 뛰어 세기 한 것이므로 350억 − 450억 − 550억 − 650억입니다.

8-1 26조와 38조 사이를 똑같이 6칸으로 나누었으므로 눈금 한 칸의 크기는 12조÷6=2조입니다.
㉠은 26조에서 2조씩 2번 뛰어 세기 한 것이므로 26조 − 28조 − 30조입니다.

8-2 2400만과 4400만 사이를 똑같이 10칸으로 나누었으므로 눈금 한 칸의 크기는
2000만÷10=200만입니다.
㉠은 2400만에서 200만씩 4번 뛰어 세기 한 것이므로 2400만 − 2600만 − 2800만 − 3000만 − 3200만입니다.

8-3 520억과 800억 사이를 똑같이 7칸으로 나누었으므로 눈금 한 칸의 크기는 280억÷7=40억입니다.
㉠은 520억에서 40억씩 3번 뛰어 세기 한 것이므로 520억 − 560억 − 600억 − 640억입니다.
㉡은 800억에서 40억씩 거꾸로 2번 뛰어 세기 한 것이므로 800억 − 760억 − 720억입니다.
다른 풀이 520억과 800억 사이를 똑같이 7칸으로 나누었으므로 눈금 한 칸의 크기는
280억÷7=40억입니다.
㉠은 520억에서 40억씩 3번 뛰어 세기 한 것이므로 520억 − 560억 − 600억 − 640억입니다. ㉡은 ㉠에서 40억씩 2번 뛰어 세기 한 것이므로 640억 − 680억 − 720억입니다.

유형 9 57□61 < 57437에서 만의 자리 수와 천의 자리 수가 같고 십의 자리가 6>3이므로 □ 안에는 4보다 작은 수가 들어갈 수 있습니다.
따라서 □ 안에 들어갈 수 있는 수는 0, 1, 2, 3입니다.

9-1 35160317 < 351□2869에서 천만, 백만, 십만의 자리 수가 같고 천의 자리가 0 < 2이므로 □ 안에는 6과 같거나 6보다 큰 수가 들어갈 수 있습니다. 따라서 □ 안에 들어갈 수 있는 수는 6, 7, 8, 9입니다.

9-2 62□425000 < 623302800에서 억, 천만의 자리 수가 같고 십만의 자리가 4>3이므로 □ 안에는 3보다 작은 수가 들어갈 수 있습니다.
따라서 □ 안에 들어갈 수 있는 수는 0, 1, 2로 모두 3개입니다.

9-3 41|5760|2350 < 41□825|8900에서 십억, 억의 자리 수가 같고 백만의 자리가 7 < 8이므로 □ 안에는 5와 같거나 5보다 큰 수가 들어갈 수 있습니다.
따라서 □ 안에 들어갈 수 있는 수는 5, 6, 7, 8, 9로 모두 5개입니다.

유형 10 1월부터 4월까지는 4개월이므로 3000만씩 4번 뛰어 세면
0 — 3000만 — 6000만 — 9000만
— 1억 2000만입니다.
따라서 1월부터 4월까지 후원한 금액은 모두 1억 2000만 원입니다.

10-1 4월에서 10월까지는 7개월이므로 40000씩 7번 뛰어 세면
0 — 40000 — 80000 — 120000 — 160000
— 200000 — 240000 — 280000입니다.
따라서 4월부터 10월까지 저금한 금액은 모두 280000원입니다.

10-2 6850억에서 600억씩 3번 뛰어 세면
6850억 — 7450억 — 8050억 — 8650억입니다.
따라서 3년 후에 이 회사의 매출액은 8650억 원입니다.

10-3 5월부터 9월까지는 5개월이고, 21|5000에서 5번 뛰어 센 수가 36|5000으로 15|0000이 늘어났습니다.
□씩 5번 뛰어 센 수가 15|0000이므로 □는 3|0000입니다.
따라서 은하는 매월 30000원씩 저금했습니다.

유형 11 가장 큰 수를 만들려면 높은 자리부터 차례대로 큰 수를 놓아야 합니다.
따라서 9 > 6 > 5 > 3 > 1이므로 만들 수 있는 가장 큰 다섯 자리 수는 9|6531입니다.

11-1 0 < 1 < 3 < 4 < 6 < 7 < 8 < 9에서 맨 앞에는 0이 올 수 없으므로 천만의 자리에 1을 쓰고 백만의 자리에 0을 쓴 다음 남은 자리 중 높은 자리부터 차례대로 작은 수를 놓아야 합니다.
따라서 만들 수 있는 가장 작은 여덟 자리 수는 1034|6789입니다.

11-2 천의 자리 숫자가 2인 여섯 자리 수는
□□2□□□입니다.
남은 자리 중 높은 자리부터 차례대로 큰 수를 놓아야 합니다.
따라서 8 > 7 > 5 > 2 > 1 > 0이므로 만들 수 있는 여섯 자리 수 중에서 천의 자리 숫자가 2인 가장 큰 수는 87|2510입니다.

11-3 십만의 자리 숫자가 5인 열 자리 수는
□□|□□5□|□□□□입니다.
맨 앞에는 0이 올 수 없으므로 십억의 자리에 1을 놓고, 10□□5□|□□□□의 남은 자리 중 높은 자리부터 차례대로 작은 수를 놓아야 합니다.
따라서 만들 수 있는 열 자리 수 중에서 십만의 자리 숫자가 5인 가장 작은 수는
10|2354|6789입니다.

유형 12 4|3100보다 크고 4|3500보다 작은 수이므로
4|3□□□입니다.
일의 자리 수는 1부터 5까지의 수 중 3, 4를 사용했으므로 남은 수 중에서 짝수인 2입니다.
4|3□□2가 4|3500보다 작으므로 조건을 만족하는 수는 4|3152입니다.

12-1 7|6500보다 크고 7|6600보다 작은 수이므로
7|65□□입니다.
일의 자리 수는 5부터 9까지의 수 중 5, 6, 7을 사용했으므로 남은 수 중에서 홀수인 9입니다.
7|65□9에서 남은 수가 8이므로 조건을 만족하는 수는 7|6589입니다.

12-2 21|4400보다 크고 21|4600보다 작은 수이므로
21|4□□□입니다.
일의 자리 수는 1부터 6까지의 수 중 1, 2, 4를 사용했으므로 남은 수 중에서 짝수인 6입니다.
21|4□□6이 21|4400보다 크므로 조건을 만족하는 수는 21|4536입니다.

2단원 각도

26~28쪽 AI가 추천한 단원 평가 1회

01 ㉡　02 (○)(　)
03 둔각　04 70　05
06 예 35, 35　07 135　08 55°
09 예
10 ㉡, ㉣, ㉢, ㉠　11 $>$
12 44　13 ㉡
14 예 120, 120　15 62
16 풀이 참고　17 55　18 ㉡
19 풀이 참고, 8개　20 70°

01 부채가 더 많이 벌어진 것을 찾으면 ㉡입니다.

02 각도기의 밑금을 각의 한 변에 맞춘 것을 찾습니다.

03 각도가 직각보다 크고 180°보다 작은 각이므로 둔각입니다.

06 삼각자의 30°보다 크고 60°보다 작아 보이므로 약 35°로 어림할 수 있습니다.

07 $55+80=135$ → $55^\circ+80^\circ=135^\circ$
참고 각도의 합은 자연수의 덧셈과 같은 방법으로 계산한 다음 단위(°)를 붙입니다.

08 $95-40=55$ → $95^\circ-40^\circ=55^\circ$
참고 각도의 차는 자연수의 뺄셈과 같은 방법으로 계산한 다음 단위(°)를 붙입니다.

09 0°보다 크고 직각보다 작은 각을 그립니다.

10 각의 두 변이 벌어진 정도가 클수록 큰 각입니다.
따라서 시계의 긴바늘과 짧은바늘이 이루는 작은 쪽의 각의 크기가 큰 것부터 차례대로 기호를 쓰면 ㉡, ㉣, ㉢, ㉠입니다.

11 $85^\circ+50^\circ=135^\circ$, $170^\circ-40^\circ=130^\circ$
따라서 $135^\circ>130^\circ$이므로 $85^\circ+50^\circ>170^\circ-40^\circ$입니다.

12 $\square^\circ=150^\circ-106^\circ=44^\circ$

15 직선이 이루는 각의 크기는 180°입니다.
$28^\circ+\square^\circ+90^\circ=180^\circ$
→ $\square^\circ=180^\circ-28^\circ-90^\circ=62^\circ$

16 잘못」 ❶
예 지영이가 잰 사각형의 네 각의 크기의 합은 $55^\circ+120^\circ+90^\circ+85^\circ=350^\circ$입니다.」 ❷
사각형의 네 각의 크기의 합은 360°이므로 잘못 재었습니다.」 ❸

채점 기준

❶ 잘못에 ○표 하기	2점
❷ 지영이가 잰 사각형의 네 각의 크기의 합 구하기	1점
❸ 잘못 잰 이유 쓰기	2점

17 삼각형의 세 각의 크기의 합은 180°입니다.
$\square^\circ+45^\circ+80^\circ=180^\circ$
→ $\square^\circ=180^\circ-45^\circ-80^\circ=55^\circ$

18 사각형의 네 각의 크기의 합은 360°입니다.
• ㉠$+90^\circ+55^\circ+100^\circ=360^\circ$
→ ㉠$=360^\circ-90^\circ-55^\circ-100^\circ=115^\circ$
• ㉡$+60^\circ+75^\circ+85^\circ=360^\circ$
→ ㉡$=360^\circ-60^\circ-75^\circ-85^\circ=140^\circ$
$115^\circ<140^\circ$이므로 더 큰 각은 ㉡입니다.

19 예 작은 각 1개로 이루어진 예각은 각 ㄱㅅㄴ, 각 ㄴㅅㄷ, 각 ㄷㅅㄹ, 각 ㄹㅅㅁ, 각 ㅁㅅㅂ으로 5개입니다.」 ❶
작은 각 2개로 이루어진 예각은 각 ㄱㅅㄷ, 각 ㄴㅅㄹ, 각 ㄷㅅㅁ으로 3개입니다.」 ❷
따라서 도형에서 찾을 수 있는 예각은 모두 $5+3=8$(개)입니다.」 ❸

채점 기준

❶ 작은 각 1개로 이루어진 예각은 몇 개인지 구하기	2점
❷ 작은 각 2개로 이루어진 예각은 몇 개인지 구하기	2점
❸ 도형에서 찾을 수 있는 예각은 모두 몇 개인지 구하기	1점

20 사각형의 네 각의 크기의 합은 360°이므로 사각형에서 나머지 한 각의 크기는
$360^\circ-85^\circ-125^\circ-90^\circ=60^\circ$입니다.
삼각형의 세 각의 크기의 합은 180°이므로 삼각형에서 나머지 한 각의 크기는
$180^\circ-50^\circ-80^\circ=50^\circ$입니다.
직선이 이루는 각의 크기는 180°이므로
㉠$=180^\circ-60^\circ-50^\circ=70^\circ$입니다.

29~31쪽 AI가 추천한 단원 평가 2회

01 (　)(○)　02 35
03 나　04 135°　05 80°
06 예 25, 25　07 시우
08 (예, 예, 둔, 둔)　09 ㉡
10 예 55, , 55　11 135°, 65°
12 115, 70, 110, 360
13 풀이 참고　14 ㉡　15 125
16 풀이 참고, 220°　17 72°
18 720°　19 80　20 50°

01 각의 두 변이 벌어진 정도가 작을수록 작은 각입니다.

02 각의 한 변에 맞춘 밑금의 눈금이 0인 쪽에서 다른 한 변과 만나는 눈금을 읽으면 35°입니다.

03 각도가 0°보다 크고 직각보다 작은 각을 찾으면 나입니다.

05 ㉠$=100°-20°=80°$

07 각의 크기가 큰 것부터 차례대로 기호를 쓰면 가, 다, 나이므로 각의 크기가 가장 큰 것은 가입니다. 따라서 바르게 비교한 사람은 시우입니다.

08 각도가 0°보다 크고 직각보다 작은 각을 예각이라고 하고, 각도가 직각보다 크고 180°보다 작은 각을 둔각이라고 합니다.

09 ㉡ 직각의 크기를 똑같이 90으로 나눈 것 중의 하나를 1도라고 합니다.

11 • 합: $100°+35°=135°$
• 차: $100°-35°=65°$

참고 각도의 차를 구할 때에는 큰 각에서 작은 각을 뺍니다.

12 사각형의 나머지 세 각의 크기를 각각 재어 보면 ㉠ 115°, ㉡ 70°, ㉣ 110°입니다.
→ ㉠+㉡+65°+㉣
$=115°+70°+65°+110°$
$=360°$

13 예 각의 변이 안쪽 눈금 0에 맞춰져 있으므로 안쪽 눈금을 보고 110°로 읽어야 하는데, 바깥쪽 눈금을 보고 70°로 읽었기 때문에 잘못 쟀습니다.」❶
따라서 각도를 바르게 재면 110°입니다.」❷

채점 기준

❶ 각도를 잘못 잰 이유 쓰기	4점
❷ 각도를 바르게 재기	1점

14 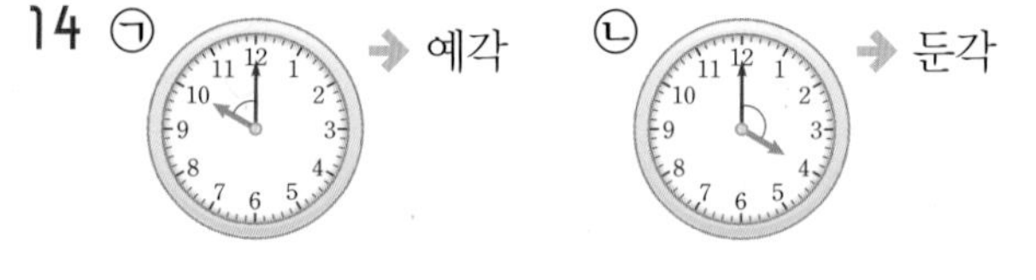

15 사각형의 네 각의 크기의 합은 360°입니다.
$70°+80°+\square°+85°=360°$
→ $\square°=360°-70°-80°-85°=125°$

16 예 $125°>110°>95°$이므로 가장 큰 각도는 125°, 가장 작은 각도는 95°입니다.」❶
따라서 가장 큰 각도와 가장 작은 각도의 합은 $125°+95°=220°$입니다.」❷

채점 기준

❶ 가장 큰 각도와 가장 작은 각도 각각 구하기	2점
❷ 가장 큰 각도와 가장 작은 각도의 합 구하기	3점

17 가장 작은 각의 크기는 $180°\div5=36°$입니다.
→ (각 ㄴㅇㄹ의 크기)$=36°\times2=72°$

18 주어진 도형은 오른쪽과 같이 사각형 2개로 나눌 수 있습니다.
따라서 도형에 표시한 각의 크기의 합은 사각형의 네 각의 크기의 합의 2배이므로 $360°\times2=720°$입니다.

19 (각 ㄱㄷㄴ의 크기)=(각 ㄴㄱㄷ의 크기)+30°
$=35°+30°=65°$
삼각형의 세 각의 크기의 합은 180°이므로
$35°+\square°+65°=180°$에서
$\square°=180°-35°-65°=80°$입니다.

20 삼각형의 세 각의 크기의 합은 180°이므로
각 ㅁㅂㅅ의 크기는 $180°-25°-90°=65°$입니다.
종이를 접은 부분과 접기 전의 부분의 각도가 같으므로 각 ㅁㅂㄱ, 각 ㅁㅂㅅ의 크기는 65°입니다.
따라서 직선이 이루는 각의 크기는 180°이므로
각 ㄴㅂㅅ의 크기는 $180°-65°-65°=50°$입니다.

32~34쪽 AI가 추천한 단원 평가 3회

01 90, 1　02 1　03 100
04 나　05 20°, 75°
06 (위에서부터) 45, 90　07 65°
08 ①　09 145°
10 예 , 50
11 지호, 85°　12 정우　13 110°
14 풀이 참고, 다은
15 풀이 참고, 105°　16 67
17 95　18 87°, 52°　19 150°
20 135°

07 사각형의 네 각의 크기를 각각 재어 보면 120°, 90°, 65°, 85°이므로 가장 작은 각의 크기는 65°입니다.

08 각도가 직각보다 크고 180°보다 작은 각이 둔각이므로 각 ㄴㄱㄷ이 둔각이 되도록 그리려면 점 ㄱ과 ①을 이어야 합니다.

09 $65°+80°=145°$

10 자를 이용하여 50°를 어림하여 그린 다음 각도기로 재어 확인합니다.

11 $110°>25°$이므로 지호가 벌린 가위의 각도가 $110°-25°=85°$ 더 큽니다.

12 삼각형의 세 각의 크기의 합은 180°입니다.
- 미연: $50°+100°+30°=180°$
- 정우: $125°+25°+40°=190°$

따라서 삼각형의 세 각의 크기를 잘못 잰 사람은 정우입니다.

13 두 각도를 각각 재어 보면 가: 35°, 나: 145°이므로 두 각도의 차는 $145°-35°=110°$입니다.

14 예 각도를 재어 보면 65°입니다.」 ❶
주어진 각도와 두 사람이 어림한 각도의 차를 각각 구해 보면 하윤이는 $80°-65°=15°$이고, 다은이는 $65°-60°=5°$입니다.」 ❷
따라서 어림을 더 잘한 사람은 다은이입니다.」 ❸

채점 기준

❶ 주어진 각도 재어 보기	2점
❷ 주어진 각도와 두 사람이 어림한 각도의 차를 각각 구하기	2점
❸ 어림을 더 잘한 사람 구하기	1점

15 예 삼각형의 세 각의 크기의 합은 180°이므로 $75°+㉠+㉡=180°$입니다.」 ❶
따라서 $㉠+㉡=180°-75°=105°$입니다.」 ❷

채점 기준

❶ ㉠+㉡을 구하는 식 세우기	3점
❷ ㉠+㉡ 구하기	2점

16 ▲는 자연수이므로 ▲°가 될 수 있는 가장 큰 예각은 89°입니다.
따라서 □°+22°=89°에서
□°=89°−22°=67°입니다.

17 사각형의 네 각의 크기의 합은 360°이므로 사각형에서 나머지 한 각의 크기는
$360°-105°-80°-90°=85°$입니다.
직선이 이루는 각의 크기는 180°이므로
□°=180°−85°=95°입니다.

18 직선이 이루는 각의 크기는 180°입니다.
- $㉡+46°+82°=180°$
  ➜ $㉡=180°-46°-82°=52°$
- $52°+41°+㉠=180°$
  ➜ $㉠=180°-52°-41°=87°$

19 시계에 큰 눈금의 숫자는 12개이고 시계의 한 바퀴는 360°입니다.
$30°\times12=360°$이므로 시계의 큰 눈금 한 칸의 각도는 30°입니다.
5시가 나타내는 시계의 긴바늘과 짧은바늘이 이루는 작은 쪽의 각도는 시계의 큰 눈금 5칸의 각도와 같으므로 $30°\times5=150°$입니다.

20

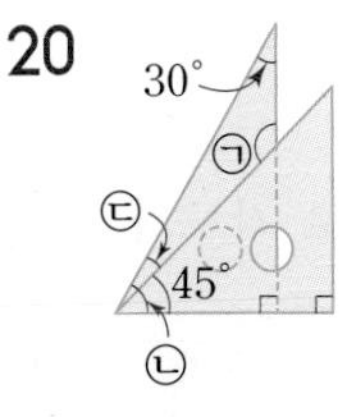

삼각형의 세 각의 크기의 합은 180°이므로
$㉡=180°-30°-90°=60°$이고,
$㉢=60°-45°=15°$입니다.
삼각형의 세 각의 크기의 합은 180°이므로
$㉠=180°-30°-㉢=180°-30°-15°=135°$입니다.

35~37쪽 AI가 추천한 단원 평가

01 1°　02 (○)(　)
03 60°　04 (위에서부터) 130, 50
05 예 85, 85　06 예
07 (　)
(○)　08 100°　09 주연
10 3개, 1개　11 예 각 ㄷㅇㄹ(또는 각 ㄹㅇㄷ)
12 풀이 참고, 나　13 ㉠
14 ㉡　15 지희
16 풀이 참고, 15°　17 135
18 30°　19 ㉠　20 40°

08 (각 ㄱㄴㄷ의 크기)$=130^\circ-30^\circ=100^\circ$

다른 풀이 (각 ㄱㄴㄷ의 크기)$=180^\circ-30^\circ-50^\circ$
$=100^\circ$

09 주연: 각의 꼭짓점과 각도기의 중심을 잘 맞추어야 합니다.

10

→ 예각: 3개, 둔각: 1개

11 각의 두 변이 벌어진 정도를 비교하면 각 ㄱㅇㄴ과 각 ㄷㅇㄹ의 크기가 비슷합니다.

12 예 각도기를 이용하여 두 각의 크기를 각각 재어 보면 가는 85°, 나는 100°입니다.」❶
따라서 $100^\circ>85^\circ$이므로 더 큰 각은 나입니다.」❷

채점 기준

❶ 두 각의 크기 각각 구하기	3점
❷ 더 큰 각 구하기	2점

13 ㉠ $50^\circ+65^\circ=115^\circ$　㉡ $170^\circ-40^\circ=130^\circ$
㉢ $90^\circ+35^\circ=125^\circ$
따라서 $115^\circ<125^\circ<130^\circ$이므로 각도가 가장 작은 것은 ㉠입니다.

14 ㉠
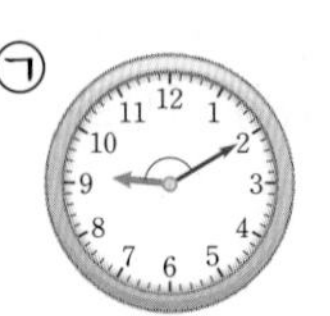
㉡
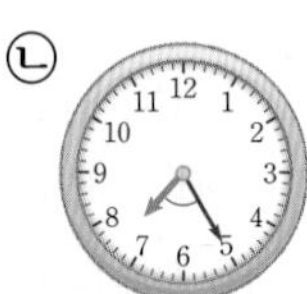
시계의 긴바늘과 짧은바늘이 이루는 작은 쪽의 각도가 0°보다 크고 직각보다 작은 각을 찾으면 ㉡입니다.

15 사각형의 네 각의 크기의 합은 360°입니다.
• 우성: $45^\circ+105^\circ+90^\circ+110^\circ=350^\circ$
• 지희: $60^\circ+85^\circ+100^\circ+115^\circ=360^\circ$
따라서 사각형의 네 각의 크기를 바르게 잰 사람은 네 각의 크기의 합이 360°인 지희입니다.

16 예 8조각으로 나눈 피자 한 조각에서 ㉠의 각도는 $360^\circ\div8=45^\circ$입니다.」❶
6조각으로 나눈 피자 한 조각에서 ㉡의 각도는 $360^\circ\div6=60^\circ$입니다.」❷
따라서 ㉠과 ㉡의 각도의 차는
$60^\circ-45^\circ=15^\circ$입니다.」❸

채점 기준

❶ 8조각으로 나눈 피자 한 조각에서 ㉠의 각도 구하기	2점
❷ 6조각으로 나눈 피자 한 조각에서 ㉡의 각도 구하기	2점
❸ ㉠과 ㉡의 각도의 차 구하기	1점

17
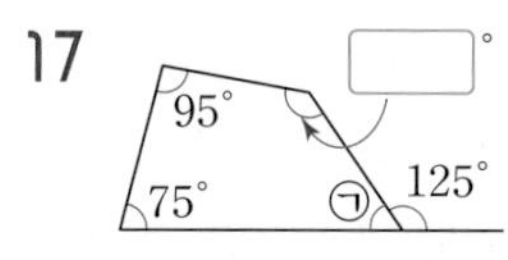

직선이 이루는 각의 크기가 180°이므로
㉠$=180^\circ-125^\circ=55^\circ$입니다.
사각형의 네 각의 크기의 합은 360°이므로
$\square^\circ=360^\circ-95^\circ-75^\circ-55^\circ=135^\circ$입니다.

18 삼각형의 세 각의 크기의 합은 180°이므로 삼각형 ㄷㄹㅁ에서 각 ㄷㅁㄹ의 크기는
$180^\circ-90^\circ-20^\circ=70^\circ$입니다.
직선이 이루는 각의 크기는 180°이므로
각 ㄴㅁㄱ의 크기는 $180^\circ-50^\circ-70^\circ=60^\circ$입니다. 따라서 삼각형 ㄱㄴㅁ에서
㉠$=180^\circ-90^\circ-60^\circ=30^\circ$입니다.

19 ㉡
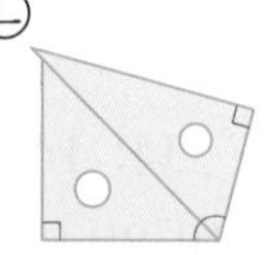
$45^\circ+60^\circ=105^\circ$
㉢
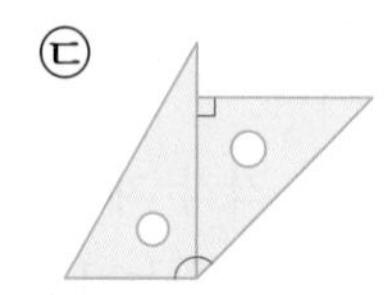
$90^\circ+45^\circ=135^\circ$
따라서 만들 수 없는 각도는 ㉠입니다.

20 종이를 접은 부분과 접기 전의 부분의 각도가 같으므로 각 ㄱㅁㅂ, 각 ㅅㅁㅂ의 크기는 20°입니다.
직선이 이루는 각의 크기는 180°이므로 각 ㅅㅁㄹ의 크기는 $180^\circ-20^\circ-20^\circ=140^\circ$입니다.
사각형의 네 각의 크기의 합은 360°이므로
각 ㅁㅇㄷ의 크기는 $360^\circ-140^\circ-90^\circ-90^\circ=40^\circ$입니다.

38~43쪽 틀린 유형 다시 보기

유형 1 ㉡	1-1 ㉠	1-2 예각
유형 2 55°	2-1 70°	2-2 150°
유형 3 65°	3-1 81°	3-2 54°, 62°
3-3 52°	유형 4 35°	4-1 65°
4-2 35°	4-3 45°	유형 5 60
5-1 130	5-2 75	5-3 150°
유형 6 135°	6-1 120°	6-2 90°
유형 7 120	7-1 65°	7-2 120
7-3 30°	유형 8 720°	8-1 540°
8-2 900°	유형 9 3개	9-1 6개
9-2 6개	9-3 7개	유형 10 75°
10-1 105°	10-2 75°	유형 11 70°
11-1 105°	11-2 45°	유형 12 80°
12-1 20°	12-2 50°	

유형 1 시계의 긴바늘과 짧은바늘이 이루는 작은 쪽의 각도가 0°보다 크고 직각보다 작은 각을 찾으면 ㉡입니다.

1-1 시계의 긴바늘과 짧은바늘이 이루는 작은 쪽의 각도가 직각보다 크고 180°보다 작은 각을 찾으면 ㉠입니다.

1-2 8시 30분일 때 시계의 긴바늘과 짧은바늘이 이루는 작은 쪽의 각도가 0°보다 크고 직각보다 작으므로 예각입니다.

유형 2 각도를 재어 보면 가: 60°, 나: 115°이므로 두 각도의 차는 115°−60°=55°입니다.

2-1 각도를 재어 보면 가: 40°, 나: 110°, 다: 90°이므로 가장 큰 각은 110°, 가장 작은 각은 40°입니다.
따라서 두 각도의 차는 110°−40°=70°입니다.
참고 가, 나, 다의 각도를 각각 재어 크기를 비교하거나 각의 변이 벌어진 정도를 비교하여 가장 큰 각과 가장 작은 각을 찾을 수도 있습니다.

2-2 각도를 재어 보면 가: 80°, 나: 20°, 다: 130°이므로 가장 큰 각은 130°, 가장 작은 각은 20°입니다.
따라서 두 각도의 합은 130°+20°=150°입니다.

유형 3 직선이 이루는 각의 크기는 180°입니다.
115°+㉠=180° → ㉠=180°−115°=65°

3-1 직선이 이루는 각의 크기는 180°입니다.
54°+㉠+45°=180°
→ ㉠=180°−54°−45°=81°

3-2 직선이 이루는 각의 크기는 180°입니다.
• 36°+㉠+90°=180°
→ ㉠=180°−36°−90°=54°
• 90°+㉡+28°=180°
→ ㉡=180°−90°−28°=62°

3-3 직선이 이루는 각의 크기는 180°입니다.
• 52°+㉠+43°=180°
→ ㉠=180°−52°−43°=85°
• 43°+104°+㉡=180°
→ ㉡=180°−43°−104°=33°
따라서 ㉠과 ㉡의 각도의 차는 85°−33°=52°입니다.

유형 4 삼각형의 세 각의 크기의 합은 180°입니다.
㉠+105°+40°=180°
→ ㉠=180°−105°−40°=35°

4-1 삼각형의 세 각의 크기의 합은 180°입니다.
65°+㉠+50°=180°
→ ㉠=180°−65°−50°=65°

4-2 삼각형의 세 각의 크기의 합은 180°입니다.
55°+90°+㉠=180°
→ ㉠=180°−55°−90°=35°

4-3 삼각형의 세 각의 크기의 합은 180°입니다.
→ 180°−73°−62°=45°

유형 5 사각형의 네 각의 크기의 합은 360°입니다.
120°+65°+115°+□°=360°
→ □°=360°−120°−65°−115°=60°

5-1 사각형의 네 각의 크기의 합은 360°입니다.
□°+50°+85°+95°=360°
→ □°=360°−50°−85°−95°=130°

5-2 사각형의 네 각의 크기의 합은 360°입니다.
□°+90°+60°+135°=360°
→ □°=360°−90°−60°−135°=75°

5-3 사각형의 네 각의 크기의 합은 360°입니다.
→ 360°－95°－35°－80°＝150°

유형 6 가장 작은 각의 크기는 180°÷4＝45°입니다.
→ (각 ㄱㅇㄹ의 크기)＝45°×3＝135°

6-1 가장 작은 각의 크기는 180°÷6＝30°입니다.
→ (각 ㄴㅇㅂ의 크기)＝30°×4＝120°

6-2 가장 작은 각의 크기는 360°÷8＝45°입니다.
→ (각 ㄴㅇㄹ의 크기)＝45°×2＝90°

다른 풀이 180°를 똑같이 4개의 각으로 나누었으므로 가장 작은 각의 크기는 180°÷4＝45°입니다.
→ (각 ㄴㅇㄹ의 크기)＝45°×2＝90°

유형 7

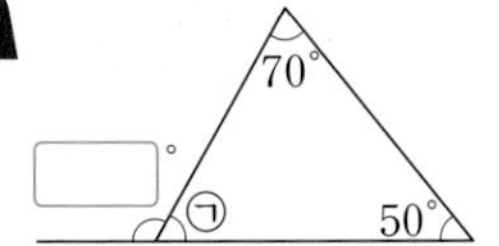

삼각형의 세 각의 크기의 합은 180°이므로
70°＋㉠＋50°＝180°에서
㉠＝180°－70°－50°＝60°입니다.
㉠＝60°이고 직선이 이루는 각의 크기는 180°이므로 □°＋㉠＝180°에서
□°＋60°＝180°, □°＝180°－60°＝120°입니다.

7-1 삼각형의 세 각의 크기의 합은 180°이므로 삼각형에서 나머지 한 각의 크기는
180°－35°－30°＝115°입니다.
직선이 이루는 각의 크기는 180°이므로
●＝180°－115°＝65°입니다.

7-2 55° 130° 115° ㉠ □°

사각형의 네 각의 크기의 합은 360°이므로
55°＋115°＋㉠＋130°＝360°에서
㉠＝360°－55°－115°－130°＝60°입니다.
㉠＝60°이고 직선이 이루는 각의 크기는 180°이므로
㉠＋□°＝180°에서 60°＋□°＝180°,
□°＝180°－60°＝120°입니다.

7-3 사각형의 네 각의 크기의 합은 360°이므로
■＋100°＋80°＋75°＝360°에서
■＝360°－100°－80°－75°＝105°입니다.
직선이 이루는 각의 크기는 180°이므로
▲＝180°－■＝180°－105°＝75°입니다.
따라서 ■와 ▲의 각도의 차는
105°－75°＝30°입니다.

유형 8 주어진 도형은 삼각형 4개로 나눌 수 있습니다.

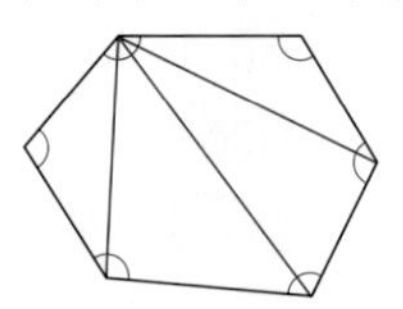

따라서 도형에 표시한 각의 크기의 합은 삼각형의 세 각의 크기의 합의 4배이므로
180°×4＝720°입니다.

다른 풀이 주어진 도형은 사각형 2개로 나눌 수 있습니다.

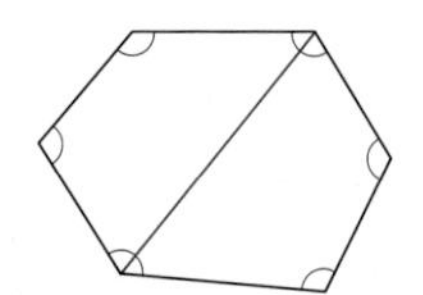

따라서 도형에 표시한 각의 크기의 합은 사각형의 네 각의 크기의 합의 2배이므로
360°×2＝720°입니다.

8-1 주어진 도형은 삼각형 3개로 나눌 수 있습니다.

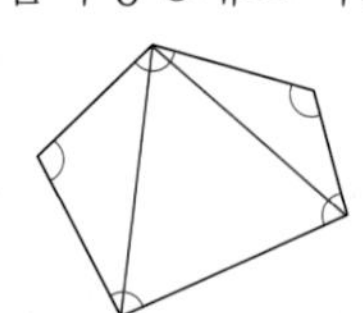

따라서 도형에 표시한 각의 크기의 합은 삼각형의 세 각의 크기의 합의 3배이므로
180°×3＝540°입니다.

다른 풀이 주어진 도형은 삼각형 1개와 사각형 1개로 나눌 수 있습니다.

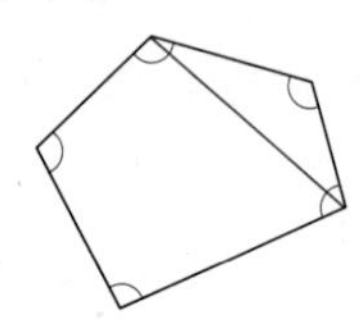

따라서 도형에 표시한 각의 크기의 합은 삼각형의 세 각의 크기의 합과 사각형의 네 각의 크기의 합이므로 180°＋360°＝540°입니다.

8-2 주어진 도형은 삼각형 1개와 사각형 2개로 나눌 수 있습니다.

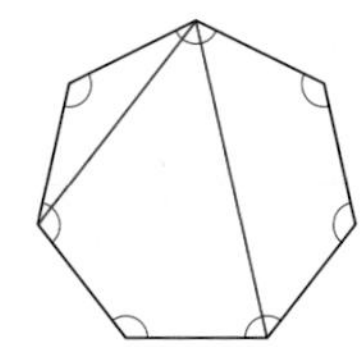

따라서 도형에 표시한 각의 크기의 합은
$180^\circ+360^\circ+360^\circ=900^\circ$입니다.

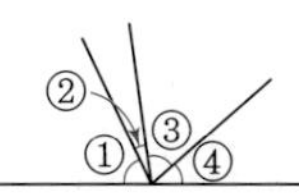

• 작은 각 2개짜리: ③+④ ➔ 1개
• 작은 각 3개짜리: ①+②+③, ②+③+④
➔ 2개

따라서 찾을 수 있는 크고 작은 둔각은 모두
$1+2=3$(개)입니다.

9-1

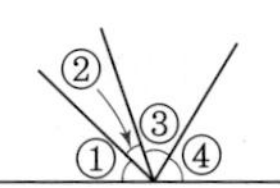

• 작은 각 1개짜리: ①, ②, ③, ④ ➔ 4개
• 작은 각 2개짜리: ①+②, ②+③ ➔ 2개

따라서 찾을 수 있는 크고 작은 예각은 모두
$4+2=6$(개)입니다.

9-2

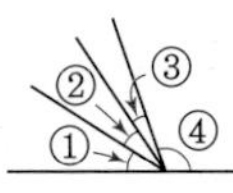

• 작은 각 1개짜리: ①, ②, ③ ➔ 3개
• 작은 각 2개짜리: ①+②, ②+③ ➔ 2개
• 작은 각 3개짜리: ①+②+③ ➔ 1개

따라서 찾을 수 있는 크고 작은 예각은 모두
$3+2+1=6$(개)입니다.

9-3

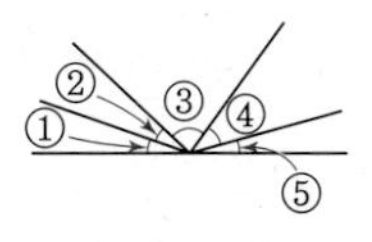

• 작은 각 2개짜리: ②+③, ③+④ ➔ 2개
• 작은 각 3개짜리: ①+②+③, ②+③+④,
③+④+⑤ ➔ 3개
• 작은 각 4개짜리: ①+②+③+④,
②+③+④+⑤ ➔ 2개

따라서 찾을 수 있는 크고 작은 둔각은 모두
$2+3+2=7$(개)입니다.

유형 10

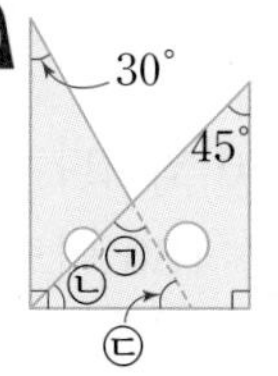

삼각형의 세 각의 크기의 합은 180°이므로
㉡$=180^\circ-90^\circ-45^\circ=45^\circ$,
㉢$=180^\circ-30^\circ-90^\circ=60^\circ$입니다.
➔ ㉠$=180^\circ-$㉡$-$㉢
$=180^\circ-45^\circ-60^\circ=75^\circ$

10-1

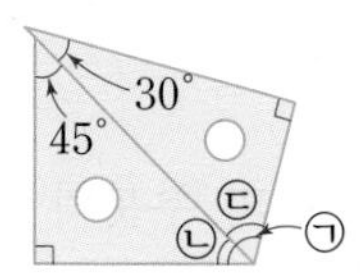

삼각형의 세 각의 크기의 합은 180°이므로
㉡$=180^\circ-45^\circ-90^\circ=45^\circ$,
㉢$=180^\circ-30^\circ-90^\circ=60^\circ$입니다.
➔ ㉠$=$㉡$+$㉢$=45^\circ+60^\circ=105^\circ$

10-2

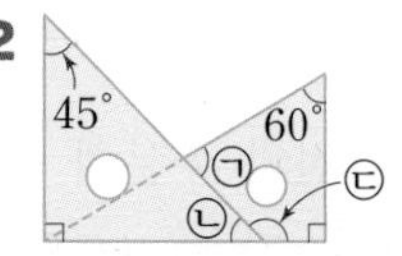

삼각형의 세 각의 크기의 합은 180°이므로
㉡$=180^\circ-45^\circ-90^\circ=45^\circ$입니다.
직선이 이루는 각의 크기는 180°이므로
㉢$=180^\circ-45^\circ=135^\circ$입니다.
사각형의 네 각의 크기의 합은 360°이므로
㉠$=360^\circ-60^\circ-135^\circ-90^\circ=75^\circ$입니다.

유형 11 삼각형의 세 각의 크기의 합은 180°이므로
삼각형 ㄱㄴㄷ에서 각 ㄴㄱㄷ의 크기는
$180^\circ-90^\circ-25^\circ=65^\circ$입니다.
사각형의 네 각의 크기의 합은 360°이므로
사각형 ㄱㄴㄹㅁ에서 각 ㄱㅁㄹ의 크기는
$360^\circ-65^\circ-90^\circ-135^\circ=70^\circ$입니다.

11-1 삼각형의 세 각의 크기의 합은 180°이므로
삼각형 ㄱㄴㄷ에서 각 ㄱㄷㄴ의 크기는
$180^\circ-120^\circ-35=25^\circ$입니다.
사각형의 네 각의 크기의 합은 360°이므로
사각형 ㄱㄹㅁㄷ에서 각 ㄱㄹㅁ의 크기는
$360^\circ-120^\circ-110^\circ-25^\circ=105^\circ$입니다.

11-2 사각형의 네 각의 크기의 합은 360°이므로 사각형에서 나머지 한 각의 크기는
$360° - 70° - 110° - 100° = 80°$입니다.
삼각형의 세 각의 크기의 합은 180°이므로 삼각형에서 나머지 한 각의 크기는
$180° - 75° - 50° = 55°$입니다.
직선이 이루는 각의 크기는 180°이므로
㉠$= 180° - 80° - 55° = 45°$입니다.

유형 12

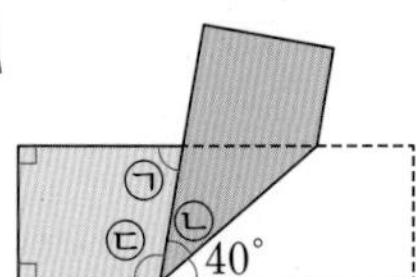

종이를 접은 부분과 접기 전의 부분의 각도가 같으므로 ㉡$= 40°$입니다.
직선이 이루는 각의 크기는 180°이므로
㉢$= 180° - 40° - 40° = 100°$입니다.
사각형의 네 각의 크기의 합은 360°이므로
㉠$= 360° - 90° - 90° - 100° = 80°$입니다.

12-1 종이를 접은 부분과 접기 전의 부분의 각도가 같으므로 각 ㅂㄱㄷ의 크기, 각 ㄹㄱㄷ의 크기는 35°입니다.
직사각형 ㄱㄴㄷㄹ에서 각 ㄴㄱㄹ의 크기는 90°이므로
(각 ㄴㄱㅁ의 크기)
$= 90° -$(각 ㅂㄱㄷ의 크기)$-$(각 ㄹㄱㄷ의 크기)
$= 90° - 35° - 35° = 20°$입니다.

12-2 종이를 접은 부분과 접기 전의 부분의 각도가 같으므로 각 ㄱㅂㄷ, 각 ㄱㄹㄷ의 크기는 90°입니다.
삼각형의 세 각의 크기의 합은 180°이므로
삼각형 ㄱㅂㄷ에서 각 ㅂㄱㄷ의 크기는
$180° - 90° - 70° = 20°$입니다.
종이를 접은 부분과 접기 전의 부분의 각도가 같으므로 각 ㅂㄱㄷ, 각 ㄹㄱㄷ의 크기는 20°입니다.
(각 ㄴㄱㅁ의 크기)
$= 90° -$(각 ㅂㄱㄷ의 크기)$-$(각 ㄹㄱㄷ의 크기)
$= 90° - 20° - 20° = 50°$입니다.

3단원 곱셈과 나눗셈

46~48쪽 AI가 추천한 단원 평가 1회

01 6, 6
02 (왼쪽에서부터) 1200, 12000, 10
03 7560, 1008, 8568
04 5
05 9
06 59640
07 19, 3
08 7, 245, 17 / 7, 17, 262
09
$$\begin{array}{r} 504 \\ \times \quad 62 \\ \hline 1008 \\ 30240 \\ \hline 31248 \end{array}$$
10 <
11 700
12 ㉡
13 11425
14 풀이 참고, ㉡
15 $347 \div 18 = 19 \cdots 5$ / 19, 5
16 풀이 참고, 13800 mL
17 25상자
18 62
19 21, 15
20 72

04 152를 150으로, 31을 30으로 생각하여 어림하면 $152 \div 31$은 $150 \div 30 = 5$로 어림할 수 있습니다.

05
$$\begin{array}{r} 589 \\ \times \quad 50 \\ \hline 29450 \end{array}$$

07
$$\begin{array}{r} 19 \\ 30\,\overline{)573} \\ 300 \\ \hline 273 \\ 270 \\ \hline 3 \end{array}$$

09 504×60을 계산하여 십의 자리에 맞추어 써야 하는데 일의 자리에 맞추어 썼습니다.

10 $610 \times 50 = 30500$, $467 \times 70 = 32690$이므로 $610 \times 50 < 467 \times 70$입니다.

11 $\square \times 60 = 42000$은 $\square \times 6 = 4200$과 같고 $7 \times 6 = 42$이므로 $\square$ 안에 알맞은 수는 700입니다.

12 ㉠ $92 \div 16 = 5 \cdots 12$ ㉡ $123 \div 21 = 5 \cdots 18$
따라서 나머지가 더 큰 것은 ㉡입니다.

13 $457 > 361 > 38 > 25$이므로 가장 큰 수는 457, 가장 작은 수는 25입니다.
→ $457 \times 25 = 11425$

14 예 각각 계산해 보면 ㉠ $480 \div 26 = 18 \cdots 12$,
㉡ $250 \div 38 = 6 \cdots 22$,
㉢ $350 \div 21 = 16 \cdots 14$입니다.」❶
따라서 몫이 한 자리 수인 나눗셈식은 ㉡입니다.」❷

채점 기준

❶ ㉠, ㉡, ㉢의 몫 각각 구하기	3점
❷ 몫이 한 자리 수인 나눗셈식 찾기	2점

다른 풀이 (세 자리 수)÷(몇십몇)에서 나누어지는 수의 왼쪽 두 자리 수가 나누는 수보다 크거나 같으면 몫이 두 자리 수이고, 나누는 수보다 작으면 몫이 한 자리 수입니다.
㉠ $\underline{48}0 \div \underline{26}$ ➜ 몫이 두 자리 수
㉡ $\underline{25}0 \div \underline{38}$ ➜ 몫이 한 자리 수
㉢ $\underline{35}0 \div \underline{21}$ ➜ 몫이 두 자리 수
따라서 몫이 한 자리 수인 나눗셈식은 ㉡입니다.

15 $347 \div 18 = 19 \cdots 5$
따라서 도넛을 19상자까지 담을 수 있고, 남는 도넛은 5개입니다.

16 예 4학년 전체 학생 수는 $23 + 22 + 24 = 69$(명)입니다.」❶
따라서 오늘 4학년 학생 전체가 받는 우유의 양은 모두 $200 \times 69 = 13800$(mL)입니다.」❷

채점 기준

❶ 4학년 전체 학생 수 구하기	2점
❷ 오늘 4학년 학생 전체가 받는 우유의 양 구하기	3점

17 다혜네 가족이 캔 감자는 모두 $35 \times 10 = 350$(개)입니다.
따라서 감자 350개를 한 상자에 14개씩 포장한다면 $350 \div 14 = 25$(상자)가 됩니다.

18 $329 \div \square = 5 \cdots 19$에서 $\square \times 5 = \triangle$라고 하면
$\triangle + 19 = 329$, $\triangle = 329 - 19 = 310$입니다.
$\square \times 5 = 310$에서 $\square = 310 \div 5 = 62$입니다.

19 어떤 수를 $\square$라고 하면 $435 - \square = 415$에서
$\square = 435 - 415 = 20$입니다.
따라서 바르게 계산하면 $435 \div 20 = 21 \cdots 15$이므로 몫은 21, 나머지는 15입니다.

20 몫이 가장 크려면 가장 큰 세 자리 수를 가장 작은 두 자리 수로 나누어야 합니다.
$8 > 6 > 4 > 2 > 1$이므로 만들 수 있는 가장 큰 세 자리 수는 864이고, 가장 작은 두 자리 수는 12입니다.
➜ $864 \div 12 = 72$

49~51쪽 AI가 추천한 단원 평가 

01 1314, 13140
02 140, 210, 280 / 3
03 $241 \times 30 = 7230$
04 $4 \cdots 8$
05 69496
06 $25 \cdots 7$
07 17 / 17, 476
08 8000, 54000
09 ①
10 ㉢
11 20
12 풀이 참고
13 8줄
14 $148 \times 43 = 6364$, 6364개
15 ㉡
16 ㉡, ㉢, ㉠
17 풀이 참고, 2개
18 4개
19 7, 3, 4
20 950원

06
```
      2 5
 11 ) 2 8 2
      2 2 0
        6 2
        5 5
          7
```

08 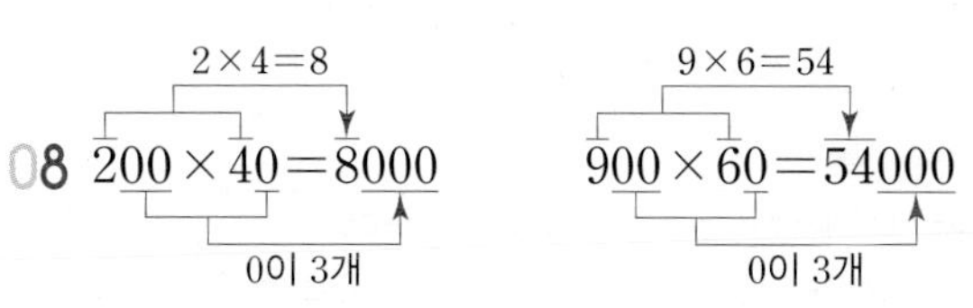

09 • $50 \div 16 = 3 \cdots 2$이므로 ㉠$=2$입니다.
• $75 \div 22 = 3 \cdots 9$이므로 ㉡$=3$입니다.

10 ㉠ $42 \div 14 = 3$ ㉡ $81 \div 27 = 3$
㉢ $256 \div 64 = 4$ ㉣ $96 \div 32 = 3$

11 어떤 자연수를 21로 나눌 때 나머지는 나누는 수인 21보다 작아야 하므로 나머지가 될 수 있는 수 중에서 가장 큰 수는 20입니다.

12 예 497은 500보다 작고, $500 \times 30 = 15000$이므로 497×30은 15000보다 작습니다.」❶
```
    4 9 7
  ×   3 0
  1 4 9 1 0
```
」❷

채점 기준

❶ 보기와 같은 방법으로 어림하기	2점
❷ 497×30 계산하기	3점

13 (전체 깻잎 모종의 수)
÷(한 줄에 심는 깻잎 모종의 수)
$= 336 \div 42 = 8$(줄)

14 (한 상자에 담은 사과의 수)×(상자 수)
=148×43=6364(개)

15 ㉠ 30×400=12000이므로 0의 개수는 3개입니다.
㉡ 500×80=40000이므로 0의 개수는 4개입니다.
㉢ 700×60=42000이므로 0의 개수는 3개입니다.

16 ㉠ 204÷19=10 … 14
㉡ 156÷12=13
㉢ 192÷15=12 … 12
따라서 몫이 큰 것부터 차례대로 기호를 쓰면 ㉡, ㉢, ㉠입니다.

17 예 (전체 테니스공의 수)
÷(한 상자에 담은 테니스공의 수)
=586÷28=20 … 26이므로 상자에 담고 남은 공은 26개입니다.」❶
(남은 테니스공의 수)
÷(한 바구니에 담은 테니스공의 수)
=26÷12=2 … 2이므로 상자와 바구니에 담고 남은 테니스공은 2개입니다.」❷

채점 기준

❶ 상자에 담고 남은 테니스공의 수 구하기	2점
❷ 상자와 바구니에 담고 남은 테니스공의 수 구하기	3점

18 969÷17=57이므로 12×□<57입니다.
12×1=12, 12×2=24, 12×3=36,
12×4=48, 12×5=60……이므로 □ 안에는 5보다 작은 수가 들어갈 수 있습니다.
따라서 □ 안에 들어갈 수 있는 수는 1, 2, 3, 4로 모두 4개입니다.

19 • 8−㉢=4에서 ㉢=8−4=4입니다.
• 32×㉠=224에서 ㉠=224÷32=7입니다.
• 2㉡8−224=14에서 2㉡8=14+224=238이므로 ㉡=3입니다.

20 (과자 12봉지의 값)=650×12=7800(원)
(주스 15개의 값)=750×15=11250(원)
➔ (거스름돈)
=(시윤이가 낸 돈)−(과자 12봉지의 값)
−(주스 15개의 값)
=20000−7800−11250=950(원)

52~54쪽 AI가 추천한 단원 평가 

01 2740, 411, 3151　02 6, 204, 0
03 1400, 14000
04 1985, 19850　05 18144
06 4 / 4, 216　07 24000　08 <
09 ㉢　10　11 4662
12 19　13 33, 10　14 풀이 참고
15 ㉡, ㉠, ㉢　16 12일
17 풀이 참고, 자두　18 18
19 5, 0, 1　20 4, 5

02
```
       6
34 )2 0 4
    2 0 4
        0
```

04 **보기**에서 138×20은 138×2의 값을 10배 한 것입니다.
따라서 397×50은 397×5의 값을 10배 합니다.

06
```
       4
54 )2 1 6
    2 1 6
        0
```
확인 54×4=216

07 300×80은 3×8의 값에 곱하는 두 수의 0의 개수만큼 0을 붙입니다.
3×8=24 ➔ 300×80=24000

08 300÷50=6, 282÷40=7 … 2
따라서 몫의 크기를 비교하면 6<7이므로
300÷50<282÷40입니다.

10 85÷41=2 … 3, 642÷38=16 … 34,
350÷27=12 … 26

11 963×18=17334, 528×24=12672
➔ 17334−12672=4662

12 어떤 수를 □라고 하면 □×25=475에서
□=475÷25=19입니다.
따라서 어떤 수는 19입니다.

13 604>365>52>18이므로 가장 큰 수는 604, 가장 작은 수는 18입니다.
604÷18=33 … 10이므로 몫은 33, 나머지는 10입니다.

14 예 한 상자에 오이가 350개씩 30상자에 들어 있습니다. 오이는 모두 몇 개인지 구해 보세요.」 ❶
10500개」 ❷

채점 기준

❶ 주어진 수와 낱말을 이용하여 곱셈 문제 만들기	3점
❷ 답 구하기	2점

15 ㉠ $702 \times 36 = 25272$
㉡ $613 \times 45 = 27585$
㉢ $567 \times 40 = 22680$
따라서 $27585 > 25272 > 22680$이므로 곱이 큰 것부터 차례대로 기호를 쓰면 ㉡, ㉠, ㉢입니다.

16 (전체 동화책의 쪽수)
÷(하루에 읽는 동화책의 쪽수)
$= 280 \div 25 = 11 \cdots 5$
따라서 동화책을 모두 읽으려면 남은 5쪽도 읽어야 하므로 적어도 $11+1=12$(일)이 걸립니다.

17 예 (자두 한 개의 무게)$=988 \div 19 = 52$(g)」 ❶
(귤 한 개의 무게)$=984 \div 24 = 41$(g)」 ❷
따라서 $52 > 41$이므로 한 개당 무게가 더 무거운 과일은 자두입니다.」 ❸

채점 기준

❶ 자두 한 개의 무게 구하기	2점
❷ 귤 한 개의 무게 구하기	2점
❸ 한 개당 무게가 더 무거운 과일 구하기	1점

18 어떤 수를 □라고 하면 $□ \div 43 = 9 \cdots 27$입니다.
$43 \times 9 = 387$, $387 + 27 = 414$이므로 $□=414$입니다.
따라서 어떤 수를 23으로 나눈 몫은
$414 \div 23 = 18$입니다.

19 • $226 \times 9 = 2034$에서 ㉡$=0$입니다.
• $226 \times$ ㉠$0 = 1$㉢300에서 $6 \times$ ㉠의 일의 자리 숫자가 0이므로 ㉠$=5$입니다.
• $226 \times 50 = 11300$에서 ㉢$=1$입니다.

20 $1□8 \div 24 = 6 \cdots ★$에서 ★이 가장 작을 때는 0이고, ★이 가장 클 때는 $24-1=23$입니다.
나누어지는 수가 가장 작을 때는 $24 \times 6 = 144$,
나누어지는 수가 가장 클 때는
$24 \times 6 = 144$, $144 + 23 = 167$입니다.
따라서 $1□8$은 144와 같거나 크고 167과 같거나 작으므로 □ 안에 들어갈 수 있는 수는 4, 5입니다.

55~57쪽 AI가 추천한 단원 평가 4회

01 35, 35000 02 570, 760 / 30, 40
03 2552, 12760, 15312 04 ㉠, ㉡
05 4680 06 4, 6 07 ④
08 9156 09 65, 5
10 ( )(○) 11 6300 g
12 ㉠, ㉣ 13 37660 14 풀이 참고
15 4시간 42분 16 24개
17 풀이 참고, 해은 18 629
19 28개 20 78292

02 $19 \times 30 = 570$, $19 \times 40 = 760$에서 591은 570보다 크고 760보다 작으므로 $591 \div 19$의 몫은 30보다 크고 40보다 작습니다.

06
$$\begin{array}{r} 4 \leftarrow \text{몫} \\ 16\,\overline{)\,70} \\ 64 \\ \hline 6 \leftarrow \text{나머지} \end{array}$$

07 (몇백몇십)÷(몇십)은 (몇십몇)÷(몇)으로 생각하여 계산할 수 있습니다.
④ $48 \div 6 = 8$ ➔ $480 \div 60 = 8$

09 $975 \div 15 = 65$, $65 \div 13 = 5$

11 (달걀 한 개의 무게)×(달걀의 수)
$= 42 \times 150 = 6300$(g)

12 (세 자리 수)÷(두 자리 수)에서 나누는 수가 나누어지는 수의 왼쪽 두 자리 수보다 크면 몫이 한 자리 수이고, 같거나 작으면 몫이 두 자리 수입니다.
㉠ $164 \div 13$ ➔ $16 > 13$
㉡ $371 \div 54$ ➔ $37 < 54$
㉢ $135 \div 36$ ➔ $13 < 36$
㉣ $742 \div 29$ ➔ $74 > 29$
따라서 몫이 두 자리 수인 나눗셈식은 ㉠, ㉣입니다.

다른 풀이

㉠ $164 \div 13 = 12 \cdots 8$ ㉡ $371 \div 54 = 6 \cdots 47$
㉢ $135 \div 36 = 3 \cdots 27$ ㉣ $742 \div 29 = 25 \cdots 17$
따라서 몫이 두 자리 수인 나눗셈식은 ㉠, ㉣입니다.

13 100이 4개, 10이 13개, 1이 8개인 수는 538입니다.
➔ $538 \times 70 = 37660$

14 예 나머지가 나누는 수보다 크므로 몫을 더 크게 하여 계산해야 합니다.」❶

```
     1 4
30 )4 2 6
    3 0 0
    1 2 6
    1 2 0
        6
```
」❷

채점 기준

❶ 잘못 계산한 이유 쓰기	2점
❷ 바르게 계산하기	3점

15 1시간은 60분입니다.
$282 \div 60 = 4 \cdots 42$이므로 용산역에서 광주역까지 가는 데 걸린 시간은 4시간 42분입니다.

16 (전체 사탕의 수)÷(학생 수)$=172 \div 28 = 6 \cdots 4$
따라서 남은 사탕이 4개이므로 남는 사탕이 없이 똑같이 나누어 주려면 사탕이 적어도 $28-4=24$(개) 더 필요합니다.

17 예 해은이가 저금통에 모은 금액은
$500 \times 20 = 10000$(원)입니다.」❶
현규가 저금통에 모은 금액은
$100 \times 90 = 9000$(원)입니다.」❷
따라서 $10000 > 9000$이므로 해은이가 모은 돈이 더 많습니다.」❸

채점 기준

❶ 해은이가 모은 금액 구하기	2점
❷ 현규가 모은 금액 구하기	2점
❸ 모은 돈이 더 많은 사람 구하기	1점

18 ▲가 가장 큰 수가 되려면 나누는 수보다 1만큼 더 작은 수이어야 하므로 ▲$=18-1=17$입니다.
●$\div 18 = 34 \cdots 17$에서 $18 \times 34 = 612$,
$612 + 17 = 629$이므로 ●에 알맞은 수는 629입니다.

19 (가로등 사이 간격 수)$=675 \div 25 = 27$(군데)
→ (필요한 가로등의 수)$=27+1=28$(개)

20 곱이 가장 크려면 ㉠㉡㉢×㉣㉤에서 ㉠과 ㉣에 가장 큰 수와 두 번째로 큰 수를 넣고, ㉢에 가장 작은 수를 넣어야 합니다.
$951 \times 82 = 77982$, $921 \times 85 = 78285$,
$851 \times 92 = 78292$, $821 \times 95 = 77995$
따라서 곱이 가장 큰 (세 자리 수)×(두 자리 수)의 곱셈식은 $851 \times 92 = 78292$입니다.

58~63쪽 틀린 유형 다시 보기

유형 1 40	1-1 800	1-2 90
1-3 50	유형 2 ④, ⑤	2-1 ①, ②
2-2 33	2-3 10, 11	유형 3 20600
3-1 15280	3-2 36330	3-3 58695

유형 4
```
     2 4
16 )3 9 2
    3 2 0
      7 2
      6 4
        8
```

4-1
```
       6
12 )7 3
    7 2
      1
```

4-2 예 160에서 174를 뺄 수 없으므로 몫을 더 작게 하여 계산해야 합니다. /
```
     1 5
29 )4 5 0
    2 9 0
    1 6 0
    1 4 5
      1 5
```

유형 5 13	5-1 22	5-2 8
5-3 74	유형 6 14상자	6-1 16상자
6-2 9일	6-3 6대	유형 7 25
7-1 9	7-2 15	7-3 44
유형 8 50개	8-1 16개	8-2 39상자
8-3 374장	유형 9 7686	9-1 2, 3
9-2 11191	9-3 25	유형 10 2, 7, 1

10-1 (위에서부터) 7, 1
10-2 (위에서부터) 4, 6, 7, 6
유형 11 652, 94, 61288
11-1 631, 82, 51742
11-2 278, 13, 3614
유형 12 3, 4, 5, 6, 7　　12-1 4, 5, 6
12-2 7

유형 1 $600 \times \square = 24000$은 $6 \times \square = 240$과 같고 $6 \times 4 = 24$이므로 □ 안에 알맞은 수는 40입니다.
참고 (몇백)×(몇십)은 (몇)×(몇)의 값에 곱하는 두 수의 0의 개수만큼 0을 붙입니다.

1-1 $\square \times 70 = 56000$은 $\square \times 7 = 5600$과 같고 $8 \times 7 = 56$이므로 □ 안에 알맞은 수는 800입니다.

1-2 $500\times\square=45000$은 $5\times\square=450$과 같고 $5\times9=45$이므로 □ 안에 알맞은 수는 90입니다.

1-3 $\square\times200=10000$은 $\square\times2=100$과 같고 $5\times2=10$이므로 □ 안에 알맞은 수는 50입니다.

유형 2 $\square\div50$에서 나머지는 나누는 수인 50보다 작아야 합니다.
따라서 나머지가 될 수 없는 수는 ④ 55, ⑤ 60입니다.
참고 나머지는 항상 나누는 수보다 작아야 합니다.

2-1 어떤 자연수를 19로 나눌 때 나머지는 나누는 수인 19보다 작아야 합니다.
따라서 나머지가 될 수 있는 수는 ① 4, ② 17입니다.
참고 어떤 자연수를 19로 나눌 때 나올 수 있는 나머지는 0부터 18까지입니다.

2-2 어떤 자연수를 34로 나눌 때 나머지는 나누는 수인 34보다 작아야 합니다.
따라서 나머지가 될 수 있는 수 중에서 가장 큰 수는 33입니다.
참고 어떤 자연수를 34로 나눌 때 나올 수 있는 나머지는 0부터 33까지입니다.

2-3 어떤 자연수를 12로 나눌 때 나머지는 나누는 수인 12보다 작아야 하므로 나머지가 될 수 있는 수는 0부터 11까지입니다.
따라서 나머지가 될 수 있는 수 중에서 두 자리 수는 10, 11입니다.

유형 3 100이 4개, 10이 1개, 1이 2개인 수는 412입니다.
→ $412\times50=20600$

3-1 100이 3개, 10이 8개, 1이 2개인 수는 382입니다.
→ $382\times40=15280$

3-2 100이 5개, 1이 19개인 수는 519입니다.
→ $519\times70=36330$

3-3 1이 215개인 수는 215이고, 215를 3배 한 수는 $215\times3=645$입니다.
→ $645\times91=58695$

유형 4 나머지가 나누는 수인 16보다 크므로 몫을 더 크게 하여 계산해야 합니다.

4-1 나머지가 나누는 수인 12보다 크므로 몫을 더 크게 하여 계산해야 합니다.

유형 5 어떤 수를 □라고 하면 $\square\times74=962$에서
$\square=962\div74=13$입니다.
따라서 어떤 수는 13입니다.

5-1 어떤 수를 □라고 하면 $\square\times38=836$에서
$\square=836\div38=22$입니다.
따라서 어떤 수는 22입니다.

5-2 어떤 수를 □라고 하면 $\square\div18=24$에서
$\square=18\times24=432$입니다.
따라서 어떤 수를 54로 나눈 몫은
$432\div54=8$입니다.

5-3 어떤 수를 □라고 하면 $\square\div26=31\cdots8$에서
$26\times31=806$, $806+8=814$이므로
$\square=814$입니다.
따라서 어떤 수를 11로 나눈 몫은
$814\div11=74$입니다.

유형 6 (전체 쿠키의 수)÷(한 상자에 담는 쿠키의 수)
$=263\div20=13\cdots3$
따라서 상자에 모두 담으려면 남은 쿠키 3개도 담아야 하므로 상자는 적어도 $13+1=14$(상자)가 필요합니다.

6-1 (전체 연필의 수)÷(한 상자에 담는 연필의 수)
$=187\div12=15\cdots7$
따라서 상자에 모두 담으려면 남은 연필 7자루도 담아야 하므로 상자는 적어도
$15+1=16$(상자)가 필요합니다.

6-2 (전체 동화책의 쪽수)
÷(하루에 읽는 동화책의 쪽수)
$=200\div23=8\cdots16$
따라서 동화책을 모두 읽으려면 남은 16쪽도 읽어야 하므로 적어도 $8+1=9$(일)이 걸립니다.

6-3 (전체 학생 수)
=(남학생 수)+(여학생 수)
$=34+40=74$(명)
(전체 학생 수)
÷(버스 한 대에 탈 수 있는 학생 수)
$=74\div14=5 \cdots 4$
따라서 버스에 모두 타려면 남은 학생 4명도 타야 하므로 버스는 적어도 $5+1=6$(대)가 필요합니다.

유형 7 $650\div27=24 \cdots 2$이므로 □ 안에는 24보다 큰 수가 들어갈 수 있습니다.
따라서 □ 안에 들어갈 수 있는 가장 작은 자연수는 25입니다.

7-1 $428\div46=9 \cdots 14$이므로 □ 안에는 9와 같거나 9보다 작은 수가 들어갈 수 있습니다.
따라서 □ 안에 들어갈 수 있는 가장 큰 자연수는 9입니다.

7-2 $927\div61=15 \cdots 12$이므로 □ 안에는 15와 같거나 15보다 작은 수가 들어갈 수 있습니다.
따라서 □ 안에 들어갈 수 있는 가장 큰 자연수는 15입니다.

7-3 $35\times16=560$이므로 $\square\times13>560$입니다.
$560\div13=43 \cdots 1$이므로 □ 안에는 43보다 큰 수가 들어갈 수 있습니다.
따라서 □ 안에 들어갈 수 있는 가장 작은 자연수는 44입니다.

유형 8 (상자에 담은 장미의 수)
$=30\times120=120\times30=3600$(송이)
(바구니에 담을 장미의 수)
=(전체 장미의 수)−(상자에 담은 장미의 수)
$=4400-3600=800$(송이)
→ (필요한 바구니의 수)
=(바구니에 담을 장미의 수)
÷(한 바구니에 담는 장미의 수)
$=800\div16=50$(개)

8-1 (상자에 담은 토마토의 수)
$=14\times160=160\times14=2240$(개)
(봉지에 담을 토마토의 수)
=(전체 토마토의 수)
−(상자에 담은 토마토의 수)
$=2448-2240=208$(개)
→ (필요한 봉지의 수)
=(봉지에 담을 토마토의 수)
÷(한 봉지에 담는 토마토의 수)
$=208\div13=16$(개)

8-2 (만든 인형의 수)$=45\times12=540$(개)
(필요한 상자의 수)
=(만든 인형의 수)
÷(한 상자에 담는 인형의 수)
$=540\div14=38 \cdots 8$
따라서 상자에 모두 담으려면 남은 인형 8개도 담아야 하므로 상자는 적어도 $38+1=39$(상자)가 필요합니다.

8-3 $204\div12=17$이므로 가로에 만들 수 있는 정사각형은 17개입니다.
$264\div12=22$이므로 세로에 만들 수 있는 정사각형은 22개입니다.
따라서 정사각형 모양의 종이는 모두
$17\times22=374$(장)까지 만들 수 있습니다.

유형 9 어떤 수를 □라고 하면 $427+\square=445$에서
$\square=445-427=18$입니다.
따라서 바르게 계산하면
$427\times18=7686$입니다.

9-1 어떤 수를 □라고 하면 $\square\times19=779$에서
$\square=779\div19=41$입니다.
따라서 바르게 계산하면 $41\div19=2 \cdots 3$이므로 몫은 2, 나머지는 3입니다.

9-2 어떤 수를 □라고 하면 $589\div\square=31$에서
$\square=589\div31=19$입니다.
따라서 바르게 계산하면
$589\times19=11191$입니다.

9-3 어떤 수를 □라고 하면 □÷43=7 ⋯ 21에서 43×7=301, 301+21=322이므로 □=322입니다.
바르게 계산하면 322÷34=9 ⋯ 16이므로 몫은 9, 나머지는 16입니다.
따라서 몫과 나머지의 합은 9+16=25입니다.

유형10
- 312×㉠0=6240, 312×㉠=624에서 ㉠=2입니다.
- 312×6=1872이므로 ㉡=7입니다.
- 312×26=8112이므로 ㉢=1입니다.

10-1

```
      4  3 [㉠]
 ×       5  0
 -------------
 2 [㉡] 8  5  0
```

43㉠×5=2㉡85에서 곱의 일의 자리 숫자가 5이므로 ㉠에는 1, 3, 5, 7, 9가 들어갈 수 있습니다.
431×5=2155, 433×5=2165,
435×5=2175, 437×5=2185,
439×5=2195이므로 ㉠=7, ㉡=1입니다.

10-2

```
          3 [㉠]
     ----------
19 ) [㉡] 5  8
      5 [㉢] 0
     ----------
          8  8
          7 [㉣]
     ----------
          1  2
```

- 88−7㉣=12에서 ㉣=6입니다.
- 19×㉠=76에서 ㉠=4입니다.
- 19×30=5㉢0에서 ㉢=7입니다.
- ㉡58−570=88에서 ㉡58=88+570=658이므로 ㉡=6입니다.

유형11 곱이 가장 크려면 ㉠㉡㉢×㉣㉤에서 ㉠과 ㉣에 가장 큰 수와 두 번째로 큰 수를 넣고, ㉢에 가장 작은 수를 넣어야 합니다.
952×64=60928, 942×65=61230,
652×94=61288, 642×95=60990
따라서 곱이 가장 큰 (세 자리 수)×(두 자리 수)의 곱셈식은 652×94=61288입니다.

11-1 831×62=51522, 821×63=51723,
631×82=51742, 621×83=51543
따라서 곱이 가장 큰 (세 자리 수)×(두 자리 수)의 곱셈식은 631×82=51742입니다.

11-2 곱이 가장 작으려면 ㉠㉡㉢×㉣㉤에서 ㉠과 ㉣에 가장 작은 수와 두 번째로 작은 수를 넣고, ㉢에 가장 큰 수를 넣어야 합니다.
138×27=3726, 178×23=4094,
238×17=4046, 278×13=3614
따라서 곱이 가장 작은 (세 자리 수)×(두 자리 수)의 곱셈식은 278×13=3614입니다.

유형12 6□0÷42=15 ⋯ ★에서 ★이 가장 작을 때는 0이고, ★이 가장 클 때는 42−1=41입니다.
나누어지는 수가 가장 작을 때는
42×15=630, 나누어지는 수가 가장 클 때는
42×15=630, 630+41=671입니다.
따라서 6□0은 630과 같거나 크고 671과 같거나 작으므로 □ 안에 들어갈 수 있는 수는 3, 4, 5, 6, 7입니다.

12-1 3□1÷37=9 ⋯ ★에서 ★이 가장 작을 때는 0이고, ★이 가장 클 때는 37−1=36입니다.
나누어지는 수가 가장 작을 때는 37×9=333,
나누어지는 수가 가장 클 때는 37×9=333,
333+36=369입니다.
따라서 3□1은 333과 같거나 크고 369와 같거나 작으므로 □ 안에 들어갈 수 있는 수는 4, 5, 6입니다.

12-2 7□2÷52=14 ⋯ ★에서 ★이 가장 작을 때는 0이고, ★이 가장 클 때는 52−1=51입니다.
나누어지는 수가 가장 작을 때는
52×14=728, 나누어지는 수가 가장 클 때는
52×14=728, 728+51=779입니다.
7□2는 728과 같거나 크고 779와 같거나 작으므로 □ 안에 들어갈 수 있는 수는 3, 4, 5, 6, 7입니다.
따라서 □ 안에 들어갈 수 있는 가장 큰 수는 7입니다.

4단원 평면도형의 이동

66~68쪽 AI가 추천한 단원 평가 1회

01 (○)(   )
02 위쪽
03
04
05 다
06 (   )(○)
07
08
09 다
10 루아
11 오른쪽, 시계 반대
12 (   )(○)(   )
13 1 cm 1 cm
14 90°
15
16 가
17 풀이 참고
18 2개
19 풀이 참고
20 110

02 도형의 위쪽과 아래쪽이 서로 바뀌었으므로 위쪽으로 뒤집은 모양입니다.
참고 • 도형을 위쪽으로 뒤집거나 아래쪽으로 뒤집으면 도형의 위쪽과 아래쪽이 서로 바뀝니다.
• 도형을 왼쪽으로 뒤집거나 오른쪽으로 뒤집으면 도형의 왼쪽과 오른쪽이 서로 바뀝니다.

03 도형의 왼쪽과 오른쪽이 서로 바뀌도록 그립니다.

04 도형의 위쪽과 아래쪽이 서로 바뀌도록 그립니다.

05 도형의 위쪽 부분이 오른쪽으로 이동한 것을 찾으면 다입니다.

07 도형의 위쪽 부분이 아래쪽으로 이동하도록 그립니다.

09 시계 반대 방향으로 270°만큼 돌린 도형은 시계 방향으로 90°만큼 돌린 도형과 같습니다.

11 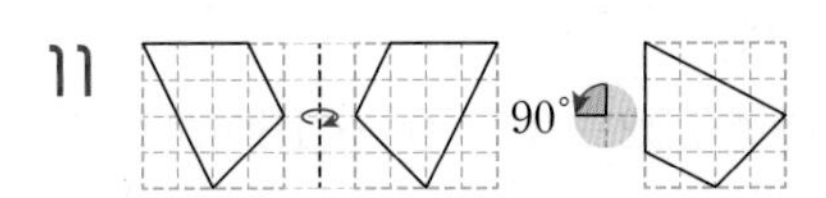

12 도장을 찍으면 도장의 왼쪽과 오른쪽이 서로 바뀝니다.

16 나는 도형을 위쪽이나 아래쪽으로 뒤집었을 때의 도형이고, 다는 도형을 왼쪽이나 오른쪽으로 뒤집었을 때의 도형입니다.
따라서 한 번 뒤집었을 때 나올 수 없는 모양은 가입니다.

17 예 도형의 위쪽 부분이 왼쪽으로 이동했습니다.
따라서 도형을 시계 방향으로 270°만큼 돌리거나 시계 반대 방향으로 90°만큼 돌린 것입니다.」❶

채점 기준

❶ 도형을 돌린 방법 설명하기	5점

18 B → 180° → ꓭ → B, E → 180° → Ǝ → E, J → 180° → ſ → ⅂, L → 180° → ⅂ → Γ, M → 180° → W → W

시계 방향으로 180°만큼 돌리고 오른쪽으로 뒤집어도 처음 모양과 같은 것은 B, E이므로 모두 2개입니다.

19 」❶
예 도형을 왼쪽이나 오른쪽으로 뒤집으면 도형의 왼쪽과 오른쪽이 서로 바뀝니다.
따라서 도형을 왼쪽으로 뒤집었을 때의 도형과 오른쪽으로 뒤집었을 때의 도형은 같습니다.」❷

채점 기준

❶ 도형을 왼쪽으로 뒤집었을 때의 도형과 오른쪽으로 뒤집었을 때의 도형 각각 그리기	2점
❷ 그린 두 도형을 비교하여 설명하기	3점

20 28 → 180° → 82
시계 반대 방향으로 180°만큼 돌렸을 때 나오는 수는 82이므로 나오는 수와 처음 수의 합은 $82+28=110$입니다.

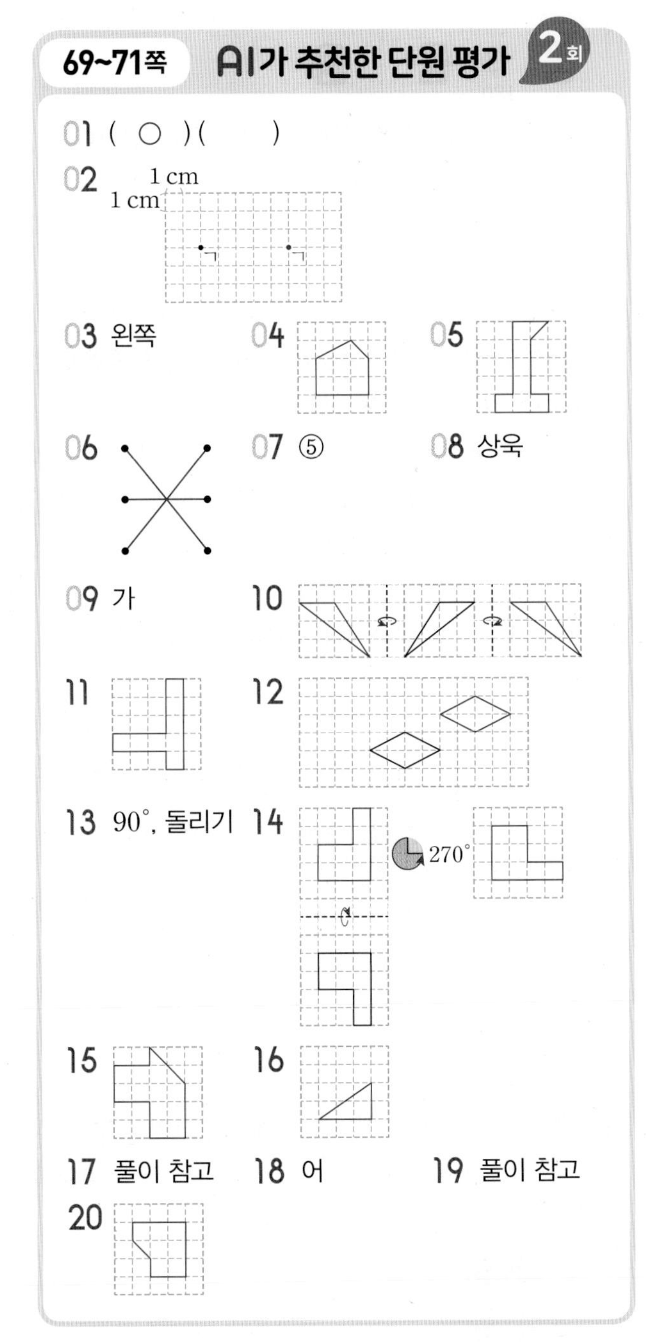

06 화살표 끝이 가리키는 위치가 같으면 돌렸을 때의 모양이 같습니다.

07 처음 도형과 같아졌으므로 360°만큼 돌리기 한 것입니다.

08

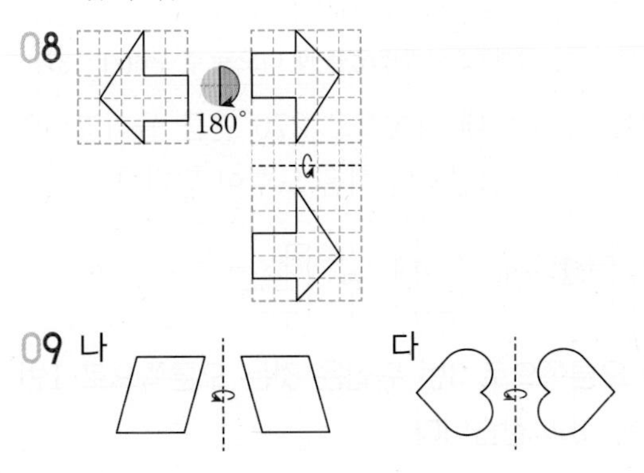

15 주어진 도형을 시계 방향으로 90°만큼 돌리면 처음 도형이 됩니다.

16 도형을 아래쪽으로 7번 뒤집었을 때의 도형은 아래쪽으로 1번 뒤집었을 때의 도형과 같습니다.
따라서 도형의 위쪽과 아래쪽이 서로 바뀌도록 그립니다.

17 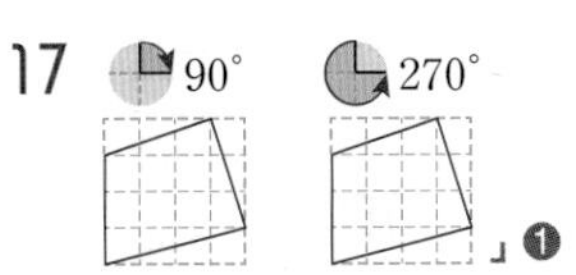

」❶

예 도형을 시계 방향으로 90°만큼 돌리면 도형의 위쪽 부분이 오른쪽으로 이동하고, 도형을 시계 반대 방향으로 270°만큼 돌리면 도형의 위쪽 부분이 오른쪽으로 이동합니다.
따라서 도형을 시계 방향으로 90°만큼 돌렸을 때의 도형과 시계 반대 방향으로 270°만큼 돌렸을 때의 도형은 같습니다.」❷

채점 기준

채점 기준	
❶ 도형을 주어진 각도만큼 돌렸을 때의 도형 각각 그리기	2점
❷ 그린 두 도형을 비교하여 설명하기	3점

18 

어

19 예

」❶

먼저 조각 가를 시계 방향으로 90°만큼 돌렸습니다.
조각 나를 시계 반대 방향으로 90°만큼 돌리고 왼쪽으로 뒤집었습니다.」❷

채점 기준

채점 기준	
❶ 조각 가와 나를 이용하여 직사각형 완성하기	2점
❷ 조각 가와 나 어떻게 움직였는지 설명하기	3점

20 도형을 왼쪽으로 뒤집어 처음 도형을 구하고, 처음 도형을 아래쪽으로 뒤집었을 때의 도형을 그립니다.

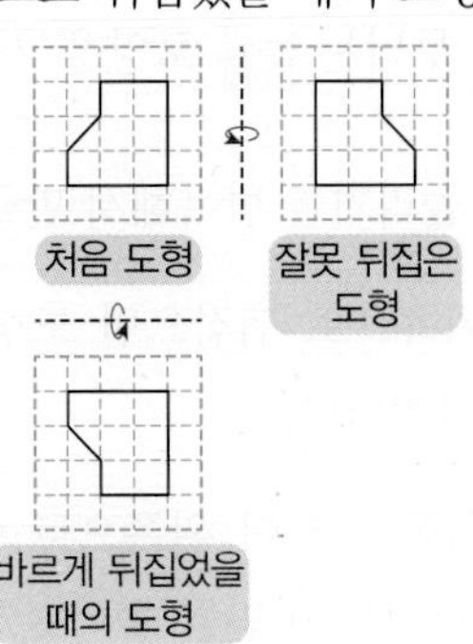

72~74쪽 AI가 추천한 단원 평가 3회

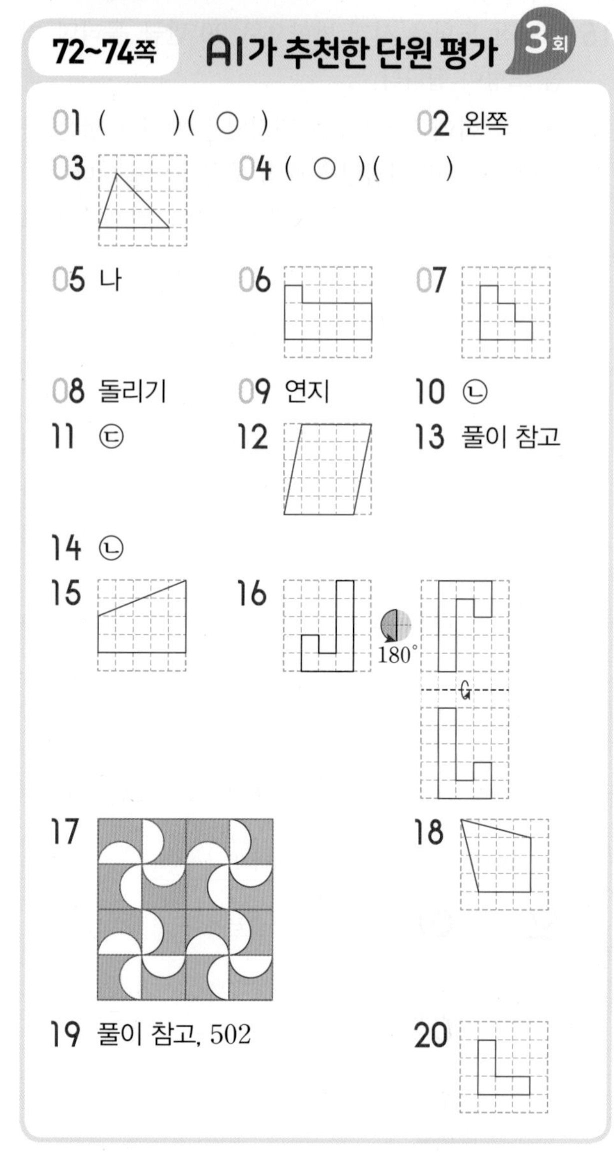

04 왼쪽 무늬는 모양을 뒤집기 하여 만든 무늬입니다.

06 도형의 위쪽 부분이 아래쪽으로 이동하도록 그립니다.

07 도형의 위쪽 부분이 오른쪽으로 이동하도록 그립니다.

08 무늬는 모양을 시계 반대 방향으로 90°만큼 돌리기를 반복해서 만들 수 있습니다.

09 도형을 위쪽으로 뒤집으면 도형의 위쪽과 아래쪽이 서로 바뀝니다.

10 도형의 위쪽 부분이 왼쪽으로 이동했으므로 시계 반대 방향으로 90°만큼 돌리기 한 것입니다.

11 몽 180° 움 움

12 도형을 왼쪽으로 뒤집으면 처음 도형이 됩니다.

13 예 도형을 오른쪽으로 8 cm 밀고, 아래쪽으로 3 cm 밀었습니다.」❶

채점 기준

❶ 도형을 어떻게 이동했는지 설명하기	5점

참고 도형을 아래쪽으로 3 cm 밀고, 오른쪽으로 8 cm 밀어도 위치는 같습니다.

14 ㉡ 원의 왼쪽과 오른쪽, 위쪽과 아래쪽 부분이 같으므로 어느 방향으로 돌려도 처음 도형과 같습니다.

15 보기의 도형의 오른쪽과 왼쪽이 서로 바뀌었으므로 왼쪽이나 오른쪽으로 뒤집은 것입니다.
따라서 도형을 왼쪽이나 오른쪽으로 뒤집습니다.

17 모양을 시계 방향으로 90°만큼 돌리는 것을 반복해서 모양을 만들고, 그 모양을 오른쪽과 아래쪽으로 밀기 하여 무늬를 만들었습니다.

18

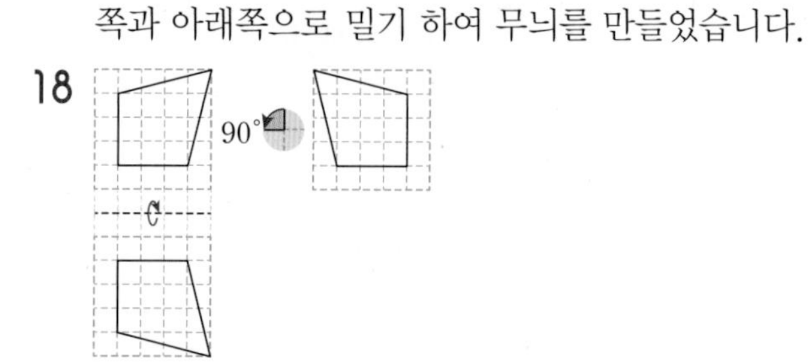

19 예 0<2<5이고, 백의 자리에 0이 들어갈 수 없으므로 만들 수 있는 가장 작은 세 자리 수는 205입니다.」❶

205
502

따라서 만든 수를 아래쪽으로 뒤집었을 때 나오는 수는 502입니다.」❷

채점 기준

❶ 만들 수 있는 가장 작은 세 자리 수 구하기	2점
❷ 만든 수를 아래쪽으로 뒤집었을 때 나오는 수 구하기	3점

20 도형을 시계 반대 방향으로 270°만큼 돌리고, 오른쪽으로 3번 뒤집으면 처음 도형이 됩니다.

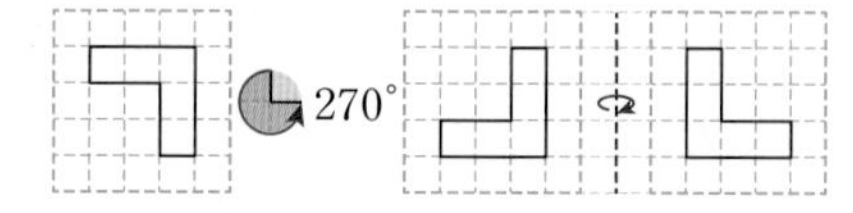

참고 오른쪽으로 3번 뒤집은 것은 오른쪽으로 1번 뒤집은 것과 같습니다.

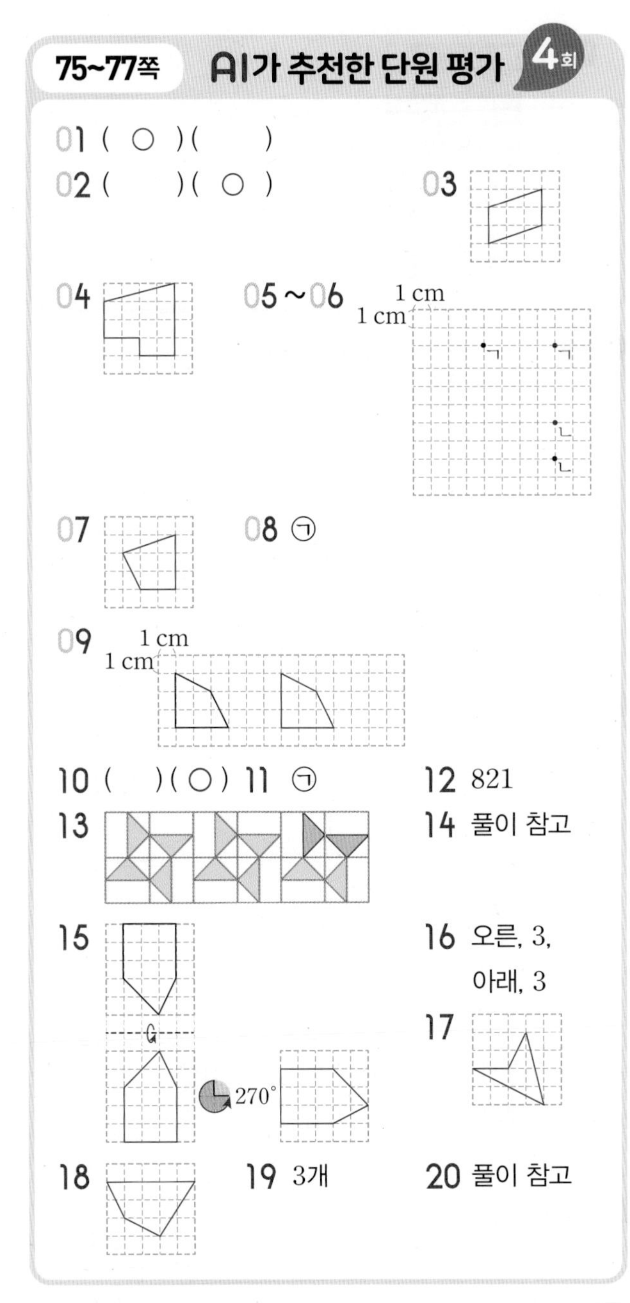

04 도형의 왼쪽과 오른쪽이 서로 바뀌도록 그립니다.

07 도형의 위쪽 부분이 오른쪽으로 이동하도록 그립니다.

08 도형을 시계 방향으로 270°만큼 돌린 도형과 시계 반대 방향으로 90°만큼 돌린 도형이 항상 같습니다.

10 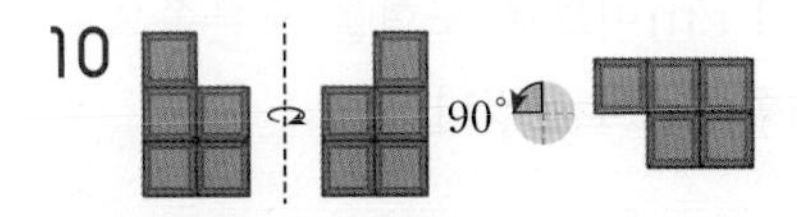

11 머 90° 모

12 821 / 851

14 예 주어진 모양을 시계 방향으로 90°만큼 돌리는 것을 반복해서 모양을 만들고, 그 모양을 오른쪽으로 밀어서 무늬를 만들었습니다.」 ❶

채점 기준

❶ 무늬를 만든 방법 설명하기	5점

16 먼저 조각 가를 오른쪽으로 3칸 밀고, 조각 나를 아래쪽으로 3칸 밀어야 합니다.

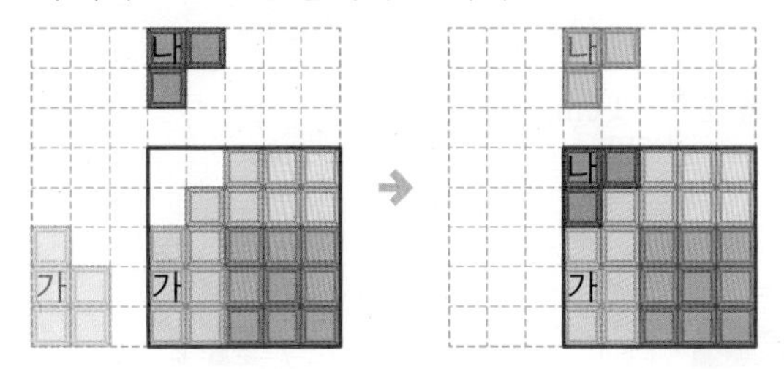

17 도형을 시계 반대 방향으로 90°만큼 6번 돌린 도형은 시계 반대 방향으로 180°만큼 1번 돌린 도형과 같습니다.

참고 도형을 시계 반대 방향으로 90°만큼 4번 돌린 도형은 처음 도형과 같습니다.

18 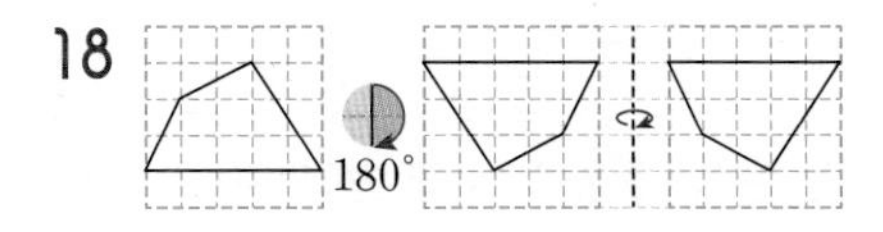

19 D D H H I I W W S S

따라서 왼쪽으로 뒤집어도 처음 모양과 같은 것은 H, I, W로 모두 3개입니다.

20 예 왼쪽 도형을 시계 방향으로 90°만큼 돌리고 오른쪽으로 뒤집으면 오른쪽 도형이 됩니다.」 ❶

왼쪽 도형을 아래쪽으로 뒤집고 시계 반대 방향으로 270°만큼 돌리면 오른쪽 도형이 됩니다.」 ❷

채점 기준

❶ 도형을 움직인 방법 설명하기	2점
❷ 도형을 움직인 다른 방법 설명하기	3점

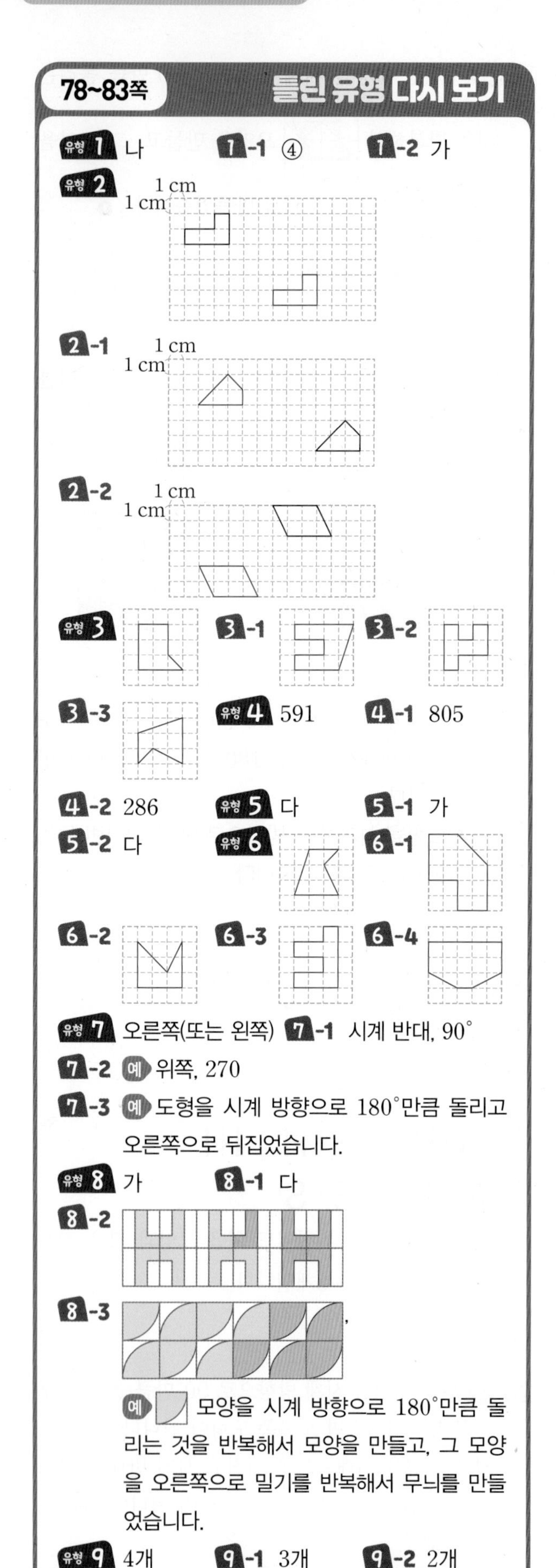
78~83쪽 틀린 유형 다시 보기

유형 1 나　　1-1 ④　　1-2 가

유형 2 1 cm 1 cm

2-1 1 cm 1 cm

2-2 1 cm 1 cm

유형 3　　3-1　　3-2

3-3　　유형 4 591　　4-1 805

4-2 286　　유형 5 다　　5-1 가

5-2 다　　유형 6　　6-1

6-2　　6-3　　6-4

유형 7 오른쪽(또는 왼쪽)　7-1 시계 반대, 90°

7-2 예 위쪽, 270

7-3 예 도형을 시계 방향으로 180°만큼 돌리고 오른쪽으로 뒤집었습니다.

유형 8 가　　8-1 다

8-2

8-3

예 모양을 시계 방향으로 180°만큼 돌리는 것을 반복해서 모양을 만들고, 그 모양을 오른쪽으로 밀기를 반복해서 무늬를 만들었습니다.

유형 9 4개　　9-1 3개　　9-2 2개

9-3 2개　　9-4 2개　　유형 10 가, 나

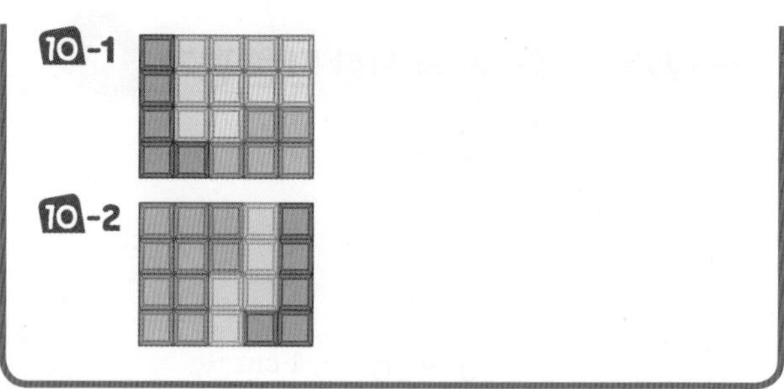
10-1

10-2

유형 1 가　나　다

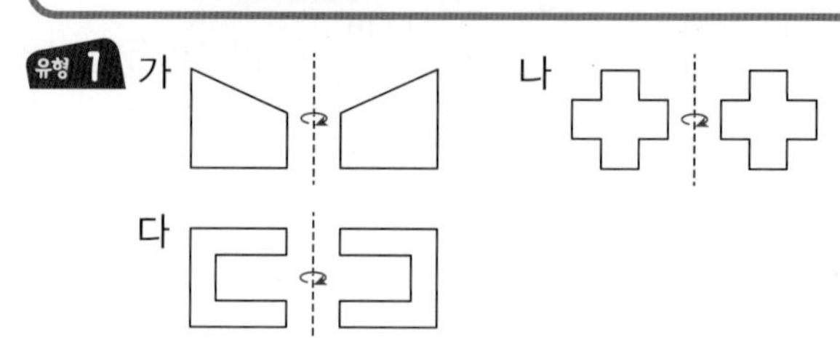

따라서 오른쪽으로 뒤집은 모양이 처음 도형과 같은 것은 나입니다.

1-1 ①　②　③　④　⑤

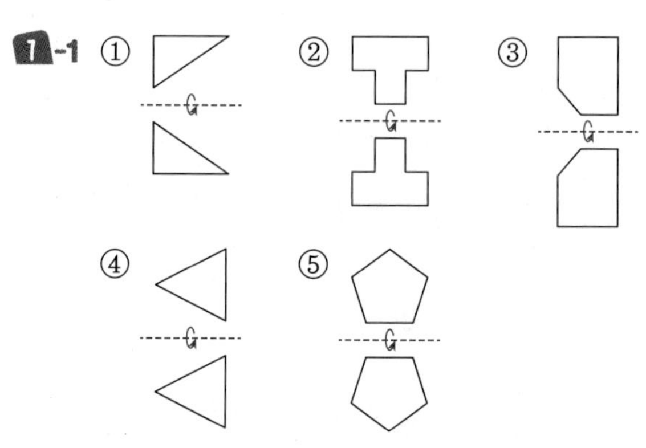

따라서 도형을 아래쪽으로 뒤집은 모양이 처음 도형과 같은 것은 ④입니다.

1-2 가　나　다

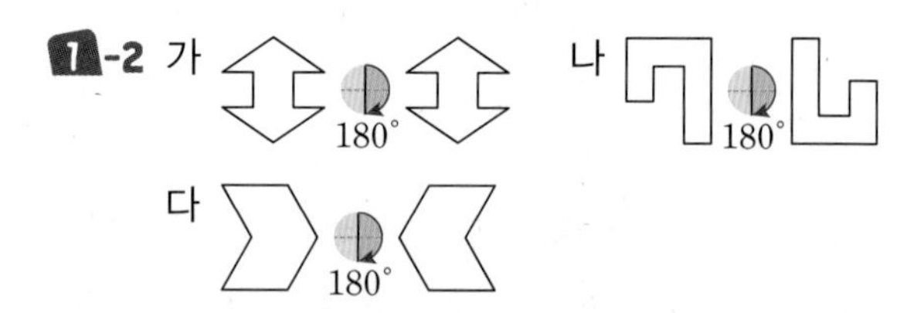

따라서 도형을 시계 방향으로 180°만큼 돌린 모양이 처음 도형과 같은 것은 가입니다.

유형 2 모눈 한 칸이 1 cm이므로 도형을 오른쪽으로 6칸 밀고 아래쪽으로 4칸 밉니다.

2-1 모눈 한 칸이 1 cm이므로 도형을 위쪽으로 3칸 밀고 왼쪽으로 8칸 밉니다.

2-2 모눈 한 칸이 1 cm이므로 도형을 왼쪽으로 5칸 밀고 아래쪽으로 4칸 밉니다.

유형 3 주어진 도형을 왼쪽으로 뒤집으면 처음 도형이 됩니다.

3-1 주어진 도형을 오른쪽으로 뒤집으면 처음 도형이 됩니다.

3-2 주어진 도형을 시계 반대 방향으로 90°만큼 돌리면 처음 도형이 됩니다.

3-3 주어진 도형을 시계 방향으로 180°만큼 돌리면 처음 도형이 됩니다.

유형 4 165 → (180°) → 591

따라서 시계 방향으로 180°만큼 돌렸을 때 나오는 수는 591입니다.

4-1 208 → 805

따라서 오른쪽으로 뒤집었을 때 나오는 수는 805입니다.

4-2 9>8>2이므로 수 카드 3장을 한 번씩만 사용하여 만들 수 있는 가장 큰 세 자리 수는 982입니다.

982 → (180°) → 286

따라서 만든 수를 시계 방향으로 180°만큼 돌렸을 때 나오는 수는 286입니다.

유형 5 가는 왼쪽이나 오른쪽으로 한 번 뒤집었을 때의 도형입니다.
나는 위쪽이나 아래쪽으로 한 번 뒤집었을 때의 도형입니다.
따라서 한 번 뒤집었을 때 나올 수 없는 도형은 다입니다.

5-1 나는 위쪽이나 아래쪽으로 한 번 뒤집었을 때의 도형입니다.
다는 왼쪽이나 오른쪽으로 한 번 뒤집었을 때의 도형입니다.
따라서 한 번 뒤집었을 때 나올 수 없는 도형은 가입니다.

5-2 가는 시계 방향 또는 시계 반대 방향으로 180° 만큼 돌렸을 때의 도형입니다.
나는 시계 방향으로 90°만큼 또는 시계 반대 방향으로 270°만큼 돌렸을 때의 도형입니다.
따라서 돌렸을 때 나올 수 없는 도형은 다입니다.

유형 6 도형을 오른쪽으로 5번 뒤집었을 때의 도형은 오른쪽으로 한 번 뒤집었을 때의 도형과 같습니다.
따라서 도형의 오른쪽과 왼쪽이 서로 바뀌도록 그립니다.

6-1 도형을 시계 방향으로 90°만큼 4번 돌렸을 때의 도형은 시계 방향으로 360°만큼 돌렸을 때의 도형과 같습니다.
따라서 처음 도형과 같은 도형을 그립니다.

6-2 도형을 위쪽으로 8번 뒤집었을 때의 도형은 처음 도형과 같습니다.
따라서 처음 도형과 같은 도형을 그립니다.

6-3 도형을 시계 반대 방향으로 180°만큼 5번 돌렸을 때의 도형은 시계 반대 방향으로 180°만큼 1번 돌렸을 때의 도형과 같습니다.
따라서 도형의 위쪽 부분이 아래쪽으로 이동하도록 그립니다.

6-4 도형을 왼쪽으로 4번 뒤집으면 처음 도형과 같습니다. 시계 반대 방향으로 90°만큼 3번 돌렸을 때의 도형은 시계 반대 방향으로 270°만큼 돌렸을 때의 도형과 같습니다.
따라서 도형의 위쪽 부분이 오른쪽으로 이동하도록 그립니다.

유형 7 도형의 오른쪽과 왼쪽이 서로 바뀌었으므로 오른쪽 또는 왼쪽으로 뒤집은 것입니다.

7-1 도형의 위쪽 부분이 왼쪽으로 이동하였으므로 시계 반대 방향으로 90°만큼 돌렸습니다.

7-2

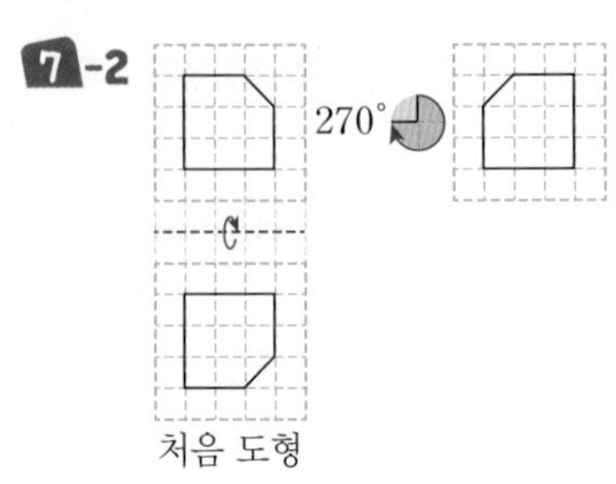

도형을 위쪽으로 뒤집고 시계 방향으로 270°만큼 돌렸습니다.

7-3

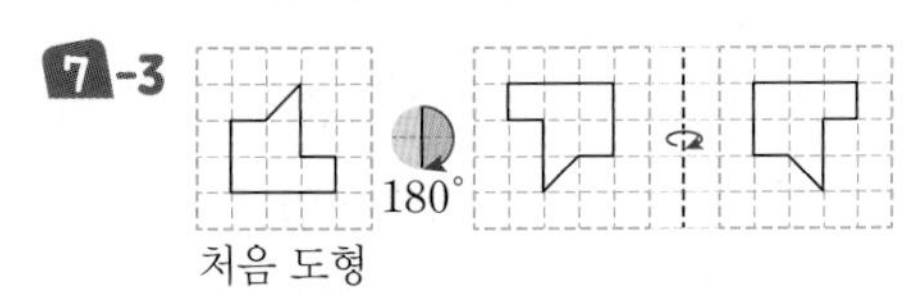

참고 도형을 시계 반대 방향으로 180°만큼 돌리고 왼쪽으로 뒤집었습니다. 등 여러 가지로 설명할 수 있습니다.

유형 8 모양 가를 아래쪽으로 뒤집어서 모양을 만들고 그 모양을 오른쪽으로 뒤집기를 반복해서 무늬를 만들었습니다.

8-1 모양 다를 시계 방향으로 90°만큼 돌려서 모양을 만들고 그 모양을 오른쪽으로 밀어서 무늬를 만들었습니다.

8-2 모양을 아래쪽으로 뒤집어서 모양을 만들고 그 모양을 오른쪽으로 뒤집기를 반복해서 무늬를 만듭니다.

유형 9 ㅢ ㅁ ㅅ ㅇ ㅌ ㅍ → ㄱ ㅁ ㅅ ㅇ ㅌ ㅍ

위쪽으로 뒤집어도 처음 모양과 같은 것은 ㅁ, ㅇ, ㅌ, ㅍ이므로 모두 4개입니다.

9-1 B → ꓭ (180°), C → Ɔ (180°), H → H (180°), N → N (180°), U → ∩ (180°), Z → Z (180°)

시계 방향으로 180°만큼 돌려도 처음 모양과 같은 것은 H, N, Z이므로 모두 3개입니다.

9-2 0 → 0, 3 → Ɛ, 5 → 2, 8 → 8, 9 → P

오른쪽으로 뒤집어도 처음 모양과 같은 것은 0, 8이므로 모두 2개입니다.

9-3 주어진 한글 자음을 시계 방향으로 180°만큼 돌리고 오른쪽으로 뒤집어 봅니다.

ㄱ → (180°) ㄴ → ⅃, ㄴ → (180°) ㄱ → ㄱ, ㅁ → (180°) ㅁ → ㅁ, ㅅ → (180°) Y → Y, ㅇ → (180°) ㅇ → ㅇ, ㅎ → (180°) 응 → 응

시계 방향으로 180°만큼 돌리고 오른쪽으로 뒤집어도 처음 모양과 같은 것은 ㅁ, ㅇ이므로 모두 2개입니다.

9-4 주어진 숫자를 시계 반대 방향으로 180°만큼 돌리고 아래쪽으로 뒤집어 봅니다.

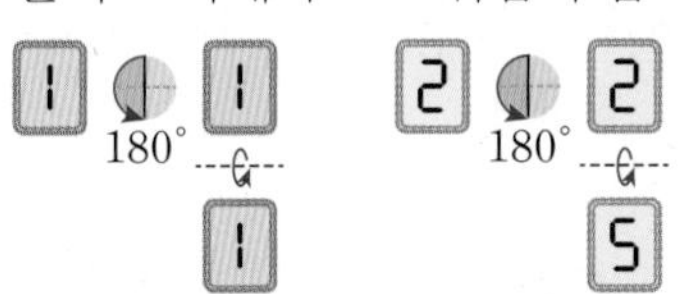

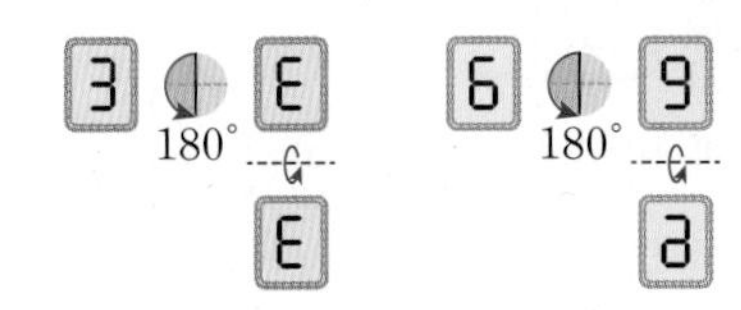

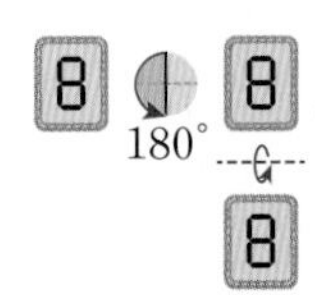

시계 반대 방향으로 180°만큼 돌리고 아래쪽으로 뒤집어도 처음 모양과 같은 것은 1, 8이므로 모두 2개입니다.

유형 10 가 를 시계 반대 방향으로 90°만큼 돌려서 ㉠에 들어갈 수 있습니다.

나 를 시계 방향으로 90°만큼 돌려서 ㉡에 들어갈 수 있습니다.

10-1 은 밀고, 은 시계 방향으로 90°만큼 돌려서 빈칸에 넣을 수 있습니다.

10-2 은 오른쪽으로 뒤집고, 을 위쪽으로 뒤집어서 빈칸에 넣을 수 있습니다.

86~88쪽 AI가 추천한 단원 평가 1회

01 막대그래프 02 도시 03 9명

04 부산 05 5, 6, 7, 2, 20

06 6칸

07 좋아하는 체육 활동별 학생 수

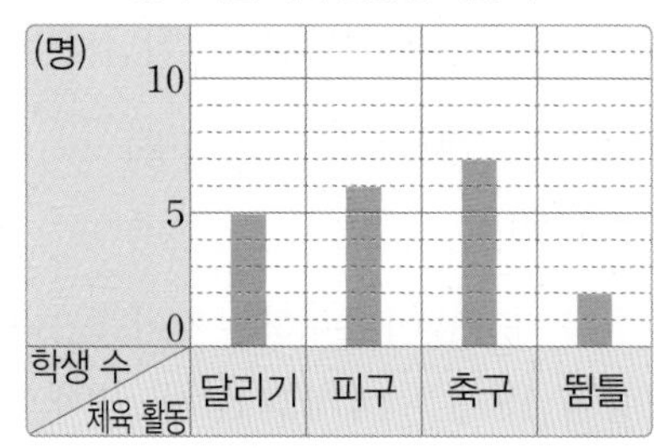

08 2 L 09 민주 10 서진, 은호

11 16, 20, 16, 8, 60 12 10권

13 예

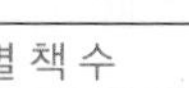

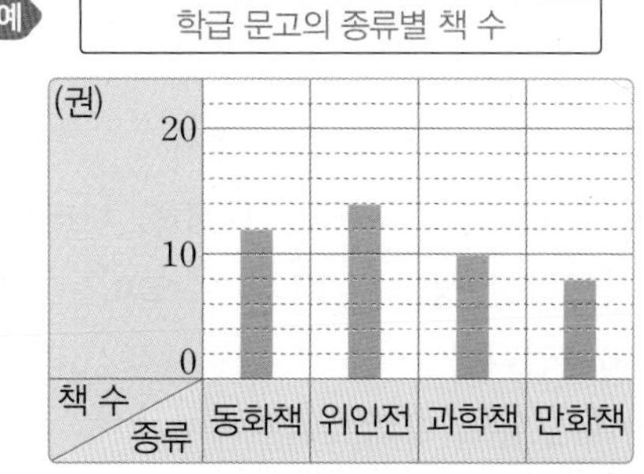

14 6권 15 풀이 참고 16 서준

17 윤하 18 8초

19 풀이 참고, 252개

20 문구점별 지우개 판매량

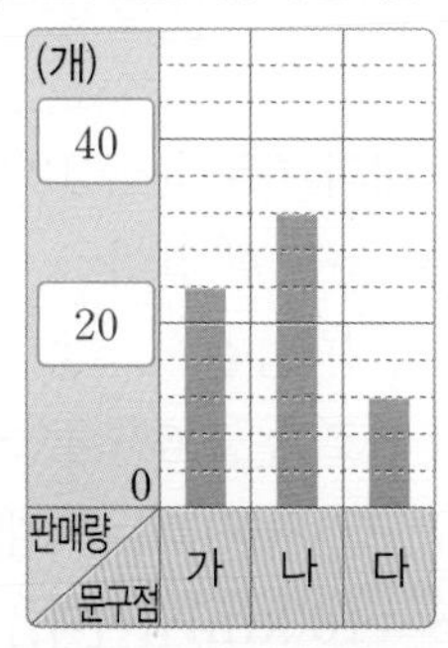

08 세로 눈금 5칸이 10 L를 나타내므로 세로 눈금 한 칸은 $10 \div 5 = 2$(L)를 나타냅니다.

09 막대의 길이가 짧을수록 사용한 물의 양이 적습니다. 막대의 길이가 가장 짧은 민주가 사용한 물의 양이 가장 적습니다.

12 전체 합계에서 나머지 종류의 책 수를 뺍니다.
(과학책의 수)$=44-12-14-8=10$(권)

13 세로 눈금 한 칸이 $10 \div 5 = 2$(권)을 나타내므로
동화책은 $12 \div 2 = 6$(칸),
위인전은 $14 \div 2 = 7$(칸),
과학책은 $10 \div 2 = 5$(칸),
만화책은 $8 \div 2 = 4$(칸)이 되도록 막대를 그립니다.

14 (위인전의 수)$-$(만화책의 수)$=14-8=6$(권)

15 예 표는 항목별 수나 전체 수를 알기 쉽습니다.」❶
막대그래프는 항목별 수의 많고 적음을 한눈에 비교하기 쉽습니다.」❷

채점 기준

❶ 표의 좋은 점 설명하기	2점
❷ 막대그래프의 좋은 점 설명하기	3점

16 주현이네 모둠에서 가로 눈금 한 칸은
$5 \div 5 = 1$(초)를 나타내므로 기록이 주현이는 10초, 정호는 11초, 서준이는 9초입니다.
따라서 주현이보다 1초 더 빠른 사람은 서준이입니다.

17 태영이네 모둠에서 세로 눈금 한 칸은
$10 \div 5 = 2$(초)를 나타내므로 기록이 태영이는 12초, 윤하는 14초, 민혁이는 8초입니다.
따라서 가장 느린 사람은 윤하입니다.

18 두 모둠 학생 중 가장 빠른 학생은 민혁이로 8초입니다.

19 예 가로 눈금 한 칸은 $10 \div 5 = 2$(명)을 나타내므로 학생 수가 1반은 28명, 2반은 26명, 3반은 30명입니다.」❶
(4학년 전체 학생 수)$=28+26+30=84$(명)」❷
따라서 4학년 학생들에게 쿠키를 3개씩 나누어 주려면 적어도 $84 \times 3 = 252$(개)를 준비해야 합니다.」❸

채점 기준

❶ 반별 학생 수 구하기	1점
❷ 4학년 전체 학생 수 구하기	2점
❸ 준비해야 하는 쿠키 수 구하기	2점

20 왼쪽 그래프에서 문구점별 지우개 판매량을 알아보면 가는 24개, 나는 32개, 다는 12개입니다.
세로 눈금 한 칸이 4개를 나타내면 세로 눈금 5칸은 20개, 10칸은 40개를 나타냅니다.
따라서 가는 $24 \div 4 = 6$(칸), 나는 $32 \div 4 = 8$(칸), 다는 $12 \div 4 = 3$(칸)이 되도록 막대를 그립니다.

89~91쪽 AI가 추천한 단원 평가 2회

01 학생 수　02 판다　03 7명
04 코뿔소　05 반려동물　06 6칸
07

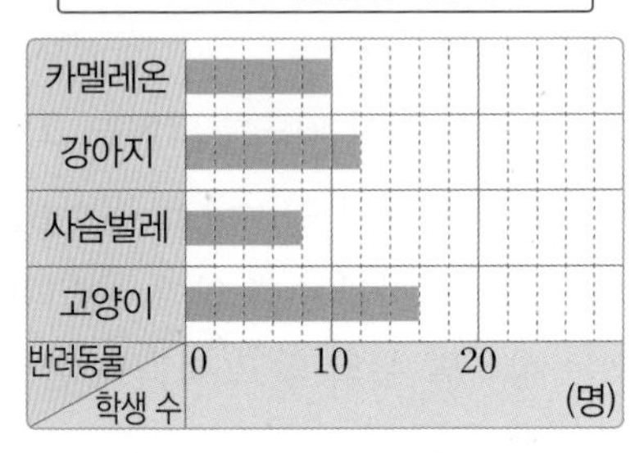

08 24, 30, 12, 18, 84
09 플라스틱류, 고철류, 종이류, 비닐류
10 고철류　11 막대그래프　12 5일
13

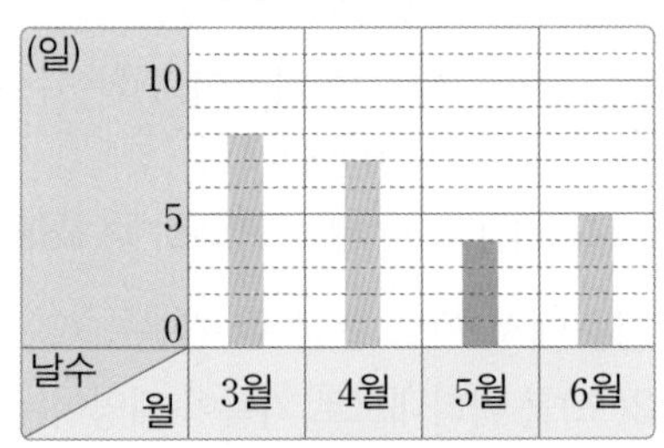

14 4일　15 24일
16 10 /

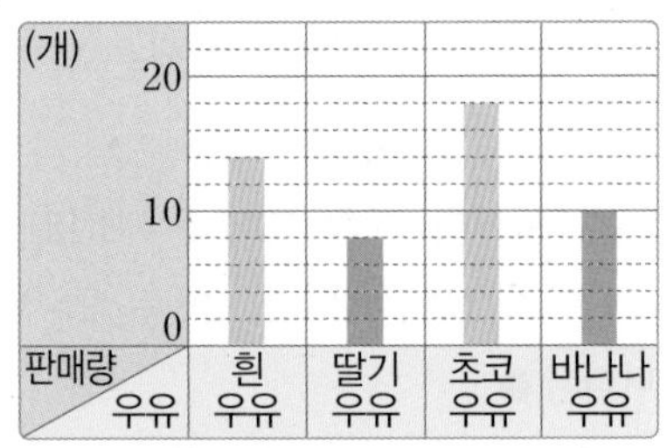

17 6개　18 풀이 참고　19 태린
20 풀이 참고, 28 km

06 강아지를 기르는 학생은 12명이므로 가로 눈금 한 칸이 학생 수 2명을 나타낸다면 $12\div2=6$(칸)으로 나타내어야 합니다.

08 세로 눈금 한 칸은 $15\div5=3$(kg)을 나타내므로 고철류는 24 kg, 플라스틱류는 30 kg, 비닐류는 12 kg, 종이류는 18 kg입니다.

10 비닐류의 무게는 12 kg이므로 무게가 $12\times2=24$(kg)인 것을 찾으면 고철류입니다.

13 4월의 안개 낀 날이 7일이므로 5월의 안개 낀 날은 $7-3=4$(일)입니다.

14 안개 낀 날이 가장 많은 달은 3월이고 8일입니다. 안개 낀 날이 가장 적은 달은 5월이고 4일입니다. 따라서 3월은 5월보다 $8-4=4$(일) 더 많습니다.

15 (3월부터 6월까지 안개 낀 날수)
$=8+7+4+5=24$(일)

16 (바나나 우유 판매량)
$=50-14-8-18=10$(개)
세로 눈금 한 칸이 $10\div5=2$(개)를 나타내므로 딸기 우유는 $8\div2=4$(칸), 바나나 우유는 $10\div2=5$(칸)이 되도록 막대를 그립니다.

17 (흰 우유 판매량)−(딸기 우유 판매량)
$=14-8=6$(개)

18 예 초코 우유를 가장 많이 준비하는 것이 좋습니다.」 ❶
우유 판매량이 18개>14개>10개>8개로 가장 많이 팔린 우유가 초코 우유이기 때문입니다.」 ❷

채점 기준

❶ 내일 가장 많이 준비해야 할 우유 찾기	3점
❷ 이유 설명하기	2점

19 은성이네 모둠의 막대그래프에서
세로 눈금 한 칸이 $5\div5=1$(개)를 나타내므로 턱걸이 기록이 은성이는 11개, 수연이는 8개, 정윤이는 10개입니다.
태린이네 모둠의 막대그래프에서
세로 눈금 한 칸이 $10\div5=2$(개)를 나타내므로 턱걸이 기록이 태린이는 14개, 윤재는 6개, 연우는 12개입니다.
따라서 턱걸이를 가장 많이 한 사람은 14개를 한 태린입니다.

20 예 C 코스의 거리에서 막대의 가로 눈금 12칸이 24 km를 나타내므로 가로 눈금 한 칸이 $24\div12=2$(km)를 나타냅니다.」 ❶
A 코스의 거리는 막대의 가로 눈금 6칸이므로 $2\times6=12$(km)이고, D 코스의 거리는 막대의 가로 눈금 8칸이므로 $2\times8=16$(km)입니다.」 ❷
따라서 A 코스와 D 코스의 거리의 합은 $12+16=28$(km)입니다.」 ❸

채점 기준

❶ 가로 눈금 한 칸의 크기 구하기	2점
❷ A 코스와 D 코스의 거리 각각 구하기	2점
❸ A 코스와 D 코스의 거리의 합 구하기	1점

92~94쪽 AI가 추천한 단원 평가 3회

01 8, 6, 11, 9, 34　　02 프로그램

03 즐겨 보는 TV 프로그램별 학생 수

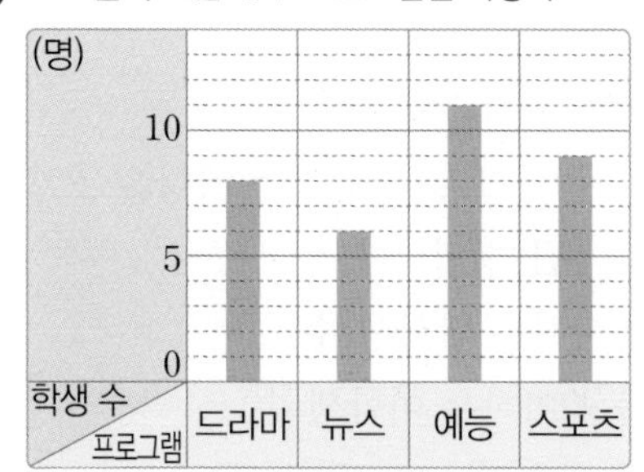

04 10점　　05 수학　　06 2개

07 10점　　08 27명

09 좋아하는 급식 종류별 학생 수

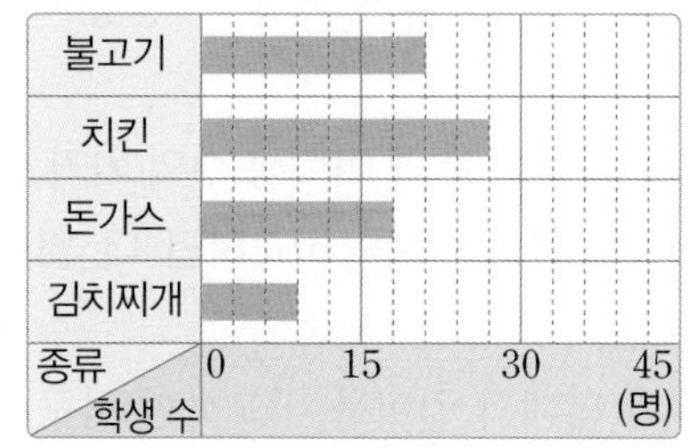

10 불고기　　11 3배

12 풀이 참고, 200개

13 태국, 이탈리아　　14 중국, 미국

15 22명　　16 4반　　17 3반

18 24만 대　　19 24만 대　　20 풀이 참고

03 세로 눈금 한 칸이 $5 \div 5 = 1$(명)을 나타내므로 드라마는 8칸, 뉴스는 6칸, 예능은 11칸, 스포츠는 9칸이 되도록 막대를 그립니다.

04 국어에서 막대의 가로 눈금이 8칸이고 80점을 나타내므로 가로 눈금 한 칸은 $80 \div 8 = 10$(점)을 나타냅니다.

05 막대의 길이가 길수록 점수가 높습니다.
따라서 가장 높은 점수를 받은 과목은 막대의 길이가 가장 긴 수학입니다.

06 80점보다 낮은 과목은 사회, 과학으로 2개입니다.

07 국어 점수는 80점, 과학 점수는 70점이므로 국어 점수는 과학 점수보다 $80 - 70 = 10$(점) 더 높습니다.
다른 풀이 국어와 과학의 막대의 칸 수의 차가 1칸이므로 점수 차는 10점입니다.

08 가장 많은 학생 수가 27명이므로 27명까지 나타낼 수 있어야 합니다.

09 가로 눈금 한 칸이 $15 \div 5 = 3$(명)을 나타내므로 불고기는 7칸, 치킨은 9칸, 돈가스는 6칸, 김치찌개는 3칸이 되도록 막대를 그립니다.

10 막대의 길이가 길수록 학생 수가 많습니다.
따라서 두 번째로 많은 학생들이 좋아하는 급식 종류는 막대의 길이가 두 번째로 긴 불고기입니다.

11 (치킨을 좋아하는 학생 수)
$\div$(김치찌개를 좋아하는 학생 수)
$= 27 \div 9 = 3$(배)

12 예 세로 눈금 한 칸이 $25 \div 5 = 5$(개)를 나타내므로 대한민국의 금메달 수는 45개입니다.」 ❶
미국의 금메달 수는 $45 + 15 = 60$(개)입니다.」 ❷
따라서 다섯 나라의 금메달 수는 모두
$20 + 45 + 20 + 55 + 60 = 200$(개)입니다.」 ❸

채점 기준

채점 기준	점수
❶ 대한민국의 금메달 수 구하기	2점
❷ 미국의 금메달 수 구하기	1점
❸ 다섯 나라의 금메달 수의 합 구하기	2점

15 (2반 남학생 수)+(2반 여학생 수)$= 9 + 13 = 22$(명)

16 막대의 길이가 짧을수록 참가한 학생 수가 적습니다.
따라서 참가한 여학생 수가 가장 적은 반은 4반입니다.
참고 여학생 수만 비교하므로 분홍색 막대의 길이만 비교합니다.

17 남학생과 여학생의 막대 칸 수의 차가 1반은 3칸, 2반은 4칸, 3반은 2칸, 4반은 3칸입니다.
따라서 막대 칸 수의 차가 가장 적은 반은 3반입니다.

18 세로 눈금 5칸이 30만 대를 나타내므로 세로 눈금 한 칸은 30만$\div 5 =$6만(대)를 나타냅니다.
따라서 2017년의 자동차 등록 대수는
6만$\times 4 =$24만(대)입니다.

19 (2023년의 자동차 등록 대수)
$-$(2017년의 자동차 등록 대수)
$=$48만$-$24만$=$24만(대)

20 예 막대의 길이가 계속 길어지므로 2025년의 자동차 등록 대수는 2023년보다 더 늘어날 것이라고 예상할 수 있습니다.」 ❶

채점 기준

채점 기준	점수
❶ 2025년의 자동차 등록 대수의 변화 예상하기	5점

95~97쪽 AI가 추천한 단원 평가 4회

01 8명

02 사고 싶어 하는 옷별 학생 수

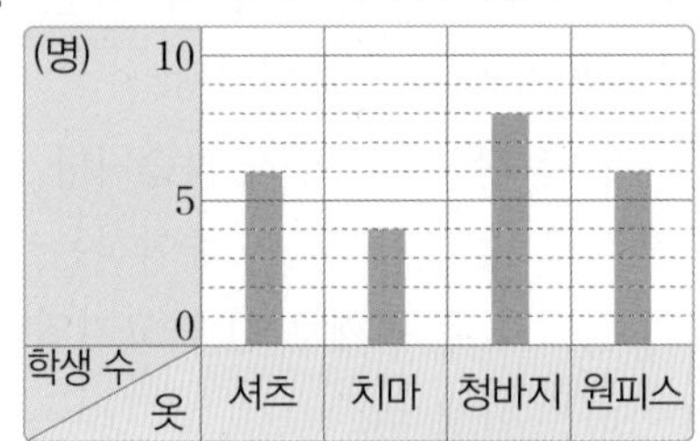

03 표 04 셔츠, 원피스

05 90회 06 하린

07 영호, 100회 08 380회

09 12칸 10 15일

11 월별 비가 온 날 수

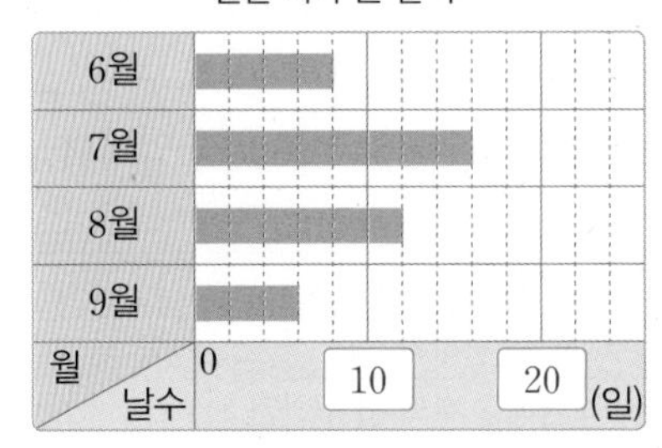

12 혈액형별 학생 수

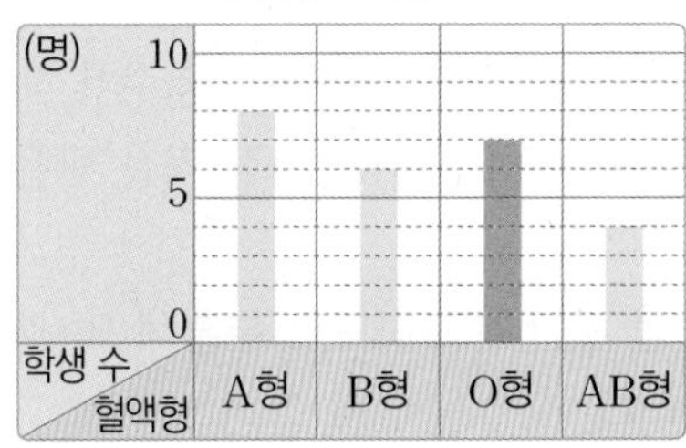

13 풀이 참고

14 A형, O형, B형, AB형 15 17명

16 사격 17 풀이 참고, 야구

18 수영 19 1동

20 좋아하는 색깔별 학생 수

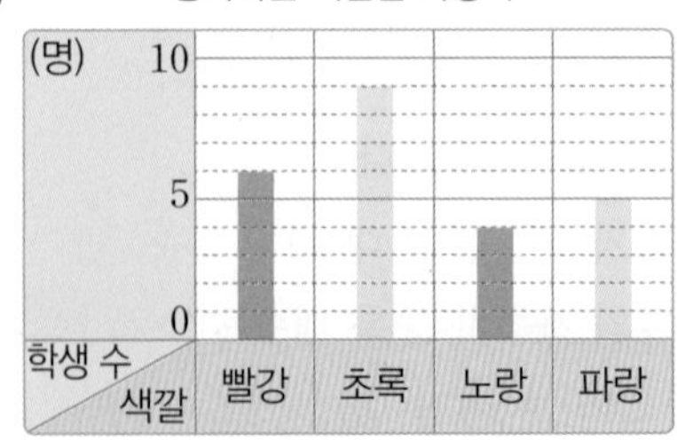

12 (혈액형이 O형인 학생 수)
$=25-8-6-4=7$(명)
세로 눈금 한 칸이 1명을 나타내므로 7칸이 되도록 막대를 그립니다.

13 ㉡」❶
예 A형인 학생 수는 AB형인 학생 수의 2배입니다.」❷

채점 기준

❶ 잘못 설명한 것을 찾기	2점
❷ 잘못 설명한 것 바르게 고치기	3점

14 막대의 길이가 긴 순서대로 혈액형을 쓰면 A형, O형, B형, AB형입니다.

15 (축구를 좋아하는 남학생 수)
$+$(축구를 좋아하는 여학생 수)
$=10+7=17$(명)

16 남학생과 여학생의 막대 칸 수의 차가 축구는 3칸, 수영은 2칸, 사격은 6칸, 야구는 0칸입니다.
따라서 막대 칸 수의 차가 가장 큰 운동은 사격입니다.
참고 운동별 남학생 수와 여학생 수의 차가 몇 명인지 구해도 되지만 칸 수를 비교하면 더 쉽게 찾을 수 있습니다.

17 예 남학생의 막대의 길이를 비교하면 야구의 길이가 가장 짧습니다.」❶
따라서 가장 적은 남학생들이 좋아하는 운동은 야구입니다.」❷

채점 기준

❶ 남학생의 막대 중 길이가 가장 짧은 운동 구하기	4점
❷ 가장 적은 남학생들이 좋아하는 운동 구하기	1점

18 여학생의 막대의 길이를 비교하면 수영의 길이가 가장 깁니다.
따라서 가장 많은 여학생들이 좋아하는 운동은 수영입니다.

19 막대의 길이가 길수록 일반 쓰레기의 양이 많습니다.
따라서 일반 쓰레기의 양을 줄이는 데 가장 많이 노력해야 하는 동은 배출된 일반 쓰레기의 양이 가장 많은 1동입니다.

20 노랑을 좋아하는 학생 수를 □명이라고 하면 빨강을 좋아하는 학생 수는 (□$+2$)명입니다.
조사한 학생이 모두 24명이므로
□$+2+9+$□$+5=24$입니다.
□$+$□$+16=24$, □$+$□$=8$에서 $4+4=8$이므로 □$=4$입니다.
따라서 노랑을 좋아하는 학생은 4명, 빨강을 좋아하는 학생은 $4+2=6$(명)이 되도록 막대를 그립니다.

98~103쪽 틀린 유형 다시 보기

유형 1 3명　　1-1 5개

유형 2 2배　　2-1 4배　　2-2 5명

유형 3 6 /

좋아하는 음식별 학생 수

(명) 10, 5, 0
학생 수 / 음식: 떡국, 비빔밥, 불고기, 닭갈비

3-1 12 /

일별 삼각김밥 판매량

(개) 20, 10, 0
판매량 / 일: 1일, 2일, 3일, 4일

3-2 11 /

반별 안경을 쓴 학생 수

1반, 2반, 3반
반 / 학생 수: 0, 5, 10, 15 (명)

유형 4 27명

4-1 132 kg

4-2 460 mm

유형 5

좋아하는 간식별 학생 수

(명) 10, 5, 0
학생 수 / 간식: 피자, 김밥, 햄버거, 떡볶이

5-1

요일별 운동한 시간

(분) 50, 25, 0
시간 / 요일: 월, 화, 수, 목, 금

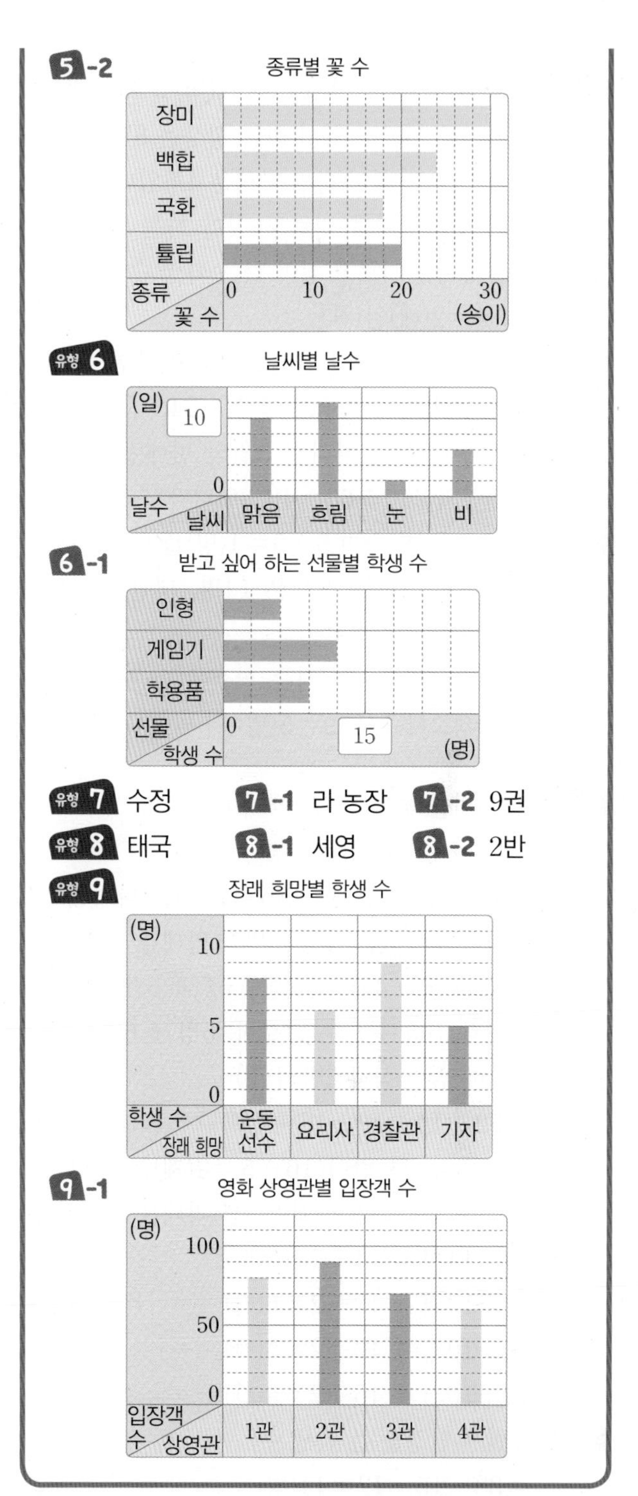

유형 1 세로 눈금 5칸이 15명을 나타내므로 세로 눈금 한 칸이 $15 \div 5 = 3$(명)을 나타냅니다.

주의 세로 눈금 한 칸이 무조건 1명이라고 생각하지 않도록 주의합니다.

1-1 500원짜리 동전 막대의 가로 눈금은 10칸이고 50개를 나타내므로 가로 눈금 한 칸은 $50 \div 10 = 5$(개)를 나타냅니다.

유형 2 세로 눈금 한 칸이 5÷5=1(명)을 나타내므로 강아지를 기르고 싶어 하는 학생은 8명, 고슴도치를 기르고 싶어 하는 학생은 4명입니다.
따라서 강아지를 기르고 싶어 하는 학생 수는 고슴도치를 기르고 싶어 하는 학생 수의 8÷4=2(배)입니다.

2-1 세로 눈금 한 칸이 100÷5=20(자루)를 나타내므로 연필 판매량이 3월은 240자루, 6월은 60자루입니다. 따라서 3월의 판매량은 6월의 판매량의 240÷60=4(배)입니다.

2-2 가로 눈금 한 칸이 5÷5=1(명)를 나타내므로 호박을 좋아하는 학생은 14명, 당근을 좋아하는 학생은 9명입니다.
따라서 호박을 좋아하는 학생은 당근을 좋아하는 학생보다 14−9=5(명) 더 많습니다.

유형 3 (닭갈비를 좋아하는 학생 수)
=23−4−5−8=6(명)
세로 눈금 한 칸이 5÷5=1(명)을 나타내므로 음식별 좋아하는 학생 수만큼 막대를 그립니다.
떡국: 4명 ➔ 4칸, 비빔밥: 5명 ➔ 5칸,
불고기: 8명 ➔ 8칸, 닭갈비: 6명 ➔ 6칸

3-1 (2일에 팔린 삼각김밥의 수)
=52−14−10−16=12(개)
세로 눈금 한 칸이 10÷5=2(개)를 나타내므로 일별 삼각김밥 판매량만큼 막대를 그립니다.
1일: 14개 ➔ 14÷2=7(칸),
2일: 12개 ➔ 12÷2=6(칸),
3일: 10개 ➔ 10÷2=5(칸),
4일: 16개 ➔ 16÷2=8(칸)

3-2 (1반에 안경을 쓴 학생 수)
=38−15−12=11(명)
가로 눈금 한 칸은 5÷5=1(명)을 나타내므로 반별 안경을 쓴 학생 수만큼 막대를 그립니다.
1반: 11명 ➔ 11칸, 2반: 15명 ➔ 15칸,
3반: 12명 ➔ 12칸

유형 4 세로 눈금 한 칸이 5÷5=1(명)을 나타내므로 봄은 5명, 여름은 9명, 가을은 7명, 겨울은 6명입니다.
➔ (전체 학생 수)=5+9+7+6=27(명)

4-1 세로 눈금 한 칸이 20÷5=4(kg)을 나타내므로 고추 생산량이 가 마을은 40 kg, 나 마을은 32 kg, 다 마을은 24 kg, 라 마을은 36 kg입니다.
➔ (전체 고추 생산량)
=40+32+24+36=132(kg)

4-2 가로 눈금 한 칸이 50÷5=10(mm)를 나타내므로 강수량이 5월은 70 mm,
6월은 100 mm, 8월은 130 mm입니다.
7월은 8월보다 비가 30 mm 더 많이 왔으므로 7월 강수량은 130+30=160(mm)입니다.
➔ (5월부터 8월까지 강수량)
=70+100+160+130=460(mm)

유형 5 세로 눈금 한 칸이 5÷5=1(명)을 나타냅니다.
좋아하는 학생 수가 피자는 8명, 햄버거는 6명, 떡볶이는 7명입니다.
따라서 김밥을 좋아하는 학생은
25−8−6−7=4(명)이므로 4칸이 되도록 막대를 그립니다.

5-1 세로 눈금 한 칸이 25÷5=5(분)을 나타냅니다.
운동한 시간이 월요일은 50분, 화요일은 40분, 수요일은 55분, 금요일은 60분입니다.
따라서 목요일에 운동한 시간은
250−50−40−55−60=45(분)이므로
45÷5=9(칸)이 되도록 막대를 그립니다.

5-2 가로 눈금 한 칸이 10÷5=2(송이)를 나타냅니다. 장미는 30송이, 백합은 24송이, 국화는 18송이입니다.
따라서 튤립의 수는
92−30−24−18=20(송이)이므로
20÷2=10(칸)이 되도록 막대를 그립니다.

유형 6 위쪽 그래프에서 날씨별 날수를 알아보면 맑음은 10일, 흐림은 12일, 눈은 2일, 비는 6일입니다.
세로 눈금 한 칸이 2일을 나타내면 세로 눈금 5칸은 10일을 나타냅니다.
따라서 맑음은 10÷2=5(칸),
흐림은 12÷2=6(칸), 눈은 2÷2=1(칸),
비는 6÷2=3(칸)이 되도록 막대를 그립니다.

6-1 위쪽 그래프에서 선물별 학생 수를 알아보면 인형은 6명, 게임기는 12명, 학용품은 9명입니다.
가로 눈금 한 칸이 3명을 나타내면 가로 눈금 5칸은 15명을 나타냅니다.
따라서 인형은 $6\div3=2$(칸),
게임기는 $12\div3=4$(칸), 학용품은
$9\div3=3$(칸)이 되도록 막대를 그립니다.

유형 7 상윤이네 모둠의 막대그래프에서 세로 눈금 한 칸은 $25\div5=5$(회)를 나타냅니다.
줄넘기 횟수가 상윤이는 35회, 유진이는 25회, 선규는 30회입니다.
수정이네 모둠의 막대그래프에서 세로 눈금 한 칸은 $20\div5=4$(회)를 나타냅니다.
줄넘기 횟수가 수정이는 40회, 윤호는 28회, 성희는 32회입니다.
따라서 줄넘기를 가장 많이 한 사람은 40회를 한 수정이입니다.
참고 눈금의 한 칸이 나타내는 크기가 다르므로 눈금 한 칸의 크기를 먼저 구합니다.

7-1 가, 나 농장의 막대그래프에서 가로 눈금 한 칸은 $25\div5=5$(kg)을 나타냅니다.
사과 수확량이 가 농장은 80 kg, 나 농장은 75 kg입니다.
다, 라 농장의 막대그래프에서 가로 눈금 한 칸이 $50\div5=10$(kg)을 나타냅니다.
사과 수확량이 다 농장은 90 kg, 라 농장은 70 kg입니다.
따라서 사과 수확량이 가장 적은 농장은 70 kg을 수확한 라 농장입니다.

7-2 1반, 2반, 3반의 막대그래프에서 세로 눈금 한 칸은 $20\div5=4$(권)을 나타냅니다.
책 수가 1반은 36권, 2반은 32권, 3반은 28권입니다.
4반, 5반, 6반의 막대그래프에서 가로 눈금 한 칸은 $15\div5=3$(권)을 나타냅니다.
책 수가 4반은 33권, 5반은 27권, 6반은 30권입니다.
따라서 책 수가 가장 많은 반은 1반으로 36권이고, 가장 적은 반은 5반으로 27권이므로 1반은 5반보다 $36-27=9$(권) 더 많습니다.

유형 8 남학생과 여학생의 막대 칸 수의 차가 중국은 2칸, 미국은 3칸, 프랑스는 1칸, 태국은 4칸입니다.
따라서 남학생 수와 여학생 수의 차가 가장 큰 나라는 막대 칸 수의 차가 가장 큰 태국입니다.
다른 풀이 나라별 남학생 수와 여학생 수의 차를 구합니다.
중국: $16-12=4$(명), 미국: $14-8=6$(명),
프랑스: $16-14=2$(명), 태국: $18-10=8$(명)
따라서 남학생 수와 여학생 수의 차가 가장 큰 나라는 태국입니다.

8-1 국어와 수학 점수의 막대 칸 수의 차가 정호는 2칸, 보미는 4칸, 세영이는 1칸, 성준이는 3칸입니다.
따라서 국어 점수와 수학 점수의 차가 가장 작은 학생은 막대 칸 수의 차가 가장 작은 세영이입니다.

8-2 남학생과 여학생의 막대 칸 수의 차가 1반은 1칸, 2반은 4칸, 3반은 0칸, 4반은 3칸입니다.
따라서 체험 학습에 참여한 남학생 수와 여학생 수의 차가 가장 큰 반은 막대 칸 수의 차가 가장 큰 2반입니다.

유형 9 장래 희망이 기자인 학생 수를 □명이라고 하면 운동 선수인 학생 수는 (□+3)명입니다.
조사한 학생이 모두 28명이므로
□+3+6+9+□=28입니다.
□+□+18=28, □+□=10에서
5+5=10이므로 □=5입니다.
따라서 장래 희망이 기자인 학생은 5명, 운동 선수인 학생은 $5+3=8$(명)이 되도록 막대를 그립니다.

9-1 3관 입장객 수를 □명이라고 하면 2관 입장객 수는 (□+20)명입니다.
입장객이 모두 300명이므로
80+□+20+□+60=300입니다.
□+□+160=300, □+□=140에서
70+70=140이므로 □=70입니다.
따라서 3관 입장객이 70명, 2관 입장객이 $70+20=90$(명)이 되도록 막대를 그립니다.

6단원 규칙과 관계

106~108쪽 AI가 추천한 단원 평가 1회

01 10	02 3031	03 $7+6$
04 (○) ( )	05 12	06 53
07 666	08 라10	09 1
10 (○)( )		
11 풀이 참고, 1125		12 12, 6, 14
13 ㉠	14 ㉣	15 같습니다
16 412, 412	17 $4000+48000=52000$	
18 $555555\div11=50505$		
19 풀이 참고	20 3개, 4개	

01 십의 자리 숫자가 1씩 커지므로 2001부터 오른쪽으로 10씩 커지는 규칙입니다.

02 오른쪽으로 10씩 커지는 규칙이므로 빈칸에 알맞은 수는 3031입니다.

03 $4+9=13$이므로 **보기**에서 계산 결과가 13인 계산식을 찾습니다.
$16-5=11$, $2\times6=12$, $7+6=13$
➔ $4+9=7+6$

04 $3\times4=12$, $12\times4=48$, $48\times4=192$……이므로 3부터 4씩 곱한 수가 ↓ 방향에 있습니다.
참고 $3\times12=36$, $36\times12=432$, $432\times12=5184$……이므로 3부터 12씩 곱한 수가 ↘ 방향에 있습니다.

05 $16+12=28$, $28+12=40$……이므로 16부터 ↘ 방향으로 12씩 커집니다.

06 49부터 → 방향으로 1씩 커지는 규칙입니다.
49, 50, 51, 52, 53이므로 ■$=53$입니다.

07 111에 곱하는 수가 2, 4……와 같이 2씩 커지는 수를 곱하면 곱은 222, 444……와 같이 커집니다.
따라서 곱하는 수가 4에서 2만큼 커졌으므로 곱은 444에서 222만큼 커진 666입니다.

08 가6부터 → 방향으로 한글은 그대로이고 수만 1씩 커지는 규칙입니다.
따라서 라9의 오른쪽 좌석 번호는 라10입니다.
다른 풀이 가6부터 ↑ 방향으로 한글이 순서대로 바뀌고 수는 그대로인 규칙입니다.
따라서 다10의 위쪽 좌석 번호는 라10입니다.

10 넷째 도형에서 오른쪽과 아래쪽에 사각형이 각각 1개씩 늘어난 도형을 찾으면 왼쪽 도형입니다.

11 예 $9\times5=45$, $45\times5=225$이므로 9부터 시작하여 5씩 곱한 수가 오른쪽에 있습니다.」❶
따라서 빈 곳에 알맞은 수는 $225\times5=1125$입니다.」❷

채점 기준

❶ 수의 배열에서 규칙 찾기	3점
❷ 빈 곳에 알맞은 수 구하기	2점

12 $1+15=4+12$, $3+16=6+13$, $5+17=8+14$ (앞의 수는 +3, 뒤의 수는 −3)

13 ㉠ 312에 220부터 100씩 커지는 수를 더하면 합은 532부터 100씩 커집니다.

14 ㉣ 767부터 1씩 작아지는 수에서 103부터 1씩 커지는 수를 빼면 차는 664부터 2씩 작아집니다.

15 $611-511=100$, $512-412=100$이므로 → 방향으로 연속된 두 수의 차는 100으로 같습니다.

17 4000에 10000씩 커지는 수를 더하면 합은 10000씩 커집니다.
따라서 다섯째 빈칸에 알맞은 덧셈식은 $4000+48000=52000$입니다.

18 나누어지는 수가 111111, 222222, 333333……과 같이 111111의 2배, 3배…… 한 수를 11로 나누면 몫이 10101의 2배, 3배……가 됩니다.
따라서 다섯째에 알맞은 나눗셈식은 $555555\div11=50505$입니다.

19 예 ■와 ●가 번갈아 가며 1개씩 늘어납니다.」❶

채점 기준

❶ 도형의 배열에서 규칙 찾기	5점

20 다섯째 모양에서 ■이 1개 늘어나므로 여섯째 모양은 (● 3개, ■ 4개 모양)입니다. 따라서 ●은 3개, ■은 4개입니다.

109~111쪽 AI가 추천한 단원 평가 2회

01 100 02 2000 03 10, 10, 20
04 5+8, 20−7(또는 20−7, 5+8)
05 16−8=12−4 06 10, 15
07 4185, 4205 08 2 09 몫
10 9 11 풀이 참고 12 ㉡
13 ㉠ 14 200−100+600=700
15 4×4 16

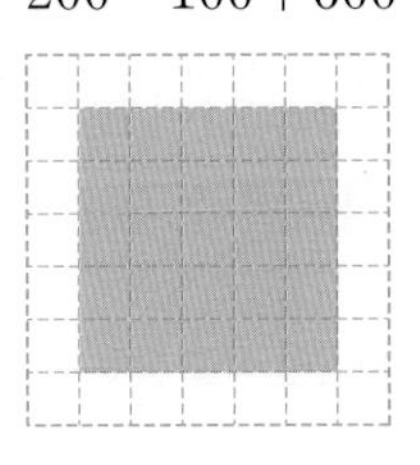

17 666÷37=18
18 풀이 참고, 5406
19 ㉠ 20 21개

01 백의 자리 숫자가 1씩 작아지므로 2725부터 ← 방향으로 100씩 작아지는 규칙입니다.

02 천의 자리 숫자가 2씩 작아지므로 4625부터 ↑ 방향으로 2000씩 작아지는 규칙입니다.

03 더해지는 수와 더하는 수의 십의 자리 숫자가 1씩 커지므로 10씩 커집니다.
따라서 더해지는 수가 10씩, 더하는 수가 10씩 커지는 두 수의 합은 20씩 커집니다.

04 5+8=13, 4×3=12, 20−7=13
➔ 5+8=20−7

07 십의 자리 숫자가 1씩 커지므로 4155부터 오른쪽으로 10씩 커지는 규칙입니다.
따라서 빈 곳에 알맞은 수는 4175+10=4185, 4195+10=4205입니다.

08 48÷8=12÷2 (48 ÷4 → 12, 8 ÷4 → 2)

10

60÷20=3
120÷20=6
180÷20=□

나누어지는 수가 2배, 3배가 되고 나누는 수는 20으로 일정하면 몫은 2배, 3배가 됩니다.
➔ □=3×3=9

다른 풀이 180÷20=9이므로 빈칸에 알맞은 수는 9입니다.

11 ㉢」❶
예 ↖ 방향과 ↗ 방향에 있는 두 수의 합이 같은 규칙이므로 24+16=23+17로 고칠 수 있습니다.」❷

채점 기준

❶ 계산식이 될 수 없는 것 찾기	3점
❷ ❶에서 찾은 식 바르게 고치기	2점

14 빼지는 수는 600에서 100씩 작아지고, 빼는 수는 100으로 같고, 더하는 수는 200에서 100씩 커지면 계산 결과는 같습니다.

16 다섯째에 알맞은 모양은 가로와 세로가 각각 5칸인 사각형입니다.

17 나누어지는 수가 111, 222, 333……과 같이 111의 2배, 3배…… 한 수를 37로 나누면 몫은 3, 6, 9……와 같이 3의 2배, 3배…… 한 수입니다.

18 예 ↓ 방향으로 천의 자리 숫자와 백의 자리 숫자가 1씩 커지므로 2106부터 ↓ 방향으로 1100씩 커집니다.」❶
따라서 ●에 알맞은 수는 4306보다 1100만큼 더 커지므로 ●=4306+1100=5406입니다.」❷

채점 기준

❶ 수 배열표에서 규칙 찾기	3점
❷ ●에 알맞은 수 구하기	2점

19 파란색 사각형은 1개, (1+2)개, (1+2+3)개……로 늘어나고 연두색 사각형은 0개, 1개, (1+2)개, (1+2+3)개……로 늘어납니다.
따라서 다섯째에 알맞은 모양은 ㉠입니다.

20 여섯째에 알맞은 모양은 다음과 같습니다.

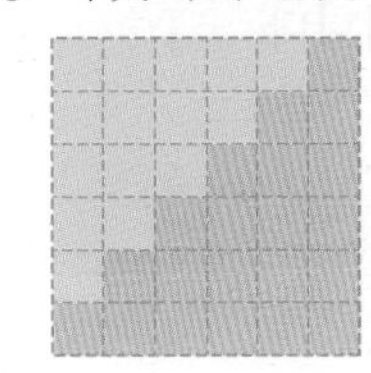

➔ 파란색 사각형은 1+2+3+4+5+6=21(개)입니다.

112~114쪽 AI가 추천한 단원 평가 3회

01 1000 02 1010
03 (위에서부터) 3044, 5024 04 D15
05 / $14+2=4\times4$, $22-8=7\times2$
06 일 07 8, 4 08 427, 214
09 1, 10, 4 10 풀이 참고, 28개
11 풀이 참고 12 ㉡ 13 영미
14 54 15 4487 16 ㉡
17 $99\times78=7722$ 18 왼쪽
19 20 $625\div5\div5\div5\div5=1$

01 천의 자리 숫자가 1씩 커지므로 3034부터 아래쪽으로 1000씩 커지는 규칙입니다.

02 6044부터 ↖ 방향으로 1010씩 작아지는 규칙입니다.

03 ↑ 방향으로 1000씩 작아지는 규칙이므로 빈칸에 알맞은 수는 3044, 5024입니다.

04 A15부터 → 방향으로 알파벳은 순서대로 바뀌고 수는 그대로이므로 빈 곳에 알맞은 카드 번호는 D15입니다.

05 $14+2=16$, $22-8=14$, $7\times2=14$, $4\times4=16$
➔ $14+2=4\times4$, $22-8=7\times2$

06 $201\times2=402$, $203\times2=406$이고 수 배열표에는 2, 6이 있습니다. 따라서 두 수의 곱에서 일의 자리 숫자를 쓰는 규칙입니다.

07 • 207×4에서 일의 자리 수끼리의 곱을 구하면 $7\times4=28$이므로 ■$=8$입니다.
• 203×8에서 일의 자리 수끼리의 곱을 구하면 $3\times8=24$이므로 ●$=4$입니다.

08 627, 527……과 같이 빼지는 수가 100씩 작아지고 빼는 수가 113으로 같으면 계산 결과는 514, 414……와 같이 100씩 작아집니다.

09 첫째: 1개, 둘째: $1+2=3$(개),
셋째: $1+2+3=6$(개),
넷째: $1+2+3+4=10$(개)

10 예 바둑돌의 수가 2개, 3개, 4개…… 늘어나므로 다섯째는 $10+5=15$(개)입니다.」 ❶
여섯째는 $15+6=21$(개),
일곱째는 $21+7=28$(개)입니다.」 ❷

채점 기준

❶ 다섯째 모양의 바둑돌 수 구하기	2점
❷ 일곱째 모양의 바둑돌 수 구하기	3점

11 ㉠」 ❶
예 ㉠ $8\times3=24$이고, $4\times9=36$이므로 등호를 사용하여 나타낼 수 없습니다.」 ❷

채점 기준

❶ 등호를 사용한 식을 잘못 나타낸 것의 기호 쓰기	2점
❷ 이유 쓰기	3점

13 하준: ㉠에서 다음에 올 계산식은 $781-211=570$입니다.

14 연결된 5개 수의 합은 가운데 수의 5배와 같습니다.

15 ↖ 방향으로 11000씩 작아지는 규칙입니다.
★에 알맞은 수는 15487보다 11000만큼 더 작으므로 ★$=15487-11000=4487$입니다.

16 ㉠ $20\div4=10\div2$ (÷2, ÷2) ➔ □$=2$
㉡ $17-6=15-4$ (−2, −2) ➔ □$=4$
따라서 □ 안에 알맞은 수가 더 큰 것은 ㉡입니다.

17 곱해지는 수는 99로 같고 곱하는 수가 11씩 커지면 계산 결과는 1188, 2277, 3366……이 됩니다.
따라서 계산 결과가 7722인 곱셈식은 일곱째 곱셈식이므로 $99\times78=7722$입니다.

19 첫째, 셋째 모양의 원의 위치가 같으므로 다섯째에 알맞은 모양은 첫째 모양과 같습니다.

20 **보기**의 규칙은 나누어지는 수가 2, $2\times2=4$, $4\times2=8$……로 2배씩 커지는 수를 몫이 1이 될 때까지 2로 나누는 것입니다.
따라서 5부터 5배씩 커지는 수 $125\times5=625$를 몫이 1이 될 때까지 5로 나눕니다.

115~117쪽 AI가 추천한 단원 평가 

01 10000　02 10001　03 10, 십
04 ㉢　05 9, 6
06 $10+24=12+22$　07 ㉠
08 56, 7　09 ㉠　10 (　　) (　○　)
11 14　12 90, 1
13 예
14 $360-120=240$
15 풀이 참고, 1728, 3828　16 16
17 14　18 합, 같습니다　19 20
20 풀이 참고, $68888889\div9=7654321$

04 ㉠ $30-20=10$, $5+5=10$ ➔ $30-20=5+5$
㉡ $15+3=18$, $9\times2=18$ ➔ $15+3=9\times2$
㉢ $24-4=20$, $32-2=30$

05 21부터 ↑ 방향으로 6씩 작아집니다.
➔ $21-15=6$, $15-9=6$, $9-3=6$

08 $224\div2=112$, $28\div2=14$이므로 224부터 시작하여 2씩 나눈 몫이 오른쪽에 있습니다.
따라서 빈 곳에 알맞은 수는 $112\div2=56$, $14\div2=7$입니다.

10 50에 10씩 커지는 수를 곱하면 계산 결과는 500씩 커집니다.
따라서 다음에 올 식은 $50\times40=2000$입니다.

11 $10+4+3=14+3$

13 넷째 모양에서 시계 방향으로 90°만큼 돌리면 빨간색 원은 맨 위에 오게 되고 사각형의 수가 6개가 됩니다.

14 빼지는 수와 빼는 수가 각각 100씩 작아지면 차는 240으로 같습니다.

15 예 → 방향으로 백의 자리 숫자가 1씩 커지므로 100씩 커지는 규칙입니다.」 ❶
1428부터 → 방향으로 100씩 커지므로 ㉠에 알맞은 수는 $1628+100=1728$입니다.」 ❷
3528부터 → 방향으로 100씩 커지므로 ㉡에 알맞은 수는 $3728+100=3828$입니다.」 ❸

채점 기준

❶ 수의 배열에서 규칙 찾기	1점
❷ ㉠에 알맞은 수 구하기	2점
❸ ㉡에 알맞은 수 구하기	2점

16 $33+14=30+17$ (−3, +3) ➔ ■$=17$
$3\times2=6\times1$ (×2, ÷2) ➔ ▲$=1$
따라서 ■와 ▲에 알맞은 수의 차는 $17-1=16$입니다.

17 $6+7+8+13+14+15+20+21+22$에서
$6+22=28$, $7+21=28$, $8+20=28$, $13+15=28$이고 $28=14+14$입니다.
➔ $6+7+8+13+14+15+20+21+22$
$=14+14+14+14+14+14+14+14+14$
$=14\times9$

18 $1+1=2$, $1+2=3$, $2+1=3$, $1+3=4$, $3+3=6$, $3+1=4$……이므로 왼쪽과 오른쪽의 끝에는 숫자 1이 반복되고 윗줄의 두 수의 합은 아랫줄의 수와 같습니다.

19 여섯째 줄의 빈 곳에 알맞은 수는 $4+6=10$이므로 일곱째 줄의 ㉠에 알맞은 수는 $10+10=20$입니다.

20 예 189, 2889, 38889……와 같이 변하는 수를 9로 나누면 몫은 21, 321, 4321……이 됩니다.」 ❶
따라서 계산 결과가 7654321인 나눗셈식은 여섯째 나눗셈식이므로 $68888889\div9=7654321$입니다.」 ❷

채점 기준

❶ 나눗셈식의 규칙 찾기	3점
❷ 계산 결과가 7654321이 되는 나눗셈식 구하기	2점

118~123쪽 틀린 유형 다시 보기

유형 1 2187

1-1 256

1-2 1752, 1972

1-3 5274, 2271

유형 2 8, 6

2-1 32, 16

2-2 (위에서부터) 4, 2, 7

유형 3 (왼쪽에서부터) F6, G8

3-1 (왼쪽에서부터) C9, D10

3-2

바16					
마16	마17		○		
라16	라17	라18			
다16	다17	다18	다19	다20	다21

유형 4 

4-1 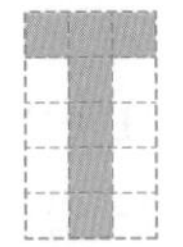

4-2 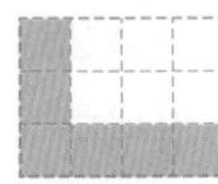

4-3 

유형 5 448 5-1 8120 5-2 64355

유형 6 3, 18 6-1 24, 23

6-2 예 $18-12=19-13$

유형 7 9개 7-1 18개 7-2 28개

7-3 11개

유형 8 $123+550=673$

8-1 $540-230=310$

8-2 $12345+54321=66666$

유형 9 $1010101\times12=12121212$

9-1 $399993\div3=133331$

9-2 $1000005\times6=6000030$

유형 10 204

10-1 14, 8

유형 11 $1+3+5+7+9+11+13+15=64$

11-1 $11111\times13=144443$

11-2 $110-10-10-10-10-10=60$

유형 1 $3\times3=9$, $9\times3=27$, $27\times3=81$이므로 3부터 시작하여 3씩 곱한 수가 오른쪽에 있습니다.
따라서 빈 곳에 알맞은 수는 $729\times3=2187$입니다.

1-1 $2048\div2=1024$, $1024\div2=512$이므로 2048부터 시작하여 2씩 나눈 몫이 오른쪽에 있습니다.
따라서 빈 곳에 알맞은 수는 $512\div2=256$입니다.

1-2 1202 1312 1422 1532
+110 +110 +110
1202부터 오른쪽으로 110씩 커지는 규칙입니다.
따라서 빈 곳에 알맞은 수는
$1642+110=1752$, $1862+110=1972$입니다.

1-3 8277 7276 6275
−1001 −1001
8277부터 오른쪽으로 1001씩 작아지는 규칙입니다.
따라서 빈 곳에 알맞은 수는
$6275-1001=5274$, $3272-1001=2271$입니다.

유형 2 두 수의 곱에서 일의 자리 숫자를 쓰는 규칙입니다.
- 104×22에서 일의 자리 수끼리의 곱을 구하면 $4\times2=8$이므로 ■$=8$입니다.
- 102×23에서 일의 자리 수끼리의 곱을 구하면 $2\times3=6$이므로 ●$=6$입니다.

2-1 $80\div80=1$, $160\div80=2$이므로 두 수의 나눗셈의 몫을 쓰는 규칙입니다.
$1280\div40=32$이므로 ■$=32$입니다.
$160\div10=16$이므로 ●$=16$입니다.

2-2 두 수의 곱에서 일의 자리 숫자를 쓰는 규칙입니다.
- 202×17에서 일의 자리 수끼리의 곱을 구하면 $2\times7=1\boxed{4}$입니다.
- 204×18에서 일의 자리 수끼리의 곱을 구하면 $4\times8=3\boxed{2}$입니다.
- 203×19에서 일의 자리 수끼리의 곱을 구하면 $3\times9=2\boxed{7}$입니다.

유형 3 → 방향으로 알파벳은 그대로이고 수만 1씩 커지는 규칙입니다.
따라서 F5의 오른쪽 좌석 번호는 F6, G7의 오른쪽 좌석 번호는 G8입니다.
다른 풀이 ↑ 방향으로 알파벳이 순서대로 바뀌고 수는 그대로인 규칙입니다.
따라서 E6의 위쪽 좌석 번호는 F6, F8의 위쪽 좌석 번호는 G8입니다.

3-1 → 방향으로 알파벳은 그대로이고 수만 1씩 커지는 규칙입니다.
따라서 C8의 오른쪽 좌석 번호는 C9, D9의 오른쪽 좌석 번호는 D10입니다.

3-2 ↑ 방향으로 글자는 순서대로 바뀌고 수는 그대로인 규칙입니다.
따라서 '마19'의 자리는 '다19'에서 위쪽으로 2칸 올라간 좌석입니다.

유형 4 사각형은 2개에서 시작하여 오른쪽으로 1개씩 늘어나는 규칙입니다. 넷째에 알맞은 모양은 셋째 모양에서 오른쪽으로 사각형이 1개 더 늘어난 모양입니다.

4-1 사각형은 4개에서 시작하여 아래쪽으로 1개씩 늘어나는 규칙입니다. 넷째에 알맞은 모양은 셋째 모양에서 아래쪽으로 사각형이 1개 더 늘어난 모양입니다.

4-2 사각형은 2개에서 시작하여 오른쪽으로 1개, 위쪽으로 1개씩 늘어나는 규칙입니다. 셋째에 알맞은 모양은 둘째에서 오른쪽과 위쪽으로 사각형이 1개씩 더 늘어난 모양입니다.

4-3 파란색 사각형은 2개, $(2+1)$개, $(2+1+2)$개……로 늘어납니다.
주황색 사각형은 1개, $(1+2)$개, $(1+2+1)$개……로 늘어납니다.
따라서 넷째에 알맞은 모양은 셋째 모양에서 파란색 사각형이 1개, 주황색 사각형이 2개 늘어난 모양입니다.

유형 5 → 방향으로 일의 자리 숫자가 2씩 커지므로 442부터 오른쪽으로 2씩 커지는 규칙입니다.
442 (+2) 444 (+2) 446 (+2) 448
따라서 ●에 알맞은 수는 448입니다.

5-1 ↓ 방향으로 천의 자리 숫자가 1씩 커지므로 5120부터 아래쪽으로 1000씩 커지는 규칙입니다.
5120 (+1000) 6120 (+1000) 7120 (+1000) 8120
따라서 ▲에 알맞은 수는 8120입니다.

5-2 ↘ 방향으로 만의 자리 숫자와 일의 자리 숫자가 각각 1씩 커지므로 24351부터 ↘ 방향으로 10001씩 커지는 규칙입니다.
24351 (+10001) 34352 (+10001) 44353 (+10001) 54354 (+10001) 64355
따라서 ★에 알맞은 수는 64355입니다.

유형 6 → 방향으로 연속된 세 수의 합은 가운데 수의 3배입니다.
→ $22+23+24=23\times3$,
$17+18+19=18\times3$

6-1 ↘ 방향과 ↙ 방향으로 연속된 세 수의 합은 같습니다.
→ $8+16+24=10+16+22$,
$15+23+31=17+23+29$

6-2 ↗ 방향으로 연속된 두 수의 차는 같습니다.
→ $15-9=16-10$, $16-10=17-11$,
$17-11=18-12$, $18-12=19-13$……

유형 7 모형이 2개씩 늘어납니다. 따라서 다섯째 모양에서 모형은 $7+2=9$(개)입니다.

7-1 모형이 3개씩 늘어납니다.
따라서 다섯째 모양에서 모형은 $12+3=15$(개), 여섯째 모양에서 모형은 $15+3=18$(개)입니다.
참고 모형이 3개부터 3개씩 늘어나므로 다음과 같이 곱셈식으로 나타낼 수 있습니다.
$3\times1=3$, $3\times2=6$, $3\times3=9$, $3\times4=12$……

7-2 모형이 1개, 3개, 6개, 10개……로 2개, 3개, 4개…… 늘어납니다.
따라서 다섯째 모양에서 모형은
10+5=15(개), 여섯째 모양에서 모형은
15+6=21(개), 일곱째 모양에서 모형은
21+7=28(개)입니다.

참고 모형의 수를 식으로 나타내면 다음과 같습니다.
첫째: 1
둘째: 1+2=3
셋째: 1+2+3=6
넷째: 1+2+3+4=10
⋮
일곱째: 1+2+3+4+5+6+7=28

7-3 여섯째에 알맞은 모양은 다섯째에서 연두색 사각형이 2개 늘어난 모양으로 다음과 같습니다.

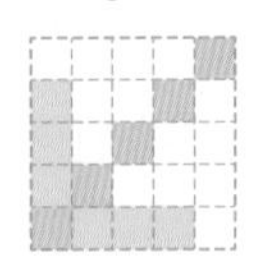

따라서 파란색 사각형은 5개, 연두색 사각형은 6개이므로 두 사각형은 5+6=11(개)입니다.

유형 8 123에 100씩 커지는 수를 더하면 계산 결과는 100씩 커집니다.
따라서 넷째 빈칸에 알맞은 덧셈식은
123+550=673입니다.

8-1 빼지는 수와 빼는 수가 각각 100씩 작아지면 계산 결과는 모두 같습니다.
따라서 넷째 빈칸에 알맞은 뺄셈식은
540−230=310입니다.

8-2 1, 12, 123……과 같이 변하는 수에 1, 21, 321……과 같이 변하는 수를 더하면 합은 2, 33, 444 ……가 됩니다.

유형 9 1, 101, 10101……과 같이 0, 1이 각각 하나씩 늘어나는 수에 12를 곱하면 곱은 12, 1212, 121212……와 같이 1, 2가 각각 하나씩 늘어납니다.

9-1 나누어지는 수가 393, 3993, 39993……과 같이 9가 1개씩 늘어나는 수를 3으로 나누면 몫이 131, 1331, 13331……과 같이 3이 1개씩 늘어납니다.

9-2 105, 1005, 10005……와 같이 0이 1개씩 늘어나는 수에 6을 곱하면 630, 6030, 60030 ……과 같이 0이 1개씩 늘어납니다.

유형 10 103+105+204+303+305에서
103+305=408, 105+303=408이고
408=204+204입니다.
➜ 103+105+204+303+305
=204+204+204+204+204
=204×5

10-1 ↖ 방향과 ↗ 방향으로 연속된 두 수의 합은 같습니다.
➜ 8+14=7+15, 9+15=8+16

유형 11 더하는 수가 3, 5, 7, 9……와 같이 2씩 커지면 계산 결과는 4, 9, 16, 25……가 됩니다.
따라서 계산 결과가 64인 덧셈식은
1+3+5+7+9+11+13+15=64입니다.

11-1 곱해지는 수가 1, 11, 111, 1111……과 같이 1이 1개씩 늘어나는 수에 13을 곱하면 계산 결과는 13, 143, 1443, 14443……과 같이 4가 1개씩 늘어납니다.
따라서 계산 결과가 144443인 곱셈식은 다섯째 곱셈식이므로 11111×13=144443입니다.

11-2 빼지는 수가 30, 50, 70……과 같이 20씩 커지는 수에서 10을 1번, 2번, 3번…… 빼면 계산 결과는 10씩 커집니다.
따라서 계산 결과가 60인 뺄셈식은 다섯째 뺄셈식이므로 110−10−10−10−10−10=60입니다.